# 数値計算による流体力学

——ポテンシャル流，層流，そして乱流へ——

博士（理学）　岡本　正芳　著

コロナ社

# まえがき

本書は，著者が所属している静岡大学工学部機械工学科の学部3回生に対して講義してきた「流体力学III」と大学院工学研究科機械工学専攻の修士学生に対して講義してきた「流体力学特論」後半の講義ノートを活用して，その講義の教科書として執筆した。前者は完全流体の非圧縮性および圧縮性ポテンシャル流が，後者は乱流とその数値計算法が中心の講義となっており，本書はその内容とその間を埋めるのに必要な層流解析から構成されている。筆者は理学部物理の出身で，現在乱流現象に対する統計理論と数値シミュレーションによる基礎研究に取り組んできた。その経緯からも近年の計算機能力の発達の恩恵を多大に受けてきたが，講義を行ってきてそれに反比例するように数学的な取組みが理解できない学生諸氏が増えてきていることに日々危惧(ぐ)している。また，販売されている流体解析ソフトを内容を理解することなく盲目的に利用しているユーザーの存在も近年増えている。そこで，本書では解ける方程式は解析的に解くことを意識し，さらに数値計算方法においても数学的に記述し，その理解につなげることを重視している。一方，著者の経験からも実験や実用面といった点では欠けている点は多々あると思うが，解答をwebで提供する章末問題や，webで公開する付録プログラムコード†などによる体験から工学分野では最も難解な流体力学への興味を持ってもらえれば幸いである。最後に本書の執筆を勧誘していただいたコロナ社に心から感謝申し上げる。

2016年11月

岡本　正芳

† コロナ社の書籍詳細ページ（https://www.coronasha.co.jp/np/isbn/9784339046519/）の関連資料からダウンロードのこと。

# 目　　次

## 1.　流体と基礎方程式



## 2.　ポテンシャル流：非圧縮性

## 3. ポテンシャル流：圧縮性



## 4. 非圧縮性実在流体解析

## 5. 乱流の基礎



## 6. 乱流数値解析

## 7. 数値スキーム：時間解析



## 8. 数値スキーム：空間解析

# 1 流体と基礎方程式

まず本章では流体力学を学ぶうえでの基礎となる流体の種類，流体運動のとらえ方や基礎方程式に関して解説していく。さらに，物理原則と保存則との関連性について紹介していく。

## 1.1 流体力学の対象

物質の三態変化は誰もが子供の頃から勉強してきた基礎的な概念で，固体（solid），液体（liquid），気体（gas）に分類できる。流体力学の対象である流体（fluid）は形状が自由に変形し運動できる液体と気体が主である。しかし，液体や気体中に固体が混在する際も，混相流として流体力学の検討対象となる。さらに高エネルギー状態において，物質構成要素である分子や原子から電子が電離した状態であるプラズマ（plasma）も条件によっては電磁流体として流体力学のターゲットとなる。一方，天文学や宇宙物理学では超重力場や光速に近いほどの流体運動を取り扱う相対論的流体力学や，極超低温の液体ヘリウムにおいて出現する超流動などをとらえるための量子流体力学など古典物理学のレベルを超えた流体力学も近年では重要になっており，かなり広範囲にわたる物理学の分野である。

流体の最も基礎的な分類としては，密度が変化しない非圧縮性条件（$\rho = \text{const.}$）に該当する水などの液体の非圧縮性流体（incompressible fluid）と，密度（$\rho \neq \text{const.}$）が変化する空気などの気体の圧縮性流体（compressible fluid）に分けられる。我々の身の回りの空気の流れは低速であることから密度変化は無視できるので非圧縮性流れとして取り扱い，おおよその概算では数%の密度変化はマッハ数が 0.3 を超えないと生じないので圧縮性流れとしての取扱いは航空機などの周りに生じる高速気体に限定される。後に支配方程式を見れば一目瞭然であるが，圧縮性流体の取扱いはより複雑なものとなる。

数学的取扱い方の観点からの分類も存在する。力学において抵抗や摩擦が働かないとする仮定と同様な設定である粘性効果が働かない流れは完全流体（perfect fluid）となる。それに対して，現実に存在する流体は分子粘性率（molecular viscosity）または動粘度（kinetic viscosity）$\nu$ の寄与が存在し，その場合の流体を実在流体（real fluid）と呼ぶ。常温（20°C）での分子粘性率は，空気は $15.01 \times 10^{-6}$〔m$^2$/sec〕，水は $1.004 \times 10^{-6}$〔m$^2$/sec〕となる。圧縮性流れでは分子粘性率ではなく，それに密度をかけた粘性係数 $\mu(= \rho\nu)$ もよく利用される。また，圧縮性流れにおいて温度 $\theta$ の変化が激しい場合，粘性係数は一定値として取り扱うことができず，分子運動理論から評価されたサザーランド（Sutherland）の公式[51)]†

$$\mu = \mu_0 \frac{273.2 + C}{\theta + C} \left( \frac{\theta}{273.2} \right)^{3/2} \tag{1.1}$$

（$\mu_0 = 1.72 \times 10^{-5}$，$C = 111$）が利用される。粘性効果に関してはニュートンの応力法則が成立しない流体も粘弾性流体などとして存在するが，本書での実在流体はニュートンの応力法則に従うニュートン流体（Newtonian fluid）のみとする。完全流体は近似的に成立する流れは存在するが，厳密には実在流体の取扱いが必要となる。しかし，数学的な取扱いにおいて前者は後者に比べてはるかに簡便な点もあり，その理解は流体力学の基礎を学ぶうえで非常に重要なものとなる。

## 1.2　流体運動のとらえ方

流れの現象をいかにしてとらえるかについては，物理学の他の分野である電磁気学，量子力学などと同様，粒子の描像と場の描像に分けることができる。例えば，電磁気学であれば，電子やイオンなどの運動をとらえる立場が粒子的描像で，電場や磁場をマクスウェル方程式により解析するのが場の描像である。流体力学では前者はラグランジェ的見方で，後者はオイラー的見方であり，それらについて説明する。

### 1.2.1　ラグランジェ的見方

仮想的な流体粒子（fluid particle）をターゲットとして粒子的な描像で流れを探求することがラグランジェ（Lagrange）の見方である。この場合は，流体粒子の軌跡が解析対象となり，ある初期時刻 $t_0$ において位置 $(x_0, y_0, z_0)$ にいた流体粒子が

† 肩付きの数字は巻末の引用・参考文献番号を表す。

ある程度時間が経過した時刻 $t$ においてどこにいるのかを調べる。そのため，もし解が判明しているとすると

$$x = F_1(x_0, y_0, z_0, t), \quad y = F_2(x_0, y_0, z_0, t), \quad z = F_3(x_0, y_0, z_0, t) \tag{1.2}$$

と書ける。この解より，流体粒子の速度 $\boldsymbol{u}$ や加速度 $\boldsymbol{a}$ は時間微分することで

$$u = \frac{\partial x}{\partial t}, \quad v = \frac{\partial y}{\partial t}, \quad w = \frac{\partial z}{\partial t} \tag{1.3}$$

$$a_x = \frac{\partial^2 x}{\partial t^2}, \quad a_y = \frac{\partial^2 y}{\partial t^2}, \quad a_z = \frac{\partial^2 z}{\partial t^2} \tag{1.4}$$

と与えられる。流体粒子は明確な定義はないが，分子運動理論から算出される平均自由行程よりも十分に大きなもので，流れ場の詳細を表現できるくらい小さなものと考えられる。**図 1.1** のようにそれらすべての流体粒子に関して軌跡を計算する必要がある。そのため，非常に多くの流体粒子を取り扱う多体問題となり，理論的には有利な点もあるので解析に利用されてきたが，以前は実用面ではかなり現実感に乏しい概念であった。しかし，近年では急激な計算機能力の発達に伴い，混相流体などの研究においてラグランジェ的見方も重要性を増している。流体粒子を追跡するとその軌跡が一本の線を形成する。この線のことを流跡線（path line）という。

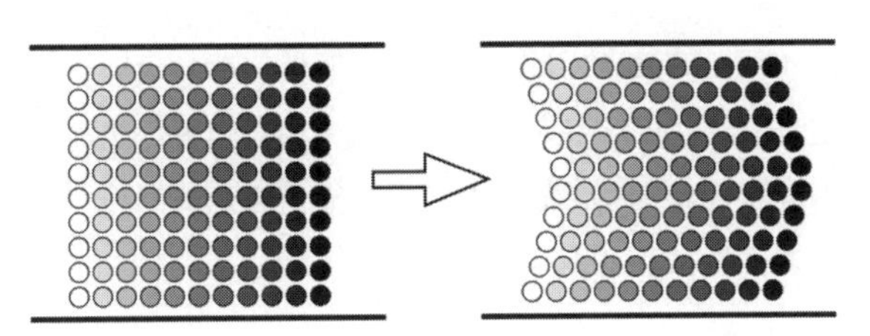

**図 1.1**　ラグランジェ的見方（流体粒子の動き）

### 1.2.2　オイラー的見方

場の描像であるオイラー（Euler）的見方では任意の時刻 $t$ における空間各点 $(x, y, z)$ での流れのありようを**図 1.2** のように調べていく。特に，流体力学では空間内での速度分布が最も重要な求めるべき対象の物理量である。もし，速度を記述する関数が判明できれば解は次式で与えられる。

$$u = f_1(x, y, z, t), \quad v = f_2(x, y, z, t), \quad w = f_3(x, y, z, t) \tag{1.5}$$

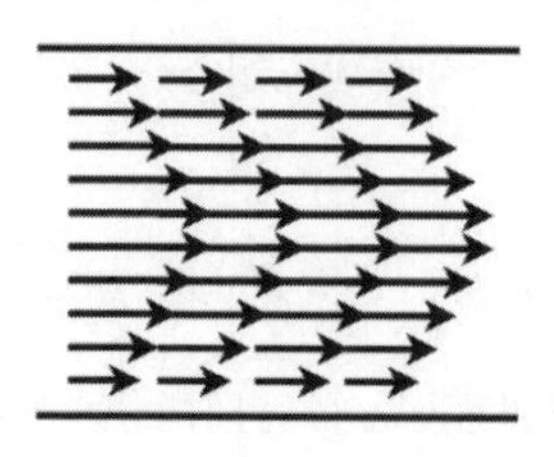

図 **1.2**　オイラー的見方（速度場）

ラグランジェ的見方では解くべき従属変数であった $x$，$y$，$z$ がオイラー的見方では解を記述すべき独立変数として利用される。この解から流体粒子の軌跡と加速度を評価するには次式を用いる。

$$x = \int dtu, \quad y = \int dtv, \quad z = \int dtw \tag{1.6}$$

$$a_x = \frac{\partial u}{\partial t}, \quad a_y = \frac{\partial v}{\partial t}, \quad a_z = \frac{\partial w}{\partial t} \tag{1.7}$$

オイラー的見方ではときおり，流線（streamline）が重要な幾何情報となる。この線は評価する瞬間に流れ場を凍結させ，速度ベクトルに平行なものとなっている。その方程式は

$$\frac{dx}{u} = \frac{dy}{v} = \frac{dz}{w} \tag{1.8}$$

で与えられる。オイラー的見方では速度場が時間に依存しない状態があり，その状態を慣習的に「定常流れ」というが，定常流れの場合のみ流線はラグランジェ的見方での流跡線と一致する。また，流線と類似の幾何概念に渦線がある。渦線は速度の回転で与えられる渦度ベクトル

$$\boldsymbol{\omega} = \nabla \times \boldsymbol{u}, \quad \omega_i = \epsilon_{ijm} \frac{\partial u_m}{\partial x_j} \tag{1.9}$$

に平行な線である。

オイラー的見方において重要になる時間微分にはラグランジェ微分（Lagrangian derivative）がある。この微分は「実質微分」と呼ばれることもある。これはある流体粒子が持つ物理量が流れていくに従って時間的にどのように変化するのか特徴づけるもので

$$\frac{DF}{Dt} = \frac{\partial F}{\partial t} + u\frac{\partial F}{\partial x} + v\frac{\partial F}{\partial y} + w\frac{\partial F}{\partial z} \tag{1.10}$$

で定義される。デカルト直交座標系であれば次式のようにベクトル表現で記述することもできる。

$$\frac{DF}{Dt} = \frac{\partial F}{\partial t} + (\boldsymbol{u} \cdot \nabla) F \tag{1.11}$$

古典物理学の法則はガリレイ不変性（Galilean invariance）を満足する必要性がある。ガリレイ不変性は「慣性系は一義的に定めることはできず，一様な並進運動に関して不定である。」というものである。つまり，一様な並進運動する慣性系にのった移動座標系においても静止系においても物理法則に変化はなく，支配方程式は不変でなければならない。

**図 1.3** のように静止系 $(x, y, z, t)$ と速度 $U$ で $x$ 方向に移動する慣性系 $(x', y', z', t')$ を考える。これらの座標系間の変数変換式はつぎのようになる。

$$x' = x - Ut, \quad y' = y, \quad z' = z, \quad t' = t$$

$$u' = u - U, \quad v' = v, \quad w' = w$$

この変換式を利用して両座標系で不変になる微分を検討する。移動座標系の時間微分は

$$\begin{aligned}\frac{\partial F(x', y', z', t')}{\partial t'} &= \frac{\partial F(x, y, z, t)}{\partial t}\frac{\partial t}{\partial t'} + \frac{\partial F(x, y, z, t)}{\partial x}\frac{\partial x}{\partial t'} \\ &\quad + \frac{\partial F(x, y, z, t)}{\partial y}\frac{\partial y}{\partial t'} + \frac{\partial F(x, y, z, t)}{\partial z}\frac{\partial z}{\partial t'} \\ &= \frac{\partial F(x, y, z, t)}{\partial t} + U\frac{\partial F(x, y, z, t)}{\partial x} \neq \frac{\partial F(x, y, z, t)}{\partial t}\end{aligned} \tag{1.12}$$

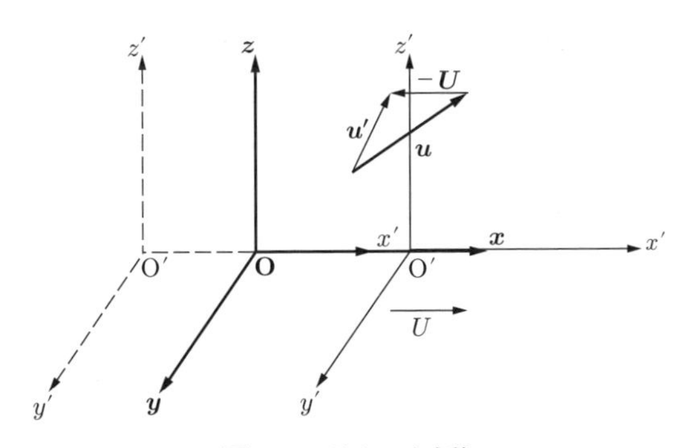


図 1.3　ガリレイ変換

となり，静止系では時間微分表現だけでは表現できず座標移動速度 $U$ に関連した空間微分項も出現しており，ガリレイ不変性を満足できない。一方，$x$ 方向空間微分に着目すると

$$\begin{aligned}\frac{\partial F(x',y',z',t')}{\partial x'} &= \frac{\partial F(x,y,z,t)}{\partial t}\frac{\partial t}{\partial x'} + \frac{\partial F(x,y,z,t)}{\partial x}\frac{\partial x}{\partial x'} \\ &+ \frac{\partial F(x,y,z,t)}{\partial y}\frac{\partial y}{\partial x'} + \frac{\partial F(x,y,z,t)}{\partial z}\frac{\partial z}{\partial x'} = \frac{\partial F(x,y,z,t)}{\partial x}\end{aligned} \tag{1.13}$$

で両座標系において不変であり，また，同様にその他の方向の空間微分も不変である。これらの結果を考慮してラグランジェ微分を変換すると

$$\begin{aligned}\frac{DF(x',y',z',t')}{Dt'} &= \frac{\partial F(x,y,z,t)}{\partial t} + U\frac{\partial F(x,y,z,t)}{\partial x} + (u-U)\frac{\partial F(x,y,z,t)}{\partial x} \\ &+ v\frac{\partial F(x,y,z,t)}{\partial y} + w\frac{\partial F(x,y,z,t)}{\partial z} = \frac{DF(x,y,z,t)}{Dt}\end{aligned} \tag{1.14}$$

となり，ガリレイ不変性を満足するものとなっている。この時間微分がオイラー系においては唯一ガリレイ不変性を満足するものであり，最終的なオイラー系の数式表現ではラグランジェ微分によってまとめられねばならないことを意味する。

## 1.3 基礎方程式

流れの現象を記述する基礎方程式をラグランジェ描像とオイラー描像，さらに実在流体に関して説明する。さらに，完全流体でよく利用される仮定であるバロトロピー流体と角運動量保存則について見ていく。

### 1.3.1 ラグランジェ描像での完全流体の基礎方程式

**図 1.4** のように流体粒子を内包する空間内では密度の変化が無視できるような微小な体積 $\delta V_0$ と $\delta V$ を考える。初期時刻 $t_0$ とその後の時刻 $t$ での微小体積の質量はその体積を積分範囲とした密度 $\rho$ の積分から

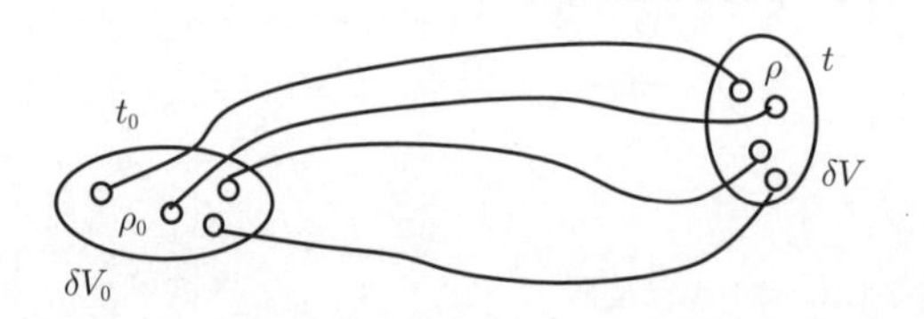


**図 1.4** ラグランジェ描像での質量保存

$$m\left(t_0\right)=\iiint_{\delta V_0} dx_0dy_0dz_0\rho_0,\quad m\left(t\right)=\iiint_{\delta V} dxdydz\rho \tag{1.15}$$

と求まる。この流体粒子の位置 $(x, y, z)$ を時刻 $t_0$ での位置 $(x_0, y_0, z_0)$ からの写像としてとらえると，式 (1.15) の後式は

$$m\left(t\right)=\iiint_{\delta V_0} dx_0dy_0dz_0\frac{\partial\left(x,y,z\right)}{\partial\left(x_0,y_0,z_0\right)}\rho \tag{1.16}$$

と書き換えられる。変換因子であるヤコビアンは

$$\begin{aligned}\frac{\partial\left(x,y,z\right)}{\partial\left(x_0,y_0,z_0\right)}=&\frac{\partial x}{\partial x_0}\frac{\partial y}{\partial y_0}\frac{\partial z}{\partial z_0}+\frac{\partial x}{\partial y_0}\frac{\partial y}{\partial z_0}\frac{\partial z}{\partial x_0}+\frac{\partial x}{\partial z_0}\frac{\partial y}{\partial x_0}\frac{\partial z}{\partial y_0}\\&-\frac{\partial x}{\partial z_0}\frac{\partial y}{\partial y_0}\frac{\partial z}{\partial x_0}-\frac{\partial x}{\partial y_0}\frac{\partial y}{\partial x_0}\frac{\partial z}{\partial z_0}-\frac{\partial x}{\partial x_0}\frac{\partial y}{\partial z_0}\frac{\partial z}{\partial y_0}\end{aligned} \tag{1.17}$$

である。質量保存則から時刻 $t_0$ と $t$ の質量 $m$ が等しいとすると，つぎの方程式が導出される。

$$\frac{\partial\left(x,y,z\right)}{\partial\left(x_0,y_0,z_0\right)}\rho=\rho_0 \tag{1.18}$$

この式がラグランジェの連続方程式である。ヤコビアンが初期時刻 $t_0$ に対する時刻 $t$ の体積倍率であることを考慮すると，ヤコビアンが 1 を超える状況は膨張を意味し，その場合は密度が小さくなる。逆に，圧縮の際にはヤコビアンが 1 より小さくなり，密度が上昇を示す。非圧縮性流れでは密度が一定なことより，ラグランジェの連続方程式は

$$\frac{\partial\left(x,y,z\right)}{\partial\left(x_0,y_0,z_0\right)}=1 \tag{1.19}$$

となる。これは流体粒子が占める体積は変化しないということを示している。

完全流体の流体粒子に働く運動方程式はニュートンの第二法則である加速度=力から

$$\frac{\partial^2\boldsymbol{x}}{\partial t^2}=-\frac{1}{\rho}\nabla p+\boldsymbol{K} \tag{1.20}$$

と書ける。右辺第 1 項は面積力（空間微分することで力を示すもの）である圧力 $p$ による力，第 2 項は重力などの単位密度当りの体積力 $\boldsymbol{K}=(K_x, K_y, K_z)$ を意味している。しかし，この表現では圧力項に利用されている空間変数はラグランジェ描

像では従属変数であるため，独立変数である初期時刻 $t_0$ での位置 $(x_0, y_0, z_0)$ に写像変換すると

$$\begin{pmatrix} \dfrac{\partial^2 x}{\partial t^2} - K_x \\ \dfrac{\partial^2 y}{\partial t^2} - K_y \\ \dfrac{\partial^2 z}{\partial t^2} - K_z \end{pmatrix} = -\frac{1}{\rho} \begin{pmatrix} \dfrac{\partial x_0}{\partial x} & \dfrac{\partial y_0}{\partial x} & \dfrac{\partial z_0}{\partial x} \\ \dfrac{\partial x_0}{\partial y} & \dfrac{\partial y_0}{\partial y} & \dfrac{\partial z_0}{\partial y} \\ \dfrac{\partial x_0}{\partial z} & \dfrac{\partial y_0}{\partial z} & \dfrac{\partial z_0}{\partial z} \end{pmatrix} \begin{pmatrix} \dfrac{\partial p}{\partial x_0} \\ \dfrac{\partial p}{\partial y_0} \\ \dfrac{\partial p}{\partial z_0} \end{pmatrix} \tag{1.21}$$

であり，逆行列を利用するとラグランジェの運動方程式は

$$\frac{\partial x}{\partial x_0}\left(\frac{\partial^2 x}{\partial t^2} - K_x\right) + \frac{\partial y}{\partial x_0}\left(\frac{\partial^2 y}{\partial t^2} - K_y\right) + \frac{\partial z}{\partial x_0}\left(\frac{\partial^2 z}{\partial t^2} - K_z\right) = -\frac{1}{\rho}\frac{\partial p}{\partial x_0} \tag{1.22}$$

$$\frac{\partial x}{\partial y_0}\left(\frac{\partial^2 x}{\partial t^2} - K_x\right) + \frac{\partial y}{\partial y_0}\left(\frac{\partial^2 y}{\partial t^2} - K_y\right) + \frac{\partial z}{\partial y_0}\left(\frac{\partial^2 z}{\partial t^2} - K_z\right) = -\frac{1}{\rho}\frac{\partial p}{\partial y_0} \tag{1.23}$$

$$\frac{\partial x}{\partial z_0}\left(\frac{\partial^2 x}{\partial t^2} - K_x\right) + \frac{\partial y}{\partial z_0}\left(\frac{\partial^2 y}{\partial t^2} - K_y\right) + \frac{\partial z}{\partial z_0}\left(\frac{\partial^2 z}{\partial t^2} - K_z\right) = -\frac{1}{\rho}\frac{\partial p}{\partial z_0} \tag{1.24}$$

と求まる。

### 1.3.2 オイラー描像での基礎方程式

オイラー描像での密度と関連する質量保存則はオイラーの連続方程式で

$$\frac{D\rho}{Dt} = -\rho\nabla\cdot\boldsymbol{u} \tag{1.25}$$

と書ける。左辺は流される効果を考慮した密度の時間変化で，右辺は密度と速度の発散の積で構成されている。速度の発散は正であれば膨張を，負では圧縮を意味している。この挙動を考慮すると，膨張では左辺が負となることから密度は低下し，圧縮では逆に密度が増加する。また，ラグランジェ微分を利用しないベクトル表現とテンソル表現では

$$\frac{\partial\rho}{\partial t} + \nabla\cdot(\rho\boldsymbol{u}) = 0, \quad \frac{\partial\rho}{\partial t} + \frac{\partial\rho u_j}{\partial x_j} = 0 \tag{1.26}$$

となる。非圧縮性流れの場合，密度が一定になるので左辺の密度変化がゼロとなり

$$\nabla\cdot\boldsymbol{u} = 0, \quad \frac{\partial u_j}{\partial x_j} = 0 \tag{1.27}$$

となる。これらの方程式は連続方程式と呼ばれ，完全流体でも実在流体解析でも利用される方程式である。

実在流体における運動量保存則に起因する運動方程式は

$$\frac{D\rho \boldsymbol{u}}{Dt} = -\nabla p + \nabla \boldsymbol{\tau} + \rho \boldsymbol{K} - \rho \boldsymbol{u} \left( \nabla \cdot \boldsymbol{u} \right) \tag{1.28}$$

となる。右辺第1と第2項は面積力である圧力 $p$ および応力 $\boldsymbol{\tau}$ の項，第3項は体積力，最終項は連続方程式でも説明した速度の発散による膨張・圧縮から生じる運動量変化を表している。完全流体では粘性応力は働かないので $\boldsymbol{\tau} = 0$ であり，連続方程式 (1.25) を適用すると

$$\rho \frac{D\boldsymbol{u}}{Dt} = -\nabla p + \rho \boldsymbol{K} \tag{1.29}$$

となる。また，密度 $\rho$ で除した速度方程式

$$\frac{D\boldsymbol{u}}{Dt} = -\frac{1}{\rho} \nabla p + \boldsymbol{K} \tag{1.30}$$

もよく利用される。これらの式 (1.29) と (1.30) がオイラーの運動方程式である。これらの方程式はすでに連続方程式を利用して式変形をしてあるので非圧縮性と圧縮性で共通の表現となっている。完全流体の方程式といっても，この方程式も移流項が速度どうしの積で記述されており，非線形偏微分方程式となっている。そのため，他の条件を課さなければ解析的に一般解を解くことはできていない。また，非圧縮性完全流体の場合，従属変数が速度3成分 $u, v, w$ と圧力 $p$ の四つであることから，オイラーの連続方程式と運動方程式の4本の偏微分方程式で解析を行うことができる。しかし，圧縮性完全流体の場合，さらに変数として密度 $\rho$ が加わっているため，まだこれだけでは方程式系は閉じていない。

### 1.3.3 ナビア–ストークス方程式

実在流体では応力 $\boldsymbol{\tau}$ を考慮する必要がある。ニュートン流体では応力は2階のテンソルで記述され，それに対してニュートンの応力法則

$$\tau_{ij} = \mu \left( \frac{\partial u_i}{\partial x_j} + \frac{\partial u_j}{\partial x_i} \right) - \frac{2}{3} \lambda \frac{\partial u_l}{\partial x_l} \delta_{ij} \tag{1.31}$$

を適用する。ここで，$\lambda$ は第二粘性係数である。この粘性応力は行列で表記すると

$$\boldsymbol{\tau} = \begin{pmatrix} 2\mu\dfrac{\partial u}{\partial x} - \dfrac{2}{3}\lambda D & \mu\left(\dfrac{\partial u}{\partial y} + \dfrac{\partial v}{\partial x}\right) & \mu\left(\dfrac{\partial w}{\partial x} + \dfrac{\partial u}{\partial z}\right) \\ \mu\left(\dfrac{\partial u}{\partial y} + \dfrac{\partial v}{\partial x}\right) & 2\mu\dfrac{\partial v}{\partial y} - \dfrac{2}{3}\lambda D & \mu\left(\dfrac{\partial v}{\partial z} + \dfrac{\partial w}{\partial y}\right) \\ \mu\left(\dfrac{\partial w}{\partial x} + \dfrac{\partial u}{\partial z}\right) & \mu\left(\dfrac{\partial v}{\partial z} + \dfrac{\partial w}{\partial y}\right) & 2\mu\dfrac{\partial w}{\partial z} - \dfrac{2}{3}\lambda D \end{pmatrix} \tag{1.32}$$

となり，ここで $D$ は速度の発散 $\nabla \cdot \boldsymbol{u}$ である。また，対角成分は垂直応力，非対角成分はせん断応力と呼ばれる。速度勾配テンソルは対称である歪テンソル $s_{ij}$ と反対称テンソルである渦度テンソル $w_{ij}$

$$s_{ij} = \frac{1}{2}\left(\frac{\partial u_i}{\partial x_j} + \frac{\partial u_j}{\partial x_i}\right), \quad w_{ij} = \frac{1}{2}\left(-\frac{\partial u_i}{\partial x_j} + \frac{\partial u_j}{\partial x_i}\right) \tag{1.33}$$

に分解でき，粘性応力は対称テンソルであることから，$s_{ij}$ を用いて表記すると

$$\tau_{ij} = 2\mu s_{ij} - \frac{2}{3}\lambda s_{ll}\delta_{ij} \tag{1.34}$$

と書ける。また，一般的には第二粘性係数 $\lambda$ は分子粘性係数 $\mu$ と同一として

$$\tau_{ij} = 2\mu\left(s_{ij} - \frac{1}{3}s_{ll}\delta_{ij}\right) \tag{1.35}$$

という粘性応力を通常の圧縮性実在流れでは用いる。この表現を導入した運動方程式は

$$\frac{\partial \rho u_i}{\partial t} + \frac{\partial \rho u_i u_j}{\partial x_j} = -\frac{\partial p}{\partial x_i} + \frac{\partial}{\partial x_j}\left\{\mu\left(\frac{\partial u_i}{\partial x_j} + \frac{\partial u_j}{\partial x_i} - \frac{2}{3}\frac{\partial u_l}{\partial x_l}\delta_{ij}\right)\right\} + \rho K_i \tag{1.36}$$

と書ける。この方程式はナビア–ストークス (Navier-Stokes) 方程式と呼ばれる。また，非圧縮条件を課すと密度 $\rho$ は一定値で，粘性係数 $\mu$ も定数とみなして連続方程式を適用するとナビア–ストークス方程式は

$$\frac{\partial u_i}{\partial t} + \frac{\partial u_i u_j}{\partial x_j} = -\frac{1}{\rho}\frac{\partial p}{\partial x_i} + \nu\frac{\partial^2 u_i}{\partial x_j \partial x_j} + K_i \tag{1.37}$$

となる。粘性応力項は速度のラプラシアンとして粘性拡散項の形に書き換えられる。非圧縮性実在流れはこの方程式と連続方程式 (1.27) を組み合わせて解析していく。

### 1.3.4　エネルギー流束方程式

圧縮性流れを解析するためには，連続方程式と運動方程式だけでは方程式を閉ざす

ことができない。完全流体の場合，Landau-Lifshitz の流体力学の教科書[1)] にもあるように，断熱性と非粘性の関係には矛盾がないので等エントロピー流れ $S = \text{const.}$ と設定して温度を陽に含まない気体の状態方程式，または断熱条件

$$p = \rho^\gamma \exp\left(\frac{S - S_0}{C_V}\right), \quad p \propto \rho^\gamma \tag{1.38}$$

により方程式系を閉じて解析を行う。それに対して，実在流体では粘性効果により生じる運動エネルギーの消散はさらに大きな系で考えれば熱エネルギーとして変換され，内部エネルギーの上昇へとつながっていく。そのため，内部エネルギーと運動エネルギーの和である全エネルギー $E_T$ は

$$E_T = C_V \rho\theta + \frac{1}{2}\rho u_i u_i \tag{1.39}$$

と書ける。熱力学の第一法則をベースとして内部エネルギーの方程式は

$$\begin{aligned}\frac{\partial C_V \rho\theta}{\partial t} + \frac{\partial C_V \rho\theta u_j}{\partial x_j} &= -p\frac{\partial u_j}{\partial x_j} + \frac{\partial}{\partial x_j}\left(\alpha\frac{\partial\theta}{\partial x_j}\right)\\ &\quad +2\mu\frac{\partial u_i}{\partial x_j}\left(s_{ij} - \frac{1}{3}\frac{\partial u_l}{\partial x_l}\delta_{ij}\right)\end{aligned} \tag{1.40}$$

となる。左辺は移流を組み込んだ時間変化で，右辺第 1 項は速度の発散と圧力の積で表される仕事，第 2 項はフーリエの法則（$\alpha$ は熱拡散係数）による熱の拡散，第 3 項は流体の粘性効果から生じた熱供給を意味している。ナビア–ストークス方程式 (1.36) に速度ベクトルをかけて運動エネルギー方程式を導出し，この式 (1.40) に加えるとエネルギー保存則を意味するエネルギー流束方程式がつぎのように導出される。

$$\begin{aligned}\frac{\partial E_T}{\partial t} + \frac{\partial E_T u_j}{\partial x_j} &= -\frac{\partial p u_j}{\partial x_j} + \frac{\partial}{\partial x_j}\left(\alpha\frac{\partial\theta}{\partial x_j}\right)\\ &\quad +2\frac{\partial}{\partial x_j}\left\{\mu u_i\left(s_{ij} - \frac{1}{3}\delta_{ij}\frac{\partial u_l}{\partial x_l}\right)\right\} + \rho K_i u_i\end{aligned} \tag{1.41}$$

時間微分以外の項はすべて空間微分でくくることができ，系外からの出入りがないと仮定すれば，ガウスの定理から系内のエネルギーは厳密に保存している。内部エネルギー方程式または全エネルギー方程式と局所的に気体が平衡状態を形成していると仮定して状態方程式（$p = R_G \rho\theta$）を連続方程式 (1.25) とナビア–ストークス方程式 (1.36) に加えると，方程式系は閉じて圧縮性実在流体の解析が行えることとなる。よって，圧縮性流体ではエネルギー保存則も陽に使わなければならない。

### 1.3.5 バロトロピー流体

完全流体の解析において頻繁に利用される仮説に流れを構成する流体に対してのバロトロピー流体（barotropic fluid）の仮説がある。バロトロピー流体とは密度 $\rho$ が圧力 $p$ のみによって表現できる圧力の一価関数（当然，圧力も密度のみによって記述できる）となっている流体である。つまり，密度は

$$\rho = \rho\left(p\left(x,t\right)\right) \tag{1.42}$$

と書ける。この条件下では圧力勾配項は圧力関数 $P$ を導入して

$$\frac{1}{\rho\left(p\right)}\nabla p\left(x,t\right) = \nabla P\left(p\left(x,t\right)\right) = \frac{\partial P\left(p\right)}{\partial p}\nabla p\left(x,t\right) \tag{1.43}$$

となり，圧力関数は

$$\frac{\partial P}{\partial p} = \frac{1}{\rho} \tag{1.44}$$

という条件を満足しなければならない。

この条件を満足する流体としては，非圧縮性流体，等温流体，断熱流体がよく対象となる。非圧縮性流体では密度は定数なので，圧力関数 $P_{incom}$ は

$$P_{incom} = \frac{p}{\rho} \tag{1.45}$$

となる。等温流体では気体の状態方程式を考慮すれば，圧力と密度の関係式は $p = A\rho$ となり，式 (1.44) は

$$\frac{\partial P_{Isoth}}{\partial p} = \frac{A}{p} \tag{1.46}$$

となり，参照点での関係式 $p_0 = A\rho_0$ から係数 $A$ を求め，積分を実行すると圧力関数 $P_{Isoth}$ は

$$P_{Isoth} = \frac{p_0}{\rho_0}\log p \tag{1.47}$$

で，圧力の対数関数となる。この不定積分では積分定数が生じるが，勾配と結びついて出ていることから通常ゼロとおいて何の問題も生じない。また，断熱流体では，条件式が比熱比 $\gamma$ により $p = A\rho^{\gamma}$ であることから式 (1.44) は

$$\frac{\partial P_{Adiab}}{\partial p} = A^{1/\gamma}p^{-1/\gamma} \tag{1.48}$$

で，参照点の条件式 $p_0 = A\rho_0^\gamma$ を考慮して圧力関数 $P_{Adiab}$ を求めると

$$P_{Adiab} = \frac{\gamma}{\gamma - 1}\frac{p_0^{1/\gamma}}{\rho_0}p^{(\gamma-1)/\gamma} \tag{1.49}$$

となる。空気の場合 $\gamma = 1.4$ であることから，$P_{Adiab}$ は圧力の 2/7 乗に比例する関数である。

工学部ではこれらの流体がおもなバロトロピー流体であるが，天文学や宇宙物理学の分野ではポリトロープ（polytrope）変化と呼ばれる概念があり，圧力と密度の間には

$$p = A\rho^{1+1/n} \tag{1.50}$$

が成り立ち，$n$ はポリトロピック指数である。この値は，中性子星で $n = 0.5 \sim 1$，白色矮（わい）星や木星のようなガス惑星 $n = 1.5$，太陽などの恒星 $n = 3$ のように設定する。圧力関数 $P_{polyt}$ は

$$P_{polyt} = (n+1)\, A^{n/(n+1)}p^{1/(n+1)} \tag{1.51}$$

である。

### 1.3.6 ラグランジェの渦不生不滅の法則

これまでに基礎方程式を紹介してきたが，物理学における保存法則の中でいまだ議論していない角運動量保存則についてラグランジェの渦不生不滅の法則を説明していく。まず，完全流体においてバロトロピー流体と外力がポテンシャルエネルギー $\Omega$ で記述できる保存力 $\boldsymbol{K} = -\nabla\Omega$ であると仮定すると，ラグランジェの運動方程式は

$$\frac{\partial x}{\partial x_0}\frac{\partial u}{\partial t} + \frac{\partial y}{\partial x_0}\frac{\partial v}{\partial t} + \frac{\partial z}{\partial x_0}\frac{\partial w}{\partial t} = -\frac{\partial\,(P+\Omega)}{\partial x_0} \tag{1.52}$$

$$\frac{\partial x}{\partial y_0}\frac{\partial u}{\partial t} + \frac{\partial y}{\partial y_0}\frac{\partial v}{\partial t} + \frac{\partial z}{\partial y_0}\frac{\partial w}{\partial t} = -\frac{\partial\,(P+\Omega)}{\partial y_0} \tag{1.53}$$

$$\frac{\partial x}{\partial z_0}\frac{\partial u}{\partial t} + \frac{\partial y}{\partial z_0}\frac{\partial v}{\partial t} + \frac{\partial z}{\partial z_0}\frac{\partial w}{\partial t} = -\frac{\partial\,(P+\Omega)}{\partial z_0} \tag{1.54}$$

と書け，ここでは位置の時間微分を速度で表記してある。式 (1.52) を $y_0$ で微分し，式 (1.53) を $x_0$ で微分して引くと右辺は消えて，次式が得られる。

$$\frac{\partial}{\partial y_0}\left(\frac{\partial x}{\partial x_0}\frac{\partial u}{\partial t}+\frac{\partial y}{\partial x_0}\frac{\partial v}{\partial t}+\frac{\partial z}{\partial x_0}\frac{\partial w}{\partial t}\right)$$
$$-\frac{\partial}{\partial x_0}\left(\frac{\partial x}{\partial y_0}\frac{\partial u}{\partial t}+\frac{\partial y}{\partial y_0}\frac{\partial v}{\partial t}+\frac{\partial z}{\partial y_0}\frac{\partial w}{\partial t}\right)=0 \tag{1.55}$$

左辺は時間微分でくくれるように整理し直すと

$$\text{l.h.s.}=\frac{\partial}{\partial t}\left(\frac{\partial x}{\partial x_0}\frac{\partial u}{\partial y_0}+\frac{\partial y}{\partial x_0}\frac{\partial v}{\partial y_0}+\frac{\partial z}{\partial x_0}\frac{\partial w}{\partial y_0}-\frac{\partial x}{\partial y_0}\frac{\partial u}{\partial x_0}-\frac{\partial y}{\partial y_0}\frac{\partial v}{\partial x_0}-\frac{\partial z}{\partial y_0}\frac{\partial w}{\partial x_0}\right) \tag{1.56}$$

と書き換えられる。さらに，渦度ベクトルを導入するため，初期位置変数 $(x_0, y_0, z_0)$ を空間変数 $(x, y, z)$ への写像変換を導入すると

$$\text{l.h.s.}=-\frac{\partial}{\partial t}\left\{\frac{\partial(y,z)}{\partial(x_0,y_0)}\omega_x+\frac{\partial(z,x)}{\partial(x_0,y_0)}\omega_y+\frac{\partial(x,y)}{\partial(x_0,y_0)}\omega_z\right\} \tag{1.57}$$

となり，この量がゼロであることから，時間積分を実行すると

$$\frac{\partial(y,z)}{\partial(x_0,y_0)}\omega_x+\frac{\partial(z,x)}{\partial(x_0,y_0)}\omega_y+\frac{\partial(x,y)}{\partial(x_0,y_0)}\omega_z=\text{const.}=\omega_{z0} \tag{1.58}$$

となる。初期時刻 $t_0$ から一定であるのでこの一定値はヤコビアンが 1 となる項の $\omega_{z0}$ となる。同様な数式処理を式 (1.53) と (1.54)，式 (1.54) と (1.52) に関しても実行すると，つぎの 2 式が導出される。

$$\frac{\partial(y,z)}{\partial(y_0,z_0)}\omega_x+\frac{\partial(z,x)}{\partial(y_0,z_0)}\omega_y+\frac{\partial(x,y)}{\partial(y_0,z_0)}\omega_z=\omega_{x0} \tag{1.59}$$

$$\frac{\partial(y,z)}{\partial(z_0,x_0)}\omega_x+\frac{\partial(z,x)}{\partial(z_0,x_0)}\omega_y+\frac{\partial(x,y)}{\partial(z_0,x_0)}\omega_z=\omega_{y0} \tag{1.60}$$

この 3 式をまとめて行列計算とみなし，時刻 $t$ の渦度ベクトル $\boldsymbol{\omega}$ について解くと

$$\begin{pmatrix}\omega_x\\ \omega_y\\ \omega_z\end{pmatrix}=\frac{1}{\dfrac{\partial(x,y,z)}{\partial(x_0,y_0,z_0)}}\begin{pmatrix}\dfrac{\partial x}{\partial x_0} & \dfrac{\partial x}{\partial y_0} & \dfrac{\partial x}{\partial z_0}\\ \dfrac{\partial y}{\partial x_0} & \dfrac{\partial y}{\partial y_0} & \dfrac{\partial y}{\partial z_0}\\ \dfrac{\partial z}{\partial x_0} & \dfrac{\partial z}{\partial y_0} & \dfrac{\partial z}{\partial z_0}\end{pmatrix}\begin{pmatrix}\omega_{x0}\\ \omega_{y0}\\ \omega_{z0}\end{pmatrix} \tag{1.61}$$

となる。変数 $(x_0, y_0, z_0)$ と $(x, y, z)$ の間での 3 次元変換のヤコビアンはラグランジェの連続方程式 (1.18) を利用すると

$$\begin{pmatrix} \omega_x \\ \omega_y \\ \omega_z \end{pmatrix} = \frac{\rho}{\rho_0} \begin{pmatrix} \dfrac{\partial x}{\partial x_0} & \dfrac{\partial x}{\partial y_0} & \dfrac{\partial x}{\partial z_0} \\ \dfrac{\partial y}{\partial x_0} & \dfrac{\partial y}{\partial y_0} & \dfrac{\partial y}{\partial z_0} \\ \dfrac{\partial z}{\partial x_0} & \dfrac{\partial z}{\partial y_0} & \dfrac{\partial z}{\partial z_0} \end{pmatrix} \begin{pmatrix} \omega_{x0} \\ \omega_{y0} \\ \omega_{z0} \end{pmatrix} \tag{1.62}$$

とラグランジェの渦不生不滅の法則を表す方程式が導出できる。この式は，もしかつて渦がなければ左辺の渦度ベクトルがゼロであることから，未来永劫つねに渦はゼロのままであることを意味している。また逆に，かつて渦が存在する場合，未来にわたって渦が存在し続けることとなる。現実には実在流体であるため，粘性効果により渦は保存されず，時間が経過すれば消滅する。

## 章　末　問　題

【１】 常温に比べてはるかに温度が高い場合では，粘性係数 $\mu$ の温度依存性はどのようになるか。

【２】 式 (1.21) からラグランジェの運動方程式の表現 (1.22)〜(1.24) を導け。

【３】 式 (1.28) から式 (1.29) を連続方程式 (1.25) を利用して導出せよ。

【４】 渦度ベクトル (1.9) と渦度テンソル (1.33) の関係式を二つ導出せよ。

【５】 圧縮性実在流体において運動エネルギーの方程式を導出せよ。さらに，その方程式を利用して全エネルギー方程式 (1.41) となることを証明せよ。

【６】 断熱状態にはポリトロピック指数がいくつのときに対応するか。

# 2 ポテンシャル流：非圧縮性

本章では，解析解が容易に得ることができる，非圧縮条件下での渦なし条件を課した完全流体流れであるポテンシャル流に関して説明していく。特に，流体力学の初歩である水力学のようなバルクレベルでのベルヌーイの定理の利用とは異なる活用方法を解説する。

## 2.1 ベルヌーイの定理

完全流体の流れはデカルト直交系において次式のオイラーの連続方程式と運動方程式により記述できる。

$$\nabla \cdot \boldsymbol{u} = 0 \tag{2.1}$$

$$\frac{\partial \boldsymbol{u}}{\partial t} + (\boldsymbol{u} \cdot \nabla)\,\boldsymbol{u} = -\frac{1}{\rho}\nabla p + \boldsymbol{K} \tag{2.2}$$

ここで，$\boldsymbol{K}$ は外部から与えられる体積力で，非線形項に現れている速度 $\boldsymbol{u}$ とハミルトン演算子 $\nabla$ の内積は

$$\boldsymbol{u} \cdot \nabla = u\frac{\partial}{\partial x} + v\frac{\partial}{\partial y} + w\frac{\partial}{\partial z} \tag{2.3}$$

である。ただし，この表記が可能なのはデカルト直交座標系のみである。この非線形項は

$$(\boldsymbol{u} \cdot \nabla)\,\boldsymbol{u} = \nabla\left(\frac{1}{2}\left|\boldsymbol{u}\right|^2\right) - \boldsymbol{u} \times \boldsymbol{\omega} \tag{2.4}$$

と変形可能である。この表現に変換すると，オイラーの運動方程式 (2.2) は

$$\frac{\partial \boldsymbol{u}}{\partial t} = -\nabla\left(\frac{1}{2}\left|\boldsymbol{u}\right|^2\right) + \boldsymbol{u} \times \boldsymbol{\omega} - \frac{1}{\rho}\nabla p + \boldsymbol{K} \tag{2.5}$$

となる。この式変形でオイラーの運動方程式が簡単になったわけではない。そこで，いくつかの仮定を導入して解析可能な状態に持っていく。対象の流れがバロトロピー流体で構成されており，外力が保存力であるとすると，つぎの仮定を導入する。

$$-\frac{1}{\rho}\nabla p = -\nabla P, \qquad \boldsymbol{K} = -\nabla\Omega \tag{2.6}$$

ここで，$P$ は圧力関数，$\Omega$ はポテンシャルエネルギーである。これらを導入し，勾配演算子 $\nabla$ で整理すると

$$\frac{\partial \boldsymbol{u}}{\partial t} = -\nabla\left(\frac{1}{2}|\boldsymbol{u}|^2 + P + \Omega\right) + \boldsymbol{u}\times\boldsymbol{\omega} \tag{2.7}$$

とまとめられる。

### 2.1.1 さまざまなベルヌーイの定理の導出

さらに条件を課して，方程式 (2.7) の性質を検討し，ベルヌーイの定理を導出する。

**〔1〕 静止流体**　本来，流体力学の対象とはなりにくいが $u = 0$ の場合を考える。この場合，式 (2.7) は

$$\nabla(P + \Omega) = 0 \tag{2.8}$$

となり，$P + \Omega$ は空間変数に依存していない。非圧縮性流体の代表例である水で構成される海などであれば

$$\frac{p}{\rho} + \Omega = \text{const.} \tag{2.9}$$

となり，重力による位置エネルギーは海表面を $z = 0$ とすると $\Omega = gz$ と書け，また海表面での大気圧を $p_0$ とすると，海の中（$z < 0$）では水圧は

$$p = p_0 - \rho g z \tag{2.10}$$

となる（$g$ は重力加速度）。この解は水深が深くなるにつれて線形的に水圧が上昇するというよく知られた結果が出る。同様に，非圧縮条件が利用できない空気を対象とした場合，大気圧と高度の関係式がポリトロープ変化の圧力関数 (1.51) を仮定すると

$$p = p_0\left(1 - \frac{\rho_0 g}{(n+1)\,p_0}z\right)^{n+1} \tag{2.11}$$

と得られる。ここでは，理科年表に記載されている実際の大気圧データと比較すると，ポリトロープ指数を $n = 7.475$ としたときに，**図 2.1**

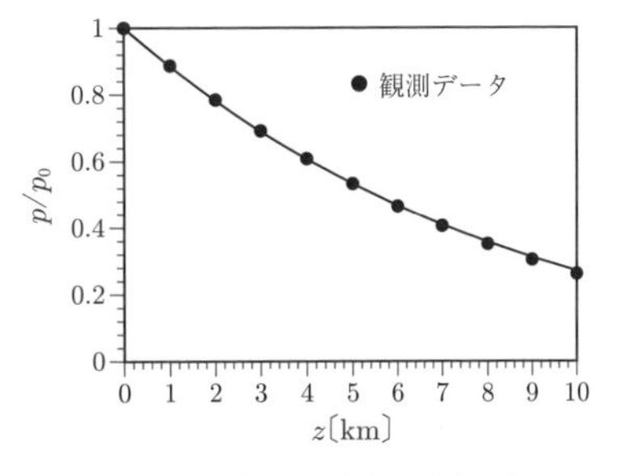

**図 2.1**　高度に対する大気圧

に見られるように非常によい再現性を示している。

〔2〕 **定 常 流 れ**　時間変化がない定常流れでは，オイラーの運動方程式 (2.7) は

$$0 = -\nabla\left(\frac{1}{2}|\boldsymbol{u}|^2 + P + \Omega\right) + \boldsymbol{u}\times\boldsymbol{\omega} \tag{2.12}$$

と書き換えられる。速度ベクトル $\boldsymbol{u}$ と内積をとると右辺最終項は

$$\boldsymbol{u}\cdot(\boldsymbol{u}\times\boldsymbol{\omega}) = 0 \tag{2.13}$$

となり，消える。これは渦度ベクトルと内積をとっても同様である。これらの手続きにより

$$\boldsymbol{u}\cdot\nabla\left(\frac{1}{2}|\boldsymbol{u}|^2 + P + \Omega\right) = 0 \tag{2.14}$$

$$\boldsymbol{\omega}\cdot\nabla\left(\frac{1}{2}|\boldsymbol{u}|^2 + P + \Omega\right) = 0 \tag{2.15}$$

という二つの関係式が得られる。言い換えると，前者は流線に沿うことを，後者は渦線に沿うことを意味している。よって，任意の流線または渦線上では

$$\frac{1}{2}|\boldsymbol{u}|^2 + P + \Omega = \text{const.} \tag{2.16}$$

が成立する。密度で規格化されていることを考慮すると第 1 項は運動エネルギー，第 2 項は圧力関数（断熱条件下であればエンタルピー），第 3 項はポテンシャルエネルギーからなるエネルギー保存則を意味しており，これが通常ベルヌーイの定理 (Bernoulli's principle) と呼ばれるものである。

さらに流れの非圧縮性とポテンシャルエネルギーに位置エネルギー $gz$（$z$ は鉛直方向における位置）を仮定すると

$$\frac{1}{2}|\boldsymbol{u}|^2 + \frac{p}{\rho} + gz = \text{const.} \tag{2.17}$$

と書き直せる。

〔3〕 **ポテンシャル流**　流れ内部で渦がない場合，渦なし流れと呼ばれる。渦なし条件は

$$\boldsymbol{\omega} = 0 \tag{2.18}$$

であり，渦度ベクトルは速度の回転 $\nabla\times\boldsymbol{u}$ であることから速度ベクトルが

$$\boldsymbol{u} = \nabla \Phi \tag{2.19}$$

のようにスカラー関数 $\Phi$ を用いて書くことができる。このスカラー関数を速度ポテンシャルという。この概念は保存力に対するポテンシャルエネルギーと同様であるが，速度ポテンシャルの場合は勾配演算子の前の符号にマイナスがつかないことに注意する。また，速度ポテンシャルによって速度が書けることから，渦なし流れはポテンシャル流とも呼ばれ，本書では後者を採用している。速度成分はそれぞれその速度方向に微分することで

$$u = \frac{\partial \Phi}{\partial x}, \quad v = \frac{\partial \Phi}{\partial y}, \quad w = \frac{\partial \Phi}{\partial z} \tag{2.20}$$

として評価できる。この条件を式 (2.7) に代入すると

$$\frac{\partial \nabla \Phi}{\partial t} = -\nabla \left( \frac{1}{2} |\nabla \Phi|^2 + P + \Omega \right) \tag{2.21}$$

で，時間微分と空間微分の可換性を考慮すると

$$\nabla \left( \frac{\partial \Phi}{\partial t} + \frac{1}{2} |\nabla \Phi|^2 + P + \Omega \right) = \mathbf{0} \tag{2.22}$$

とまとめることができる。これはハミルトン演算子内部の関数は空間変数には依存しないことを意味するが，時間には依存しても構わないことから任意の時間のみの関数 $F(t)$ を用いて

$$\frac{\partial \Phi}{\partial t} + \frac{1}{2} |\nabla \Phi|^2 + P + \Omega = F(t) \tag{2.23}$$

となる。これは圧力方程式や拡張されたベルヌーイの定理と呼ばれる式である。この方程式は圧力を求めるための方程式である。

### 2.1.2 水力学でのベルヌーイの定理の応用例

本項では水力学のようなバルクレベルでのベルヌーイの定理の応用例を三つ紹介する。一つ目はトリチェリ (Torriceli) の定理で，図 **2.2** のように水槽の断面積はかなり大きいとき下方に設定された噴出口からの漏れ出しに対して水面の下降運動はほとんど無視できる

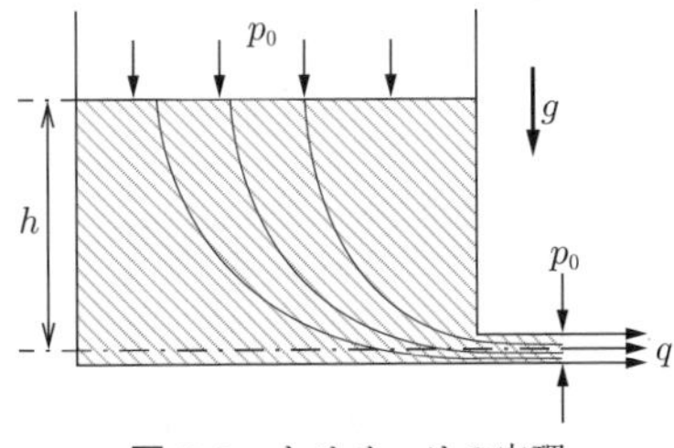

図 **2.2** トリチェリの定理

とすると，噴出口でのエネルギー（左辺）と水面でのエネルギー（右辺）はベルヌーイの定理に従ってバランスする。

$$\frac{1}{2}\rho q^2 + p_0 + \rho g \times 0 = \frac{1}{2}\rho \times 0^2 + p_0 + \rho g h \tag{2.24}$$

ここから噴出速度 $q$ は

$$q = \sqrt{2gh} \tag{2.25}$$

と求まる。重力下で $q$ は水深 $h$ だけで決まることを示している。

ベルヌーイの定理は流速や圧力を計測する機器にも応用されている。総圧，静圧，動圧をそれぞれ

$$p_T = p + \frac{1}{2}\rho q^2, \qquad p_S = p, \qquad p_D = \frac{1}{2}\rho q^2 \tag{2.26}$$

と定義する。**図 2.3** のように三つのピトー管，静圧管，ピトー静圧管を流れの中に設置すると，それぞれ総圧，静圧，動圧が計測できる。それぞれの違いは穴の開け方が管内に流れが入り込まないと仮定できる平行な位置か，流れが入り込む垂直な位置かによるもので非常に単純な形状で計測できる。

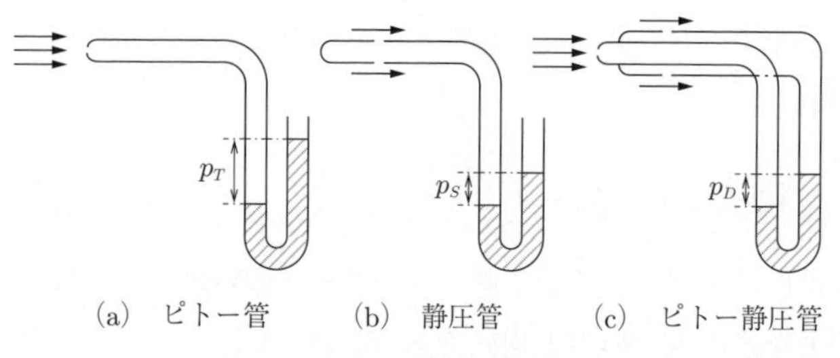


(a)　ピトー管　　(b)　静圧管　　(c)　ピトー静圧管

**図 2.3**　総圧，静圧，動圧の計測

最後に，**図 2.4**(a) のように容器内に密度 $\rho_0$ で圧力 $p_0$ の気体が満ちていて，開口部から密度 $\rho$ と圧力 $p$（$< p_0$）の容器外へと気体が噴出する場合をとりあげる。この噴出速度 $q$ は気体の性質を決めて，ベルヌーイの定理により求めることができる。まず，気体が断熱条件を満足するとき，圧力関数を式 (1.49) で与えるとベルヌーイの定理は

$$\frac{\gamma}{\gamma-1}\frac{p_0^{1/\gamma}}{\rho_0}p_0^{(\gamma-1)/\gamma} + \frac{1}{2}0^2 = \frac{\gamma}{\gamma-1}\frac{p_0^{1/\gamma}}{\rho_0}p^{(\gamma-1)/\gamma} + \frac{1}{2}q^2 \tag{2.27}$$

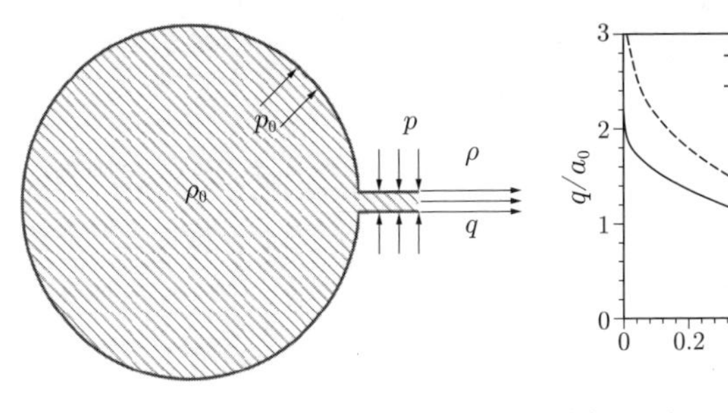


（a）　概略図

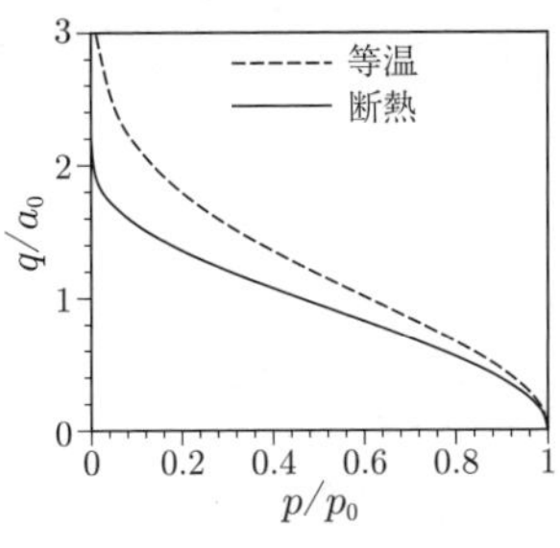


（b）　圧力比に対する音速により規格化された噴出速度

**図 2.4**　容器内からの気体の噴出

で，右辺と左辺はそれぞれ容器内と外部を意味している。この方程式を $q$ について解くと

$$q = \sqrt{\frac{2\gamma}{\gamma - 1}\frac{p_0}{\rho_0}\left(1 - \left(\frac{p}{p_0}\right)^{(\gamma-1)/\gamma}\right)} \tag{2.28}$$

となり，この結果はツォイナー（Zeuner）の公式と呼ばれる。音速 $a$ の定義

$$a^2 \equiv \frac{\partial p}{\partial \rho} \tag{2.29}$$

からの容器内音速 $a_0 = \sqrt{\gamma p_0/\rho_0}$ と，空気の比熱比 $\gamma = 1.4$ を代入すると

$$\frac{q}{a_0} = 2.236\sqrt{1 - \left(\frac{p}{p_0}\right)^{0.2857}} \tag{2.30}$$

という結果が得られる。

等温条件を満足する気体の場合，圧力関数 (1.47) によりベルヌーイの定理は

$$\frac{p_0}{\rho_0}\log p_0 + \frac{1}{2}0^2 = \frac{p_0}{\rho_0}\log p + \frac{1}{2}q^2 \tag{2.31}$$

となり，噴出速度は

$$q = \sqrt{2\frac{p_0}{\rho_0}\log\left(\frac{p_0}{p}\right)} \tag{2.32}$$

で決定される。この式がナビア（Navier）の公式である。気体を空気とし，音速を導入すると

$$\frac{q}{a_0} = 1.414\sqrt{\log\left(\frac{p_0}{p}\right)} \tag{2.33}$$

となる。これらの結果を評価するため，図 2.4(b) にそれを示す。圧力差が小さい場合，両条件の差異は小さなものであるが，容器外の圧力が極端に低くなると，等温条件の気体では噴出速度が無限大になってしまうのに対して，断熱条件の気体では音速の 2.236 倍程度の上限値に到達する。気体の噴出速度は有限であるべきことから断熱条件のほうが等温条件に比べれば妥当である。

## 2.2　ラプラス方程式

ベルヌーイの定理の活用方法は 2.1 節で述べたようなバルクレベル使用方法に限定されたものではない。そこで，ベルヌーイの定理の意味をもう一度考えてみる。この式はバロトロピー流体における保存力下でのエネルギー保存則を意味している。ただし，前述の導出過程から明らかなように，オイラーの運動方程式の積分式から派生する。3 次元では，運動量または速度は 3 成分からなるが，スカラー量であるエネルギーは 1 成分である。そのため，オイラーの運動方程式の代わりとしてベルヌーイの定理だけを利用することは，$1-3$ で方程式が 2 本足りなくなるので方程式系を閉じる意味から解析不能となる。しかし，非線形偏微分方程式であるオイラーの運動方程式の代わりに，実質的には代数レベルの方程式であるベルヌーイの定理を利用することは魅力的である。そこで，2 本分の方程式を利用しないですむ場合を考えると，前述の渦なし条件がこの場合となる。渦なし条件は 3 成分の速度ベクトルをスカラーの速度ポテンシャルで記述できるので，ちょうど $3-1$ で 2 個の物理量の解析を省略できる条件である。厳密解を評価していくことは流体力学を学ぶうえで重要であるから，以降ではこの条件下での解析を説明していく。

非圧縮性条件 (2.1) を成分で記述すると

$$\frac{\partial u}{\partial x} + \frac{\partial v}{\partial y} + \frac{\partial w}{\partial z} = 0 \tag{2.34}$$

であり，速度は渦なし条件による速度方程式 (2.20) で与えられることから，速度ポテンシャル $\Phi$ の方程式は

$$\frac{\partial^2 \Phi}{\partial x^2} + \frac{\partial^2 \Phi}{\partial y^2} + \frac{\partial^2 \Phi}{\partial z^2} = 0 \tag{2.35}$$

と書け，簡略ベクトル表現では $\Delta\Phi = 0$ とも表される。この方程式はラプラス (Laplace) 方程式と呼ばれるもので，この解は調和関数 (harmonic function) となる。

ラプラス方程式には“線形性”と“時間不定性”といった性質を有している。前者はラプラス方程式が速度ポテンシャルに関して線形微分方程式になっていることに起因している。これは，もしラプラス方程式の二つの解 $\Phi_1$ と $\Phi_2$ が存在するとき，その線形和 $a\Phi_1 + b\Phi_2$ も解となる。証明としては

$$\Delta\left(a\Phi_1 + b\Phi_2\right) = a\Delta\Phi_1 + b\Delta\Phi_2 = a \times 0 + b \times 0 = 0$$

である。この性質は二つの解を知っていれば，さらにいくつもの解を生み出せることを意味している。数学的に解析することは本来演繹的に行われるので，数学では何かを覚えることにさほどの意味を持たない場合が多いが，非圧縮性ポテンシャル流では解析解を覚えることに意味がある。以上のように線形性は非常に有益な性質である。一方，時間不定性はラプラス方程式が非定常ポテンシャル流においても速度ポテンシャルの支配方程式であり，空間微分だけによって決定されてしまうことに原因がある。具体的にはもしラプラス方程式の解 $\Phi$ と時間にのみ依存する任意の関数 $F(t)$ が存在するとき，その積 $F(t)\Phi$ は再びラプラス方程式の解となる。証明は

$$\Delta\left(F\left(t\right)\Phi\right) = F\left(t\right)\Delta\Phi = F\left(t\right) \times 0 = 0$$

で与えられる。このため，速度ポテンシャルの時間依存性はこの方程式を解く際の境界条件のみによって決定される。このことは非常に遠く離れた位置に境界条件があり時間変化をしている場合，瞬時に流れ場全体を変化させてしまうことになり非現実的である。情報の伝播が光速を超えて無限大であることは非圧縮性流体における問題点であり，注意を要する。

本節の最後に二つの留意点を説明しておく。一つは渦なし条件の意味である。**図 2.5** のようにある閉じた曲線 $C$ を考える。ここで流れの回転運動を特徴づける量として循環 $\Gamma$ をそのループ $C$ に沿ってどれだけ流体が回転しているかで次式のように定義する。

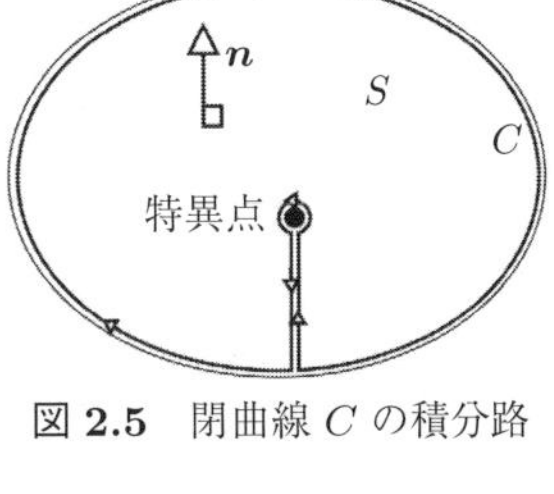

**図 2.5** 閉曲線 $C$ の積分路

$$\Gamma = \oint_C d\mathbf{s} \cdot \boldsymbol{u} \tag{2.36}$$

これはストークスの積分公式と渦度ベクトルの定義から

$$\Gamma = \iint_S dS\boldsymbol{n} \cdot (\nabla \times \boldsymbol{u}) = \iint_S dS\boldsymbol{n} \cdot \boldsymbol{\omega} \tag{2.37}$$

となる。ここで，$S$ はループ $C$ により形成される面，$\boldsymbol{n}$ は面 $S$ に対する法線単位ベクトルである。この式は渦度がゼロであれば当然循環はゼロとなり，一つの結果として回転運動していない流れということになる。しかし，図 2.5 のように面 $S$ 内部に特異点が存在する場合，積分路は図のようになり，留数の定理から積分値である循環は必ずしもゼロとはならない。具体的には流れ場の内部に特異点が存在すれば，その点を除いた領域では渦なし条件が成立していてかつ，回転運動している流れ場が発生しうることを意味している。

いま一つは速度の境界における取扱いである。速度ポテンシャルによって記述される完全流体の速度は，壁面境界条件において摩擦がないことから滑ることが可能であり，壁面に平行方向の速度成分は値を持つことができる。これは現実の流体である実在流体において，壁面では壁面に対しての相対速度がゼロとなるノンスリップ境界条件が課されることとは大きく異なっている。しかし，壁面法線方向速度は壁面内部への侵入を許さない限り完全流体においてもゼロである。

## 2.3　2 次元ポテンシャル流

2 次元ポテンシャル流は電磁気学同様，複素関数論を用いることで本来ベクトル解析を必要とする解析が複素数によるスカラー解析ですますことができる。そこで，本節では付録 A.1.3 項にも説明を加えてある複素関数論の導入について説明していく。ここでいう 2 次元とは，数学的な平面空間のみを意味するのではなく，3 次元空間において，ある一方向に一様性（その方向に関する微分量がゼロとなること）がほぼ成り立つ場合にも適用できる。2 次元座標 $(x, y)$ は複素数 $z$ により $z = x + iy$ と書ける。ポテンシャル流において重要になる速度ポテンシャルの方程式であるラプラス方程式は

$$\frac{\partial^2 \Phi}{\partial x^2} + \frac{\partial^2 \Phi}{\partial y^2} = 0 \tag{2.38}$$

で，この方程式の解をつぎのように微分することで速度が導出できる。

$$u = \frac{\partial \Phi}{\partial x}, \qquad v = \frac{\partial \Phi}{\partial y} \tag{2.39}$$

ラプラス方程式は連続方程式と前述の速度方程式 (2.39) から派生している。複素数として，この関数とペアを組む流れ関数（stream function）$\Psi$ を以下に導入する。

$$u = \frac{\partial \Psi}{\partial y}, \qquad v = -\frac{\partial \Psi}{\partial x} \tag{2.40}$$

この関数は連続方程式に適用すると

$$\frac{\partial u}{\partial x} + \frac{\partial v}{\partial y} = \frac{\partial}{\partial x}\left(\frac{\partial \Psi}{\partial y}\right) + \frac{\partial}{\partial y}\left(-\frac{\partial \Psi}{\partial x}\right) = 0 \tag{2.41}$$

のように自動的に満足していることがわかる。流れ関数の等値線（$\Psi(x, y) = \text{const.}$）は流線を表している。

これらの関数の性質を見ていくため，**図 2.6** のような閉曲線 $C$ を考える。この境界線の微小区間を $ds$ とし，そのベクトル $\boldsymbol{ds}$ とそれに関する法線単位ベクトル $\boldsymbol{n}$，平行単位ベクトル $\boldsymbol{e}$ は

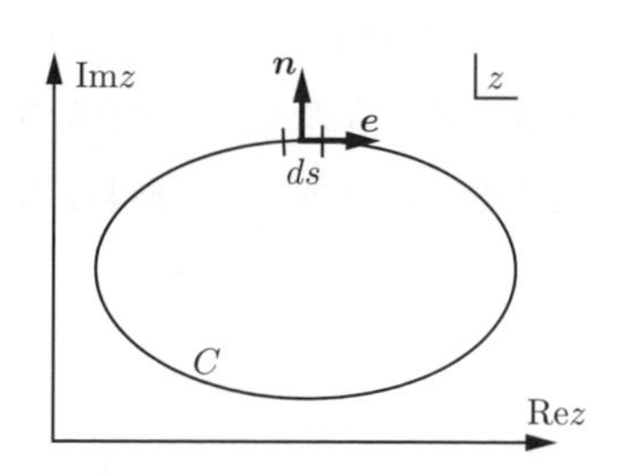


**図 2.6**　複素平面内での閉曲線 $C$ の概略図

$$\boldsymbol{ds} = (dx, dy), \quad \boldsymbol{n} = \left(\frac{dy}{ds}, -\frac{dx}{ds}\right), \quad \boldsymbol{e} = \left(\frac{dx}{ds}, \frac{dy}{ds}\right) \tag{2.42}$$

となる。この閉曲線に対して垂直な速度成分を集積すると，この閉曲線内部からのわき出しまたは閉曲線内部への吸込み $Q$ を定義することができる。よって，この量は，式 (2.40) を用いると

$$\begin{aligned} Q &= \oint_C ds\,(\boldsymbol{n} \cdot \boldsymbol{u}) = \oint_C ds\left(u\frac{dy}{ds} - v\frac{dx}{ds}\right) \\ &= \oint_C \left(\frac{\partial \Psi}{\partial x}dx + \frac{\partial \Psi}{\partial y}dy\right) = \oint_C d\Psi \end{aligned} \tag{2.43}$$

となり，$Q$ は流れ関数の積分値であることがわかる。一方，閉曲線に沿う方向に積分するとこの領域での回転運動の総量である循環 $\Gamma$ が求められる。式 (2.39) により

$$\Gamma = \oint_C ds\,(\boldsymbol{e} \cdot \boldsymbol{u}) = \oint_C ds\left(u\frac{dx}{ds} + v\frac{dy}{ds}\right)$$

$$= \oint_C \left( \frac{\partial \Phi}{\partial x} dx + \frac{\partial \Phi}{\partial y} dy \right) = \oint_C d\Phi \tag{2.44}$$

と表せ，速度ポテンシャルの積分値となっている。これらの2量からも速度ポテンシャルと流れ関数には直交関係が成立していることがわかる。

そこで，速度ポテンシャルと流れ関数を用いてつぎのような複素速度ポテンシャル $f(z)$ を考える。

$$f(z) = \Phi(x, y) + i\Psi(x, y) \tag{2.45}$$

この関数の $z$ による微分が複素速度 $w$ を以下で与える。

$$w = \frac{df(z)}{dz} \tag{2.46}$$

複素関数に対する微分可能を意味する正則性はいかなる方向から近づけても導関数が一致することであり，実軸および虚軸に平行な極限からは

$$w = \frac{\partial \Phi(x, y)}{\partial x} + i \frac{\partial \Psi(x, y)}{\partial x} = -i \frac{\partial \Phi(x, y)}{\partial y} + \frac{\partial \Psi(x, y)}{\partial y} = u - iv \tag{2.47}$$

となっていることを意味している。複素速度は $y$ 方向の速度成分 $v$ の前にマイナス記号がつくことに注意する必要がある。ベクトル解析と複素数による対応関係を**表 2.1** にまとめる。

**表 2.1**　ベクトル解析と複素関数論の変数対応表

| | ベクトル解析 | | 複素関数論 |
|---|---|---|---|
| | 実　部 | 虚　部 | 複素数 |
| 空間変数 | $x$ | $y$ | $z$ |
| 速　度 | $u$ | $-v$ | $w = u - iv$ |
| 関　数 | $\Phi$ | $\Psi$ | $f = \Phi + i\Psi$ |
| 積分量 | $Q$ | $\Gamma$ | $Q + i\Gamma$ |

また，速度ポテンシャルと流れ関数からの速度導出式を考慮すると

$$u = \frac{\partial \mathrm{Re} f}{\partial x} = \frac{\partial \mathrm{Im} f}{\partial y}, \qquad v = \frac{\partial \mathrm{Re} f}{\partial y} = -\frac{\partial \mathrm{Im} f}{\partial x} \tag{2.48}$$

という関係が成立しており，これは正則条件であるコーシー–リーマンの関係式そのものである。よって複素速度ポテンシャルが正則であれば，それはすべて2次元非圧縮性ポテンシャル流の解である。このことは複素変数 $z$ で好き勝手に関数を書い

てみれば，その関数が特異点を示す点を除けば残りの領域では解を与えることができることを意味している。無限個の解が既知であるが，それらがどのような解であるかはその結果をグラフ化して把握する必要がある。そこで，2.3.1 項でいくつかの解を例示していく。

### 2.3.1　典型的な解の例

まず，複素速度ポテンシャルに対する関数を設定し，それを微分して速度を算出し，ベルヌーイの定理

$$\frac{1}{2}|\boldsymbol{u}|^2 + \frac{p}{\rho} = \text{const.} \tag{2.49}$$

から圧力を評価していく。

**〔1〕 一　様　流**　線形関数で複素速度ポテンシャルを次式のようにおく。

$$f(z) = (U - iV)\,z \tag{2.50}$$

ここで，$U$ と $V$ は実定数である。速度ポテンシャル $\Phi$ と流れ関数 $\Psi$ は実部と虚部に分離することで

$$\Phi(x,y) = Ux + Vy, \qquad \Psi(x,y) = Uy - Vx \tag{2.51}$$

と求まる。複素速度は

$$w = \frac{df(z)}{dz} = U - iV \tag{2.52}$$

で，速度成分はそれぞれ $u = U$，$v = V$ となる。また，速度は一定値であることから，ベルヌーイの定理から圧力も空間内で一定値となる。図 **2.7** は $U = V$ の場合の結果である。速度ポテンシャルの等値線と流線は直交しており，右上に $\pi/4$ 傾いた速度場となっている。速度の解 (2.52) に対して極形式を代入すると

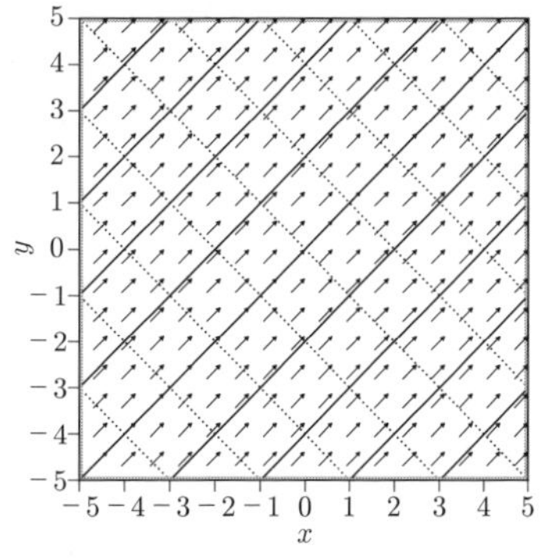


**図 2.7**　一様流解の速度ベクトル図と流線（実線），速度ポテンシャルの等値線（点線）

$$w = qe^{-i\theta} \tag{2.53}$$

となり，$q$ と $\theta$ は

$$q = \sqrt{U^2 + V^2}, \qquad \theta = \arctan\frac{V}{U} \tag{2.54}$$

である。この結果を考慮すると，$x$ 軸から反時計回りに $\theta$ 傾けるには，$e^{-i\theta}$ をかけることで達成できることを意味している。

〔**2**〕 **角を回る流れ**　　正の次数 $n$ のべき関数

$$f(z) = Az^n \tag{2.55}$$

で複素速度ポテンシャル $f(z)$ を与える。この関数は極形式での展開が容易で，速度ポテンシャルと流れ関数は

$$\Phi(r,\theta) = Ar^n \cos n\theta, \quad \Psi(r,\theta) = Ar^n \sin n\theta \tag{2.56}$$

と導出される。この速度ポテンシャルはつぎの 2 次元極座標系でのラプラス方程式

$$\frac{1}{r}\frac{\partial}{\partial r}\left(r\frac{\partial\Phi}{\partial r}\right) + \frac{1}{r^2}\frac{\partial^2\Phi}{\partial\theta^2} = 0 \tag{2.57}$$

を当然満足している。複素速度は

$$w = nAz^{n-1} \tag{2.58}$$

であり，$z$ の次数をみると原点 $z = 0$ で，$n \geq 1$ では速度ゼロを，$0 < n < 1$ では速度が無限大になることを意味している。デカルト直交座標系における速度成分は

$$u = nAr^{n-1}\cos(n-1)\theta, \quad v = -nAr^{n-1}\sin(n-1)\theta \tag{2.59}$$

で，2 次元極座標系における半径方向速度 $v_r$ と周方向速度 $v_\theta$ は速度ポテンシャルを用いて，つぎのように導出される。

$$v_r = \frac{\partial\Phi}{\partial r} = nAr^{n-1}\cos n\theta, \quad v_\theta = \frac{1}{r}\frac{\partial\Phi}{\partial\theta} = -nAr^{n-1}\sin n\theta \tag{2.60}$$

周方向速度がゼロとなる条件をみると，整数 $m$ を用いて

$$n\theta = m\pi \tag{2.61}$$

で与えられる。$m = 0$ と 1 から角度 0 と $\pi/n$ で原点から引いた半直線に壁面を設定した場合の流れ場に対応することを意味している。このことからこの流れ場は角度 $\pi/n$ の角を回る流れと呼ばれる。

つぎにベルヌーイの定理を用いて圧力を導出する。運動エネルギーに対応する速度の 2 乗量は前述の速度成分式 (2.60) を利用して

$$\frac{1}{2}|\boldsymbol{u}|^2 = \frac{1}{2}n^2 A^2 r^{2(n-1)} \tag{2.62}$$

となる。$n \geq 1$ ではコーナーの角度 $\alpha$ は $0 < \alpha \leq \pi$ であり，原点において速度ゼロとなる。一方，$0 < n < 1$ では角度は $\pi < \alpha < 2\pi$ で原点で速度が無限大となるが，無限遠方において速度ゼロが出現する。ちなみに，原点におけるこの速度の発散は非現実的であり，このような流れに対しては現実的には粘性効果を考慮して剥離現象をとらえる必要がある。とにかくどちらの場合においても流れのどこかには速度ゼロが現れるのでその位置における圧力を $p_0$ とおくと，ベルヌーイの定理から

$$\frac{1}{2}|\boldsymbol{u}|^2 + \frac{p}{\rho} = \frac{1}{2}|\mathbf{0}|^2 + \frac{p_0}{\rho} \tag{2.63}$$

となり，圧力解として

$$p = p_0 - \frac{1}{2}n^2 A^2 \rho r^{2n-2} \tag{2.64}$$

という結果が得られる。これらの解を角度 $\pi/2$ と $3\pi/2$ においてグラフ化したものが図 **2.8** である。解表現 (2.64) が表しているように，両者では速度と圧力の挙動が原点近傍において大きく異なっていることが確認できる。

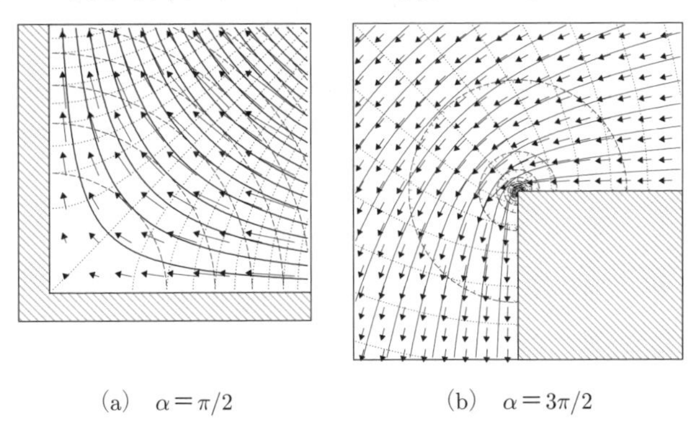

(a)　$\alpha = \pi/2$　　(b)　$\alpha = 3\pi/2$

**図 2.8**　角を回る流れの解。速度ベクトル図と流線（実線），速度ポテンシャルの等値線（点線），圧力等値線（破線）

**〔3〕 わき出し吸込み**　　複素速度ポテンシャルを，実数係数を持つ対数関数でつぎのように与える。

$$f(z) = m \log z \tag{2.65}$$

この解は $z = 0$ において特異点を持つ関数であるが，その点を除外すれば正則条件を満足している。この関数を空間変数 $z$ に極形式を導入して分解すると，速度ポテンシャルと流れ関数は

$$\Phi(r, \theta) = m \log r, \qquad \Psi(r, \theta) = m\theta \tag{2.66}$$

で与えられる。当然であるが速度ポテンシャルはラプラス方程式 (2.57) を満足している。また複素速度は

$$w = \frac{m}{z} \tag{2.67}$$

となり，デカルト直交系および 2 次元極座標系での速度成分は

$$u = \frac{m}{r}\cos\theta, \quad v = \frac{m}{r}\sin\theta, \quad v_r = \frac{m}{r}, \quad v_\theta = 0 \tag{2.68}$$

となる。これらの速度は原点から無限遠方ではゼロとなり，そこでの圧力を $p_\infty$ とおくと，ベルヌーイの定理から圧力解は

$$p = p_\infty - \frac{1}{2}\rho\frac{m^2}{r^2} \tag{2.69}$$

と求まる。これらの結果を図示化したものが図 **2.9** である。原点から動径方向に平

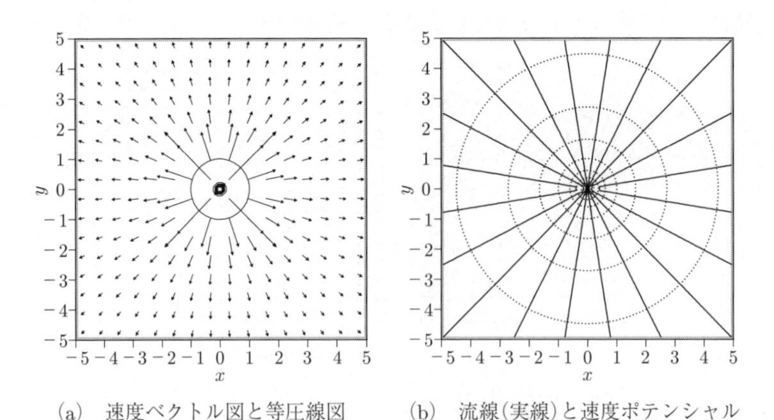


(a)　速度ベクトル図と等圧線図　　(b)　流線(実線)と速度ポテンシャルの等値線(点線)

図 **2.9**　わき出し吸込み解

行に流線が配置されており，原点からのわき出し（$m>0$）または吸込み（$m<0$）を意味する流れとなっている。

**〔4〕 壁面が存在する場合のわき出し流れ**　図 **2.10** のように壁面から $h$ 離れた位置に強度 $m$ のわき出しが存在する場合のポテンシャル流について考える。この解析の際に有効なのが鏡像法である。鏡像法では，壁面に関して壁面内部の対称な位置に同じ強度 $m$ のわき出しが鏡像として存在すると考える。壁面を実軸に，わき出しを虚軸上に設定すると，複素速度ポテンシャルは

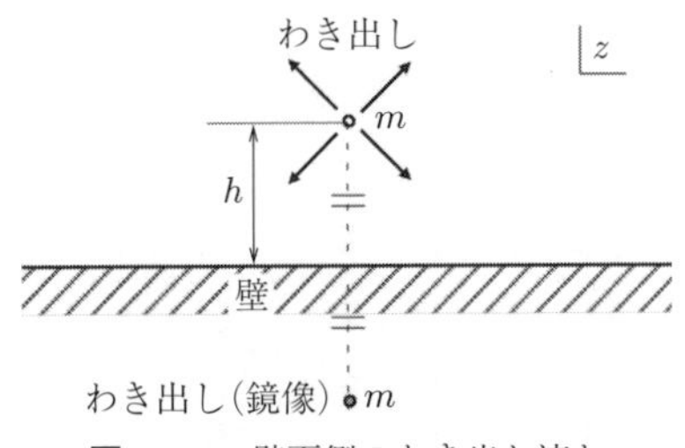


図 **2.10**　壁面側のわき出し流れ

$$f(z)=m\log(z-ih)+m\log(z+ih) \tag{2.70}$$

となる。速度ポテンシャルや流れ関数は

$$\Phi(x,y)=\frac{m}{2}\log\left\{\left(x^2-y^2+h^2\right)^2+4x^2y^2\right\} \tag{2.71}$$

$$\Psi(x,y)=m\arctan\frac{2xy}{x^2-y^2+h^2} \tag{2.72}$$

となる。速度ベクトルは壁面ではいっさい法線方向成分を持つことが許されない。そのため，速度ベクトルに平行な流線は壁面に沿うこととなり，流れ関数が $y=0$ の壁面上で一定値になっていなければならない。そこで流れ関数に代入してみると

$$\Psi(x,0)=m\arctan 0=0 \tag{2.73}$$

となってこの条件を正確に満足している。この流れの複素速度は

$$w=\frac{m}{z-ih}+\frac{m}{z+ih} \tag{2.74}$$

であることから，デカルト直交座標系の速度 $u$ と $v$ はつぎのように求まる。

$$u=\frac{mx}{x^2+(y-h)^2}+\frac{mx}{x^2+(y+h)^2},\quad v=\frac{m(y-h)}{x^2+(y-h)^2}+\frac{m(y+h)}{x^2+(y+h)^2} \tag{2.75}$$

この表現から原点または無限遠方で速度はゼロになるので，そこでの圧力を基準として $p_0$ とするとベルヌーイの定理から圧力は

$$p = p_0 - \frac{2\rho m^2 \left(x^2 + y^2\right)}{\left(x^2 + y^2 + h^2\right)^2 - 4h^2 y^2} \tag{2.76}$$

となる。結果の可視化図は**図 2.11** である。壁面が存在するためわき出し流れが上方へ向かう流れへと変化している。

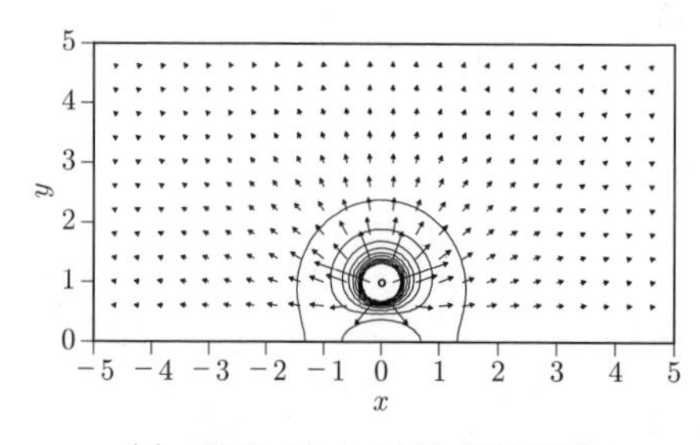


(a)　速度ベクトル図と等圧線図

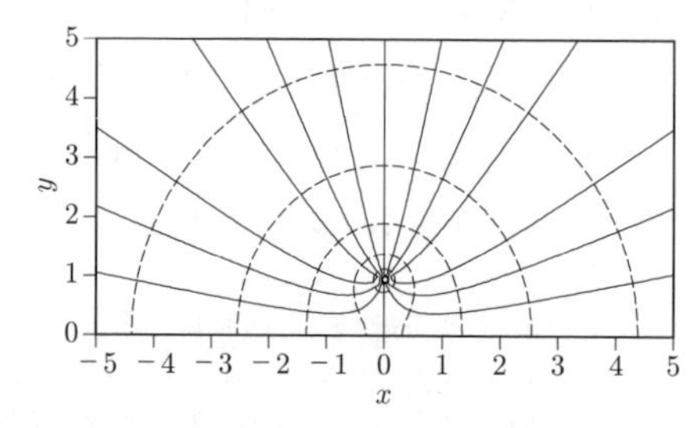


(b)　流線(実線)と速度ポテンシャルの等値線(点線)

**図 2.11**　壁面側のわき出し流れの解

〔**5**〕 **渦　　糸**　わき出し吸込みの解と同様に対数関数であるが，その係数が虚数である場合の複素関数を複素速度ポテンシャルとしておいてみる。

$$f(z) = i\kappa \log z \tag{2.77}$$

ここで，$\kappa$ は強度を表す。当然，実部と虚部が逆転しているので，速度ポテンシャルと流れ関数，複素速度，速度成分 $u$ と $v$ が逆転している結果がつぎのように得られる。

$$\Phi(r,\theta) = -\kappa\theta, \quad \Psi(r,\theta) = \kappa \log r \tag{2.78}$$

$$w = \frac{i\kappa}{z}, \quad u = \frac{\kappa y}{x^2 + y^2}, \quad v = -\frac{\kappa x}{x^2 + y^2}, \quad v_r = 0, \quad v_\theta = -\frac{\kappa}{r} \tag{2.79}$$

また，圧力の導出には速度の大きさのみが依存するのでわき出し吸込みと同じ半径依存性の関数が

$$p = p_\infty - \frac{1}{2}\rho\frac{\kappa^2}{r^2} \tag{2.80}$$

と導出される。

図 **2.12** が結果で，原点に存在する渦糸（vortex filament）がソースとなり周囲の流体を回転させている様子が確認できる。ポテンシャル流では渦なし条件が適用されており，学生諸氏の中には回転していない流れのみを取り扱っていると誤解する人もいるようであるが，実際に速度の回転より

$$\omega = \frac{\partial v}{\partial x} - \frac{\partial u}{\partial y} = -\frac{\kappa}{x^2+y^2} + \frac{2\kappa x^2}{(x^2+y^2)^2} - \frac{\kappa}{x^2+y^2} + \frac{2\kappa y^2}{(x^2+y^2)^2} = 0 \quad (2.81)$$

となり，この解は渦なし条件は満足している。特異点である渦糸が存在することで，周囲流体を回転させた流れとなっている。

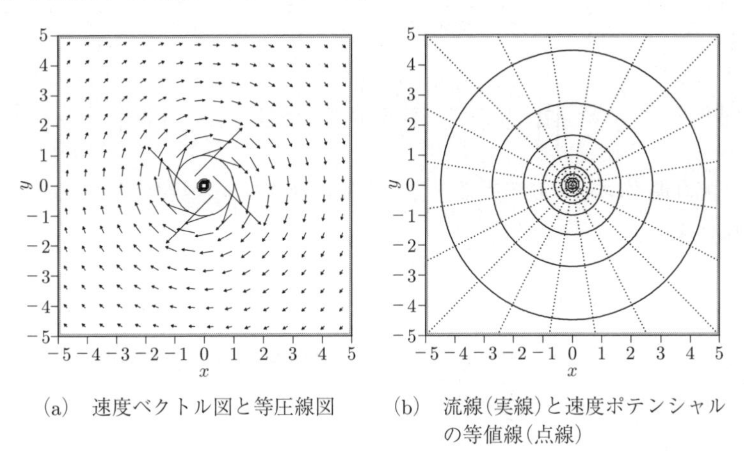


(a)　速度ベクトル図と等圧線図　　(b)　流線(実線)と速度ポテンシャルの等値線(点線)

**図 2.12**　渦糸解

さらに循環を渦糸が存在する原点を内包する積分ループ $C$ として速度ポテンシャルを積分することで評価すると

$$\Gamma = \oint_C d\Phi = \int_0^{2\pi} d\theta\,(-\kappa) = -2\pi\kappa \quad (2.82)$$

となり，循環は渦糸の強度の $2\pi$ 倍になることを意味している。

**〔6〕 壁面が存在する場合の渦糸**　　壁面が存在するわき出し流れの場合と同様，図 **2.13** のように壁面から $h$ 離れた位置に強度 $\kappa$ の渦糸が存在する場合のポテンシャル流では，鏡像として壁面内部の対称な位置に符号が逆の同じ強度 $-\kappa$ の渦糸が存在すると考える。そのため，複素速度ポテンシャルは

$$f(z) = i\kappa\log(z - ih) - i\kappa\log(z + ih) \quad (2.83)$$

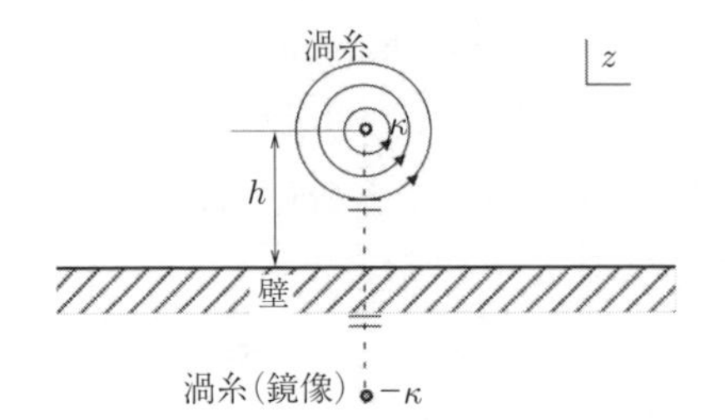


図 **2.13**　壁面側の渦糸流れ

となる。速度ポテンシャルや流れ関数は

$$\Phi(x, y) = \kappa \arctan \frac{2hx}{x^2 + y^2 - h^2} \tag{2.84}$$

$$\Psi(x, y) = \frac{\kappa}{2} \log \left[ \left\{ \frac{x^2 + y^2 - h^2}{x^2 + (y+h)^2} \right\}^2 + \left\{ \frac{2hx}{x^2 + (y+h)^2} \right\}^2 \right] \tag{2.85}$$

となる。流れ関数は $y = 0$ の壁面上で一定値になっていなければならないが，流れ関数を確認すると

$$\Psi(x, 0) = \frac{\kappa}{2} \log 1 = 0 \tag{2.86}$$

となっており，壁面において法線方向速度は出現しないことがわかる。

この複素速度ポテンシャルを微分して，複素速度は

$$w = \frac{i\kappa}{z - ih} - \frac{i\kappa}{z + ih} \tag{2.87}$$

となるので，デカルト直交座標系の速度 $u$ と $v$ の式はつぎのようになる。

$$u = \frac{\kappa (y - h)}{x^2 + (y-h)^2} - \frac{\kappa (y + h)}{x^2 + (y+h)^2} \tag{2.88}$$

$$v = -\frac{\kappa x}{x^2 + (y-h)^2} + \frac{\kappa x}{x^2 + (y+h)^2} \tag{2.89}$$

速度は無限遠方でゼロであり，無限遠方での圧力を基準として $p_0$ とするとベルヌーイの定理から圧力は

$$p = p_0 - \frac{2\rho\kappa^2 h^2}{\left\{ x^2 + (y-h)^2 \right\} \left\{ x^2 + (y+h)^2 \right\}} \tag{2.90}$$

となる。結果は**図 2.14** であり，圧力分布はわき出しの場合は壁近傍に急勾配が出現していたが，渦糸になるとその特異点上方に急勾配が出現している。

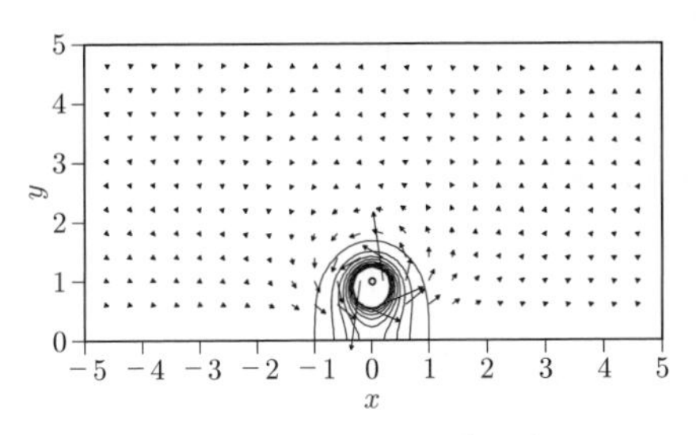


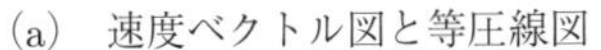
（a）速度ベクトル図と等圧線図

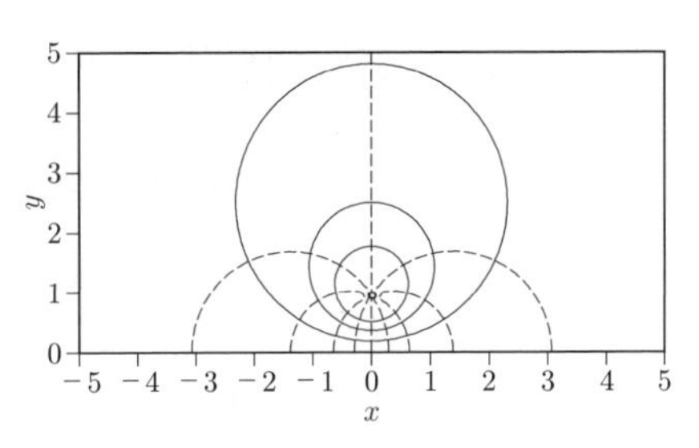


（b）流線（実線）と速度ポテンシャルの等値線（点線）

**図 2.14**　壁面側の渦糸流れの解

**〔7〕 2重わき出し吸込み**　　マイナス1乗の負べき関数を速度ポテンシャルとしてみる。

$$f(z) = -\frac{\mu}{z} \tag{2.91}$$

この関数もまた原点では特異点となっている。速度ポテンシャルと流れ関数は

$$\Phi = -\frac{\mu}{r}\cos\theta, \quad \Psi = \frac{\mu}{r}\sin\theta \tag{2.92}$$

となる。複素速度は

$$w = \frac{\mu}{z^2} \tag{2.93}$$

であり，速度成分は

$$u = \frac{\mu\cos 2\theta}{r^2}, \quad v = \frac{\mu\sin 2\theta}{r^2}, \quad v_r = \frac{\mu}{r^2}\cos\theta, \quad v_\theta = \frac{\mu}{r^2}\sin\theta \tag{2.94}$$

となる。この速度も原点から無限遠方でゼロになることは明らかで，その位置での参照圧力 $p_\infty$ を導入すると次式となる。

$$p = p_\infty - \frac{\rho\mu}{r^4} \tag{2.95}$$

この解を検討するため，強度 $m$ のわき出しを位置 $(-\delta x/2, 0)$ に，同強度の吸込みを位置 $(\delta x/2, 0)$ に配置した流れ場を考える。この複素速度ポテンシャルは

$$f(z) = m\log\left(z + \frac{\delta x}{2}\right) - m\log\left(z - \frac{\delta x}{2}\right) \tag{2.96}$$

となり，単純な式変形から

$$f(z) = m \log \frac{1 + \delta x/2z}{1 - \delta x/2z}$$

とまとめられる。さらに対数関数の無限級数展開公式

$$\frac{1}{2} \log \frac{(1+x)}{(1-x)} = \mathrm{arctanh} x = \sum_{n=1}^{\infty} \frac{x^{2n-1}}{2n-1} \tag{2.97}$$

を利用すると，つぎのように書き換えることができる。

$$f(z) = 2m \sum_{n=1}^{\infty} \frac{1}{2n-1} \left( \frac{\delta x}{2z} \right)^{2n-1}$$

ここで，わき出しと吸込みの強度 $m$ とその間隔 $\delta x$ の積を一定値 $\mu$ に保ったまま間隔を縮めてゼロへの極限をとると

$$f(z) \xrightarrow[\substack{\delta x \to 0 \\ m\delta x \to \mu}]{} \frac{\mu}{z}$$

となり，この解と一致する。これは電磁気学における双極子と同様であり，結果の**図 2.15** からも明らかなように 2 重わき出し吸込みと呼ばれる解になっている。

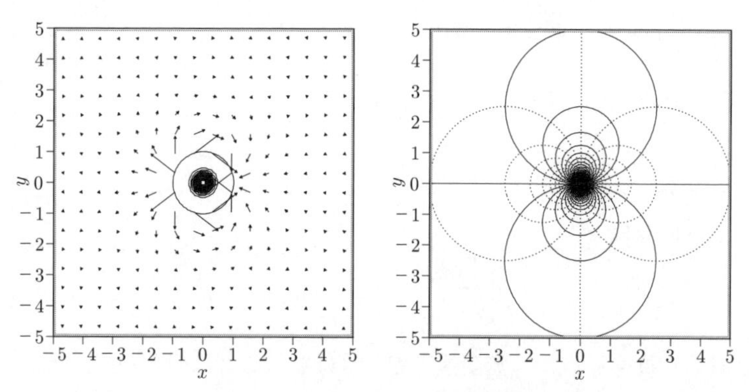


(a)　速度ベクトル図と等圧線図　　(b)　流線（実線）と速度ポテンシャルの等値線（点線）

**図 2.15**　2 重わき出し吸込み解

〔**8**〕　**静止円柱周りの流れ**　　ラプラス方程式の線形性を利用して，$x$ 方向への一様流と 2 重わき出し吸込みの解の線形結合から

$$f(z) = Uz + \frac{\mu}{z} \tag{2.98}$$

という解を考えてみる。個々の解はすでに紹介してあり速度ポテンシャル $\Phi$ と流

れ関数 $\Psi$ はつぎのように書ける。

$$\Phi(x,y) = Ux + \frac{\mu x}{x^2+y^2}, \quad \Psi(x,y) = Uy - \frac{\mu y}{x^2+y^2} \tag{2.99}$$

この解を考えるうえで流れ関数がゼロとなる条件

$$0 = Uy - \frac{\mu y}{x^2+y^2} \tag{2.100}$$

を考えてみる。この方程式は

$$x^2 + y^2 = \frac{\mu}{U} \tag{2.101}$$

のように円の式に帰着する。すでに壁面を示す際に，流れ関数一定の等値線である流線がそれに対応することを述べており，この円の半径を $R$ とすると 2 重わき出し吸込みの強度 $\mu$ は $\mu = UR^2$ になり，半径 $R$ の円柱に $x$ 方向への一様流 $U$ がぶつかっていく流れ場の複素速度ポテンシャルの解は

$$f(z) = Uz + \frac{UR^2}{z} \tag{2.102}$$

になる。速度および速度ゼロの位置における基準圧力 $p_0$ を利用した圧力は

$$w = U - \frac{UR^2}{z^2}, \quad u = U - \frac{UR^2}{r^2}\cos 2\theta, \quad v = -\frac{UR^2}{r^2}\sin 2\theta \tag{2.103}$$

$$p = p_0 - \frac{\rho U^2}{2}\left(1 - 2\frac{R^2}{r^2}\cos 2\theta + \frac{R^4}{r^4}\right) \tag{2.104}$$

となる。この流れの詳細は 2.3.2 項以降でさらに議論する。

### 2.3.2　静止流体中を一定速度で移動する円柱周りの流れ

無限個の流れの解の中から自分の検討している流れに該当する解を発見することは非常に困難でもある。そこで，今度は演繹的に解を導出してみる。問題としては，円柱が静止流体中を運動することによって生じるその周りの流れを考えていく。円柱は**図 2.16** のように $x$ 方向に一定速度 $U$ で運動する。

無限遠方で正則条件を満足する任意の複素速度ポテンシャルはローラン（Laurent）展開によりつぎのように書くことができる。

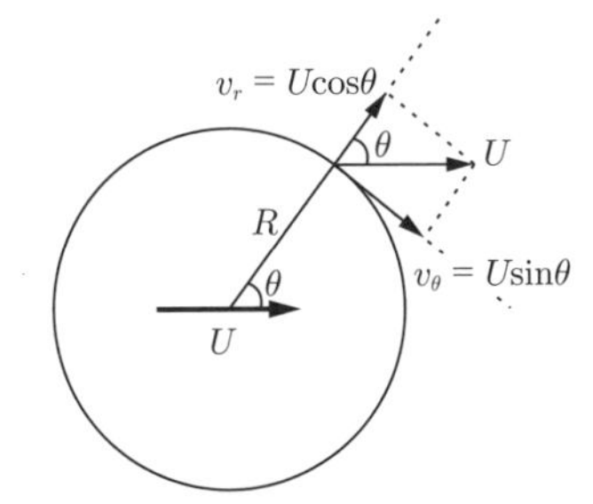


**図 2.16**　静止流体中を一定速度 $U$ で運動する円柱

$$f(z) = \sum_{n=1}^{\infty} c_n z^{-n} \tag{2.105}$$

ここで，複素数 $z$ は円柱中心を原点とする座標系に対応する量であり，ポテンシャル関数を解く目的から定数に対応する 0 次解ははじめから除外している。複素数に極表現 $z = re^{i\theta}$，展開係数 $c_n = a_n + ib_n$ を代入し，指数関数を三角関数に変化して実部と虚部を分離した表現を導出すると

$$f(z) = \sum_{n=1}^{\infty} r^{-n}(a_n \cos n\theta + b_n \sin n\theta) + i\sum_{n=1}^{\infty} r^{-n}(-a_n \sin n\theta + b_n \cos n\theta)$$

となる。よってこの実部が意味する速度ポテンシャル $\Phi$ は

$$\Phi(r, \theta) = \sum_{n=1}^{\infty} r^{-n}(a_n \cos n\theta + b_n \sin n\theta) \tag{2.106}$$

となり，動径方向速度 $v_r$ は

$$v_r(r, \theta) = \frac{\partial \Phi(r, \theta)}{\partial r} = -\sum_{n=1}^{\infty} nr^{-n-1}(a_n \cos n\theta + b_n \sin n\theta) \tag{2.107}$$

となる。円柱表面での境界条件

$$v_r(R, \theta) = U \cos\theta \tag{2.108}$$

から，式 (2.107) が任意の $\theta$ において恒等的に成立する条件から係数を決定すると

$$-R^{-2}a_1 = U \rightarrow a_1 = -UR^2 \tag{2.109}$$

$$a_n = 0 \quad (n \geq 2), \qquad b_n = 0 \quad (n \geq 1) \tag{2.110}$$

となる。よって複素速度ポテンシャルは

$$f(z) = -\frac{UR^2}{z} \tag{2.111}$$

になり，すでに説明した 2 重わき出し吸込み解と一致していることがわかる。この解を用いて運動している円柱と同じ座標系に乗って考えると，この解の複素速度 $w$ により，移動座標系での複素速度 $w'$ は

$$w' = w - U = -U + \frac{UR^2}{z^2} \tag{2.112}$$

となり，前述の式 (2.103) で静止円柱に一様流がぶつかる流れの解において，一様流速度を $-U$ にしたものとなっていることがわかる。

### 2.3.3　循環が寄与している一様流中の静止円柱周りの流れ

線形性を利用して**図 2.17** のように一様流中の静止円柱周りの流れの解 (2.102) に渦糸の解を組み合わせてみる。その複素速度ポテンシャルは

$$f(z) = Uz + \frac{UR^2}{z} + i\frac{\Gamma}{2\pi}\log z \tag{2.113}$$

である。ここで，原点に配置した渦糸により発生する循環は $\Gamma \geq 0$ である。また，円柱内部は考慮しないので，この流れは至るところで正則である。複素速度は

$$w = U - \frac{UR^2}{z^2} + i\frac{\Gamma}{2\pi z} \tag{2.114}$$

となる。速度ゼロの点はよどみ点（stagnation point）と呼ばれ，つぎの 2 次方程式を解くことでその点を見つけることができる。

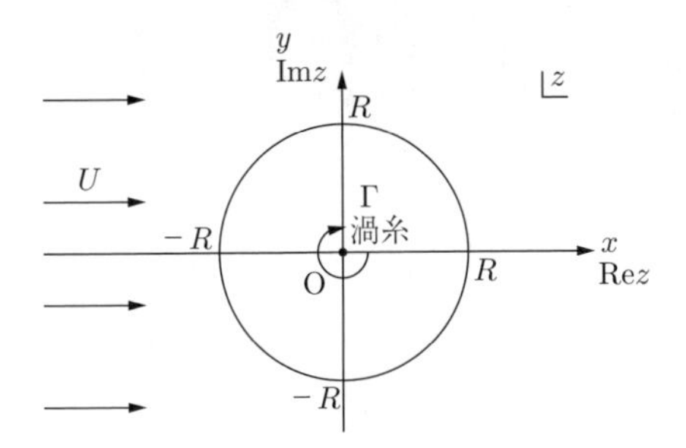


**図 2.17**　静止円柱にぶつかる一様流と原点に渦糸

$$z^2 + i\frac{\Gamma}{2\pi U}z - R^2 = 0 \tag{2.115}$$

この解は 2 次方程式の解の公式から

$$z = -i\frac{\Gamma}{4\pi U} \pm R\sqrt{1 - \left(\frac{\Gamma}{4\pi RU}\right)^2} \tag{2.116}$$

となる。この解の性質はルート内の判別式のタイプにより整理できる。判別式が正となる $0 \leq \Gamma < 4\pi RU$ ではよどみ点の座標は

$$x = \pm R\sqrt{1 - \left(\frac{\Gamma}{4\pi RU}\right)^2}, \quad y = -\frac{\Gamma}{4\pi U} \tag{2.117}$$

となる。その解の例が**図 2.18** である。実部が正負で二つ出現するのでよどみ点は二つあり，循環ゼロでは円柱の実軸との交点に出現するが（図 2.18(a)），循環が強

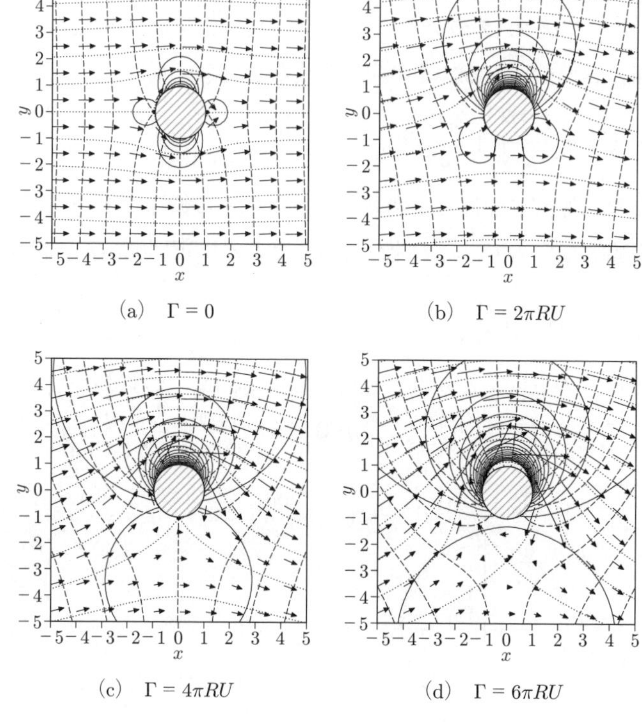


(a)　$\Gamma = 0$　　(b)　$\Gamma = 2\pi RU$

(c)　$\Gamma = 4\pi RU$　　(d)　$\Gamma = 6\pi RU$

**図 2.18**　循環 $\Gamma$ 下での一様流中の静止円柱周りの流れ（ベクトル：速度，実線：圧力，破線：速度ポテンシャル，点線：流線）

くなるに従って円柱表面に沿って下方に移動していく（図 2.18(b)）。そして，判別式ゼロの $\Gamma = 4\pi RU$ ではよどみ点は円柱下端の位置

$$x = 0, \quad y = -R \tag{2.118}$$

に移動し，1 点に収束する（図 2.18(c)）。さらに循環を強める場合 $\Gamma > 4\pi RU$ では，判別式は負に，ルート部分は虚数になり，よどみ点の座標は

$$x = 0, \quad y = -\frac{\Gamma}{4\pi U} \pm R\sqrt{\left(\frac{\Gamma}{4\pi RU}\right)^2 - 1} \tag{2.119}$$

となる。ただし，$y$ の値としてプラスを選択すると

$$0 > -\frac{\Gamma}{4\pi U} + R\sqrt{\left(\frac{\Gamma}{4\pi RU}\right)^2 - 1} > -R \tag{2.120}$$

という不等式が成立し，この点は円柱内に存在するのでこの流れ場には出現せず，マイナスの場合の 1 点がよどみ点となる。このよどみ点は図 2.18(d) のように円柱から離れた位置に現れる。

以上のようにこの流れ場にはよどみ点が存在するので，その点での圧力を基準圧力 $p_0$ として圧力を求める。まず，複素速度ポテンシャルの実部から速度ポテンシャルは

$$\Phi(r,\theta) = Ur\cos\theta + \frac{UR^2}{r}\cos\theta - \frac{\Gamma}{2\pi}\theta \tag{2.121}$$

と求まる。速度ポテンシャルを用いて 2 次元極座標系の速度は

$$v_r = \frac{\partial\Phi}{\partial r} = U\cos\theta - \frac{UR^2}{r^2}\cos\theta \tag{2.122}$$

$$v_\theta = \frac{1}{r}\frac{\partial\Phi}{\partial\theta} = -U\sin\theta - \frac{UR^2}{r^2}\sin\theta - \frac{\Gamma}{2\pi r} \tag{2.123}$$

と導出される。円柱表面 $r = R$ では半径方向速度 $v_r$ はゼロとなっている。よどみ点を参照とするベルヌーイの定理は

$$\begin{aligned}\frac{p}{\rho}+\frac{1}{2}\Biggl(U^2 - \frac{2U^2R^2}{r^2} + \frac{U^2R^4}{r^4} + \frac{\Gamma^2}{4\pi^2r^2} + \frac{U\Gamma}{\pi r}\sin\theta \\ + \frac{UR^2\Gamma}{\pi r^3}\sin\theta + \frac{4U^2R^2}{r^2}\sin^2\theta\Biggr) = \frac{p_0}{\rho}\end{aligned} \tag{2.124}$$

で，圧力は次式で表せる。

$$\begin{aligned}p(r,\theta) = p_0-\frac{\rho}{2}\Biggl(U^2 - \frac{2U^2R^2}{r^2} + \frac{U^2R^4}{r^4} + \frac{\Gamma^2}{4\pi^2r^2} + \frac{U\Gamma}{\pi r}\sin\theta \\ + \frac{UR^2\Gamma}{\pi r^3}\sin\theta + \frac{4U^2R^2}{r^2}\sin^2\theta\Biggr)\end{aligned} \tag{2.125}$$

円柱に働く力 $\boldsymbol{F} = (F_x, F_y)$ は円柱表面 $r = R$ での圧力の積分値

$$\boldsymbol{F} = -\oint_C ds\,p(R,\theta)\,\boldsymbol{n} \tag{2.126}$$

で与えられる。ここで，積分路 $C$ は円柱表面の円 1 周分であり，$\boldsymbol{n}$ は円柱外向きの法線単位ベクトルである。抵抗（resistance）または抗力（drag）を意味する $x$ 方向に働く力は

$$F_x = -\int_0^{2\pi} d\theta R\cos\theta\left\{p_0 - \frac{\rho}{2}\left(\frac{\Gamma^2}{4\pi^2R^2} + \frac{2U\Gamma}{\pi R}\sin\theta + 4U^2\sin^2\theta\right)\right\} \tag{2.127}$$

で，変数変換 $\eta = \sin\theta (d\eta = \cos\theta d\theta)$ を導入すると，積分区間が消滅し

$$F_x = -R\int_0^0 d\eta \left\{p_0 - \frac{\rho}{2}\left(\frac{\Gamma^2}{4\pi^2 R^2} + \frac{2U\Gamma}{\pi R}\eta + 4U^2\eta^2\right)\right\} = 0 \qquad (2.128)$$

となる。よって，抗力が一切働かない。これは現実的には台風などの強い風の中では歩きにくいといった抗力の発生とはそぐわないものとなっている。この問題のことを“ダランベールのパラドクス（D'Alembert's paradox）”という。完全流体中では抗力が働かないことを意味している。一方，一様流に垂直な $y$ 方向の力は

$$F_y = -\int_0^{2\pi} d\theta R\sin\theta \left\{p_0 - \frac{\rho}{2}\left(\frac{\Gamma^2}{4\pi^2 R^2} + \frac{2U\Gamma}{\pi R}\sin\theta + 4U^2\sin^2\theta\right)\right\} \quad (2.129)$$

で算出され，寄与が残るのは $\sin^2\theta$ 項のみで

$$F_y = \frac{\rho U\Gamma}{\pi}\int_0^{2\pi} d\theta \sin^2\theta = \rho U\Gamma \qquad (2.130)$$

と求まる。この力は上方に向かって作用する力であることから揚力（lift）と呼ばれる。循環が存在する場合，図 2.18 に示されているように圧力分布が上下に非対称になって揚力が発生する。この結果は“クッタ–ジューコフスキーの定理（Kutta-Joukowski theorem）”と呼ばれる。

このように物体が存在する場合での非圧縮性ポテンシャル流にはダランベールのパラドクスといった抗力を議論できない問題点とクッタ–ジューコフスキーの定理よる揚力が算出できるということが組み合わさっており，円柱のような抗力が明らかに無視できず，揚力を議論することに大きな意義を見出せない対象の周りの流れの計算には有効性があまりない。この枠組みが有効な対象は抵抗が元来小さく，揚力が重視される物体であり，その代表的な対象物は翼形ということになる。そこで，つぎに翼について話を展開させる。

## 2.4　翼への適用と等角写像

はじめに，**図 2.19** において翼形に関する名称を説明していく。翼の先端部を「前縁（leading edge）」，末端部を「後縁（trailing edge）」であり，その両点を結ぶ直線は「翼弦（chord）」でその長さ $l$ は「弦長（chord length）」である。翼の上部ラインと下部ラインの間の距離が翼の「厚さ（thickness）」で，中点を結ぶラインが「反り（wing skid)」となり，翼の幾何形状を説明するのに使われる。また，翼の性能を説明する際には翼に一様流を当てて評価が行われる。速度 $U$ の一様流と翼弦のなす角 $\alpha$ は「迎角 (angle of attack)」で，その状況下での単位スパン方向（紙面の奥行き方向）長さ当りに翼に働く力（揚力と抗力）が議論される。これらの力は翼の大きさに応じて必要となる値が変化するので，密度と一様流速度，弦長による因子 $\rho U^2 l/2$ で無次元化した「揚力係数」$C_L$ と「抗力係数」$C_D$ が評価される。また，同様にモーメントも因子 $\rho U^2 l^2/2$ で無次元化した「モーメント係数」$C_M$ が議論される場合がある。

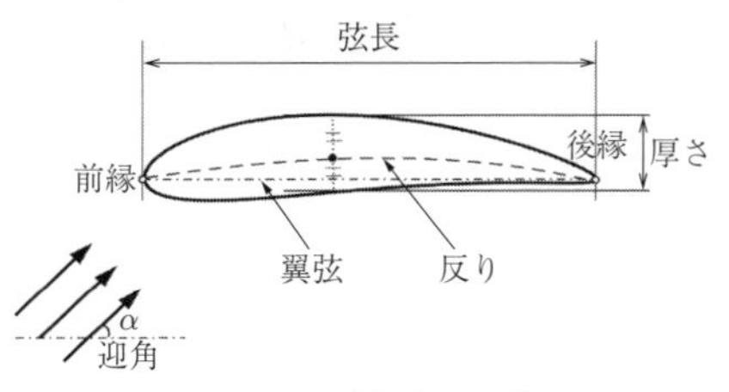

図 2.19　翼形の説明

### 2.4.1　基礎的な等角写像

ある複素空間 $\zeta$ における実部と虚部の直交性を維持したまま別の複素空間 $z$ へ写像するものを等角写像（conformal transformation）という。等角写像は正則な複素関数が写像関数であれば実行できる。まず，**図 2.20** で表されるような最も単純な等角写像としては $\zeta_0$ だけ平行移動させる写像関数，拡大率 $A$ だけ拡大する写像関数，角度 $\alpha$ だけ回転する写像関数はそれぞれ

$$z = \zeta + \zeta_0 \tag{2.131}$$

$$z = A\zeta \tag{2.132}$$

$$z = \zeta e^{i\alpha} \tag{2.133}$$

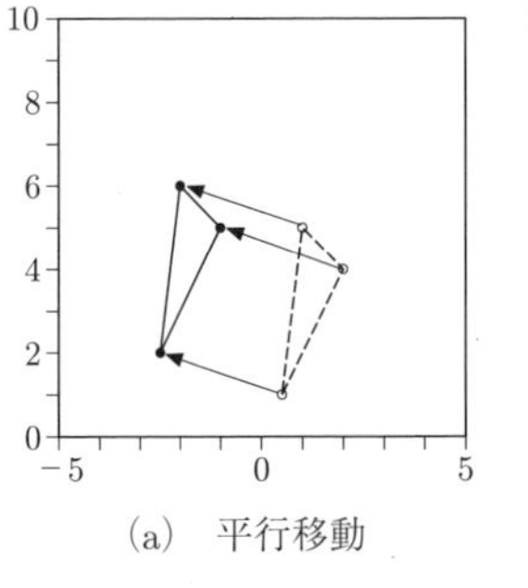

(a)　平行移動

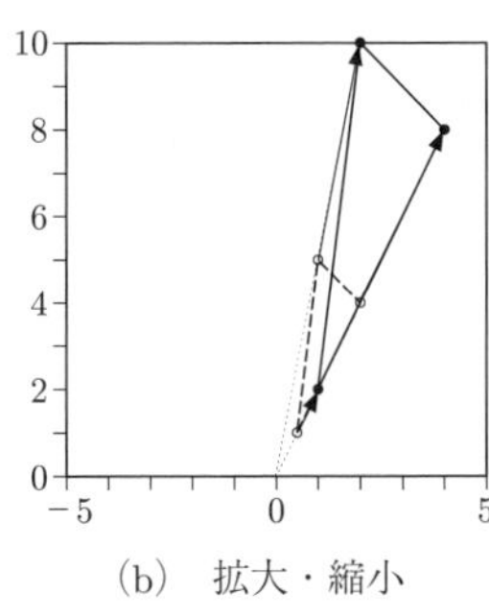

(b)　拡大・縮小

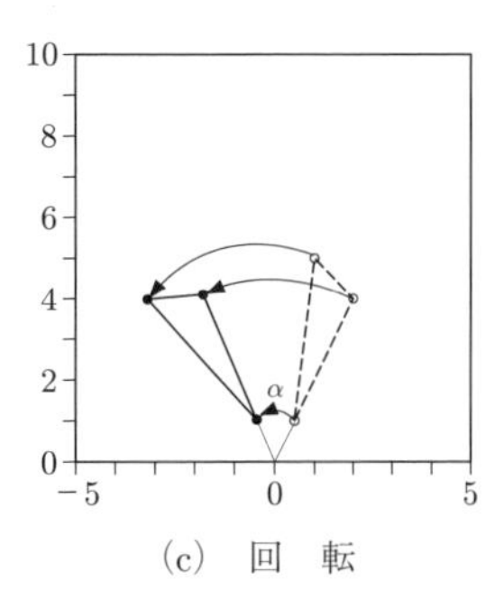

(c)　回　転

図 2.20　単純な等角写像

で与えられる。これらは高校生の数学における一次変換に対応するものである。例えば，$\zeta$ 空間における一様流の複素速度ポテンシャル $f(\zeta) = U\zeta$ に前述の 3 種類の変換をかけると

$$f(z) = Uz - U\zeta_0, \quad f(z) = \frac{U}{A}z, \quad f(z) = Ue^{-i\alpha}z = (U\cos\alpha - iU\sin\alpha)\,z$$

となる。平行移動では複素速度ポテンシャルに定数が加わるだけで，微分で与えられる速度には何らの変化も引き起こさない。拡大変換では空間が広がった分だけ相対的に一様流速度が小さくなる。回転変換では一様流が角度 $\alpha$ だけ傾いた結果となっている。

### 2.4.2　ジューコフスキー変換

円形を翼形に変換する写像としては等角写像の一つであるジューコフスキー（Joukowski）変換が提案されている。$\zeta$ 空間から $z$ 空間への変換関数はある半径 $R$ を用いて

$$z = \zeta + \frac{R^2}{\zeta} \tag{2.134}$$

で与えられる。デカルト直交系における成分表現では，$\zeta = \xi + i\eta$ と $z = x + iy$ とすると

$$x = \xi + \frac{R^2\xi}{\xi^2 + \eta^2}, \quad y = \eta - \frac{R^2\eta}{\xi^2 + \eta^2} \tag{2.135}$$

になる。この変換は**図 2.21** のように無変換 $z = \zeta$ と複素共役な変数 $\zeta^*$ を用いた変換 $z = R^2\zeta^*/|\zeta|^2$ を組み合わせたものであり，結果として得られるベクトルは変換前のベクトルよりも実軸に近いもの，つまり薄くなる傾向を示す変換となっている。また，逆変換はつぎのように領域ごとに条件分けして与えられる。

$$\begin{aligned} \zeta &= \frac{z - \sqrt{z^2 - 4R^2}}{2} \quad (|\zeta| < R,\ \mathrm{Re}\zeta > 0 \ \text{or} \ |\zeta| > R,\ \mathrm{Re}\zeta < 0) \\ \zeta &= \frac{z + \sqrt{z^2 - 4R^2}}{2} \quad (|\zeta| < R,\ \mathrm{Re}\zeta < 0 \ \text{or} \ |\zeta| > R,\ \mathrm{Re}\zeta > 0) \end{aligned} \tag{2.136}$$

まず，半径 $R'$ で中心が $\zeta_0 = \xi_0 i\eta_0$ の円を角度 $\phi$（$0 \sim 2\pi$）により

$$\zeta = \zeta_0 + R'e^{i\phi} \tag{2.137}$$

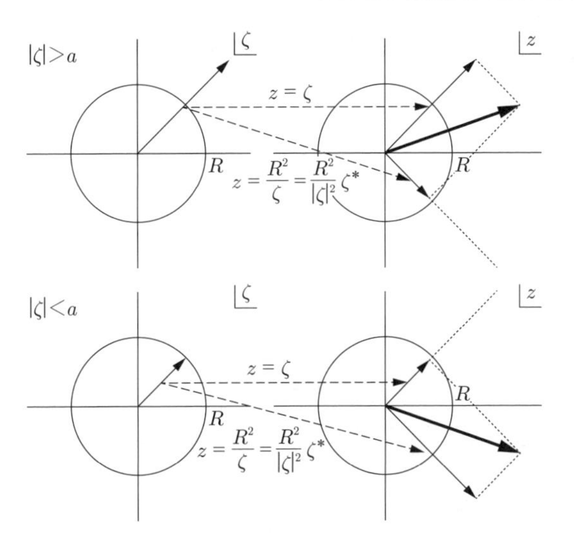


**図 2.21**　ジューコフスキー変換の概略図

と書く。この円はジューコフスキー変換により

$$z = \zeta_0 + R'e^{i\phi} + \frac{R^2}{\zeta_0 + R'e^{i\phi}} \tag{2.138}$$

となる。成分表記では

$$x = \xi_0 + R'\cos\phi + \frac{R^2\left(\xi_0 + R'\cos\phi\right)}{\left(\xi_0 + R'\cos\phi\right)^2 + \left(\eta_0 + R'\sin\phi\right)^2} \tag{2.139}$$

$$y = \eta_0 + R'\sin\phi - \frac{R^2\left(\eta_0 + R'\sin\phi\right)}{\left(\xi_0 + R'\cos\phi\right)^2 + \left(\eta_0 + R'\sin\phi\right)^2} \tag{2.140}$$

と変換される。この変換によりどのような形状が生み出せるかを以下に見ていく。

**〔1〕 平　板　翼**　　まず，半径 $R' = R$ で中心を移動させない場合（$(\xi_0, \eta_0) = (0, 0)$）は

$$z = 2R\cos\phi \tag{2.141}$$

となり，実部のみで虚部がないことから線分に変換されており，図 **2.22** のような厚みのない平板翼が形成される。その長さである弦長は $4R$ となる。この翼は実在しないが，基礎的な翼周りのポテンシャル流を理解するうえで非常に単純で重要なものとなる。

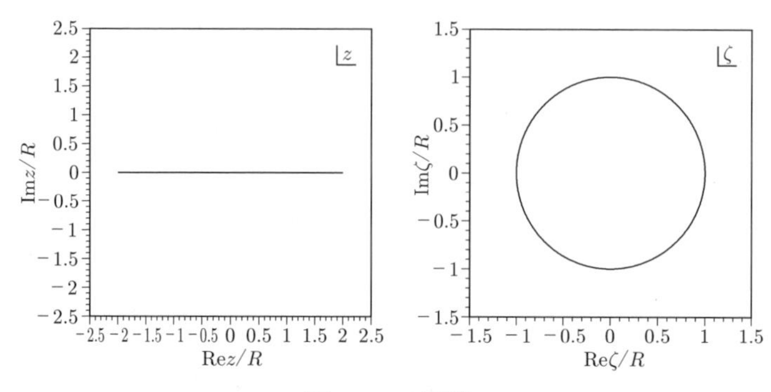


図 **2.22**　平板翼

〔**2**〕 **楕　円　翼**　　つぎに，円の中心はそのままで，半径を大きくした $R' > R$ の場合には

$$z = \left(R' + \frac{R^2}{R'}\right)\cos\phi + i\left(R' - \frac{R^2}{R'}\right)\sin\phi \tag{2.142}$$

で，**図 2.23** のような楕円形状が生じる。長軸は実軸で，短軸は虚軸と一致し，長径と短径はそれぞれ $R' + R^2/R'$ と $R' - R^2/R'$ になる。この楕円の離心率は $e = 2R'R/\left(R'^2 + R^2\right)$ である。この翼は厚さが存在するので実際に作成することができる翼である。

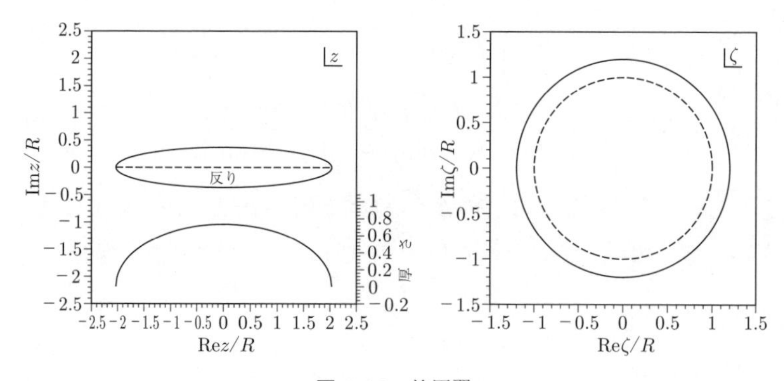


図 **2.23**　楕円翼

〔**3**〕 **円　弧　翼**　　つぎに，円の中心を虚軸上の上方の位置 $(0, \eta_0)$ にシフトして，半径を $R' > R$ として，点 $(R, 0)$ を通る円を考える。この場合は中心と点 $(R, 0)$ を結ぶ線分と実軸のなす角 $\beta$ は

$$\beta = \arccos \frac{R}{R'} \tag{2.143}$$

となる。この角度を利用して変化された幾何形状の式は

$$z = R' \cos\phi \left\{ 1 + \frac{R^2}{R'^2 \left(1 + 2\sin\beta \sin\phi + \sin^2\beta\right)} \right\} + iR' \left(\sin\phi + \sin\beta\right) \left\{ 1 - \frac{R^2}{R'^2 \left(1 + 2\sin\beta\sin\phi + \sin^2\beta\right)} \right\} \tag{2.144}$$

となる。この結果は**図 2.24** のように円の曲線部分となり，円弧翼と呼ばれる翼が作られる。この翼は平板翼同様に厚さがゼロの線で，反りが存在する翼となっている。このように虚軸上に円中心を移動させると反りが発生するものであることがわかる。

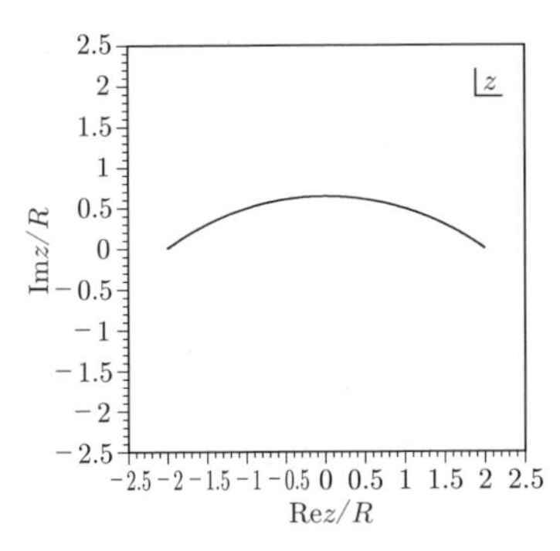

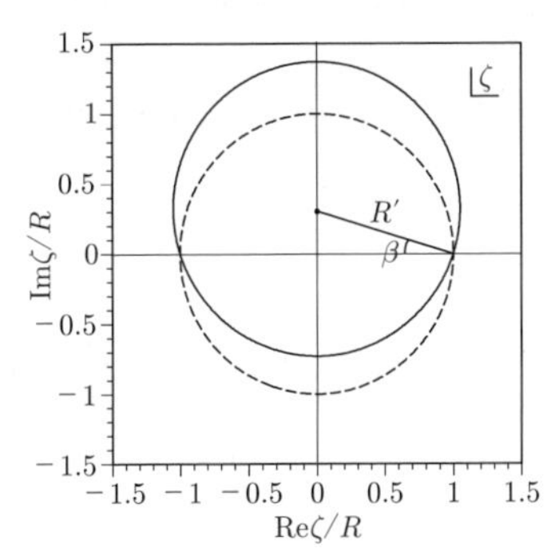


**図 2.24**　円弧翼

**〔4〕 対称ジューコフスキー翼**　　実軸上負の方向に円中心を移動させ，位置 $(\xi_0, 0)$ とする。さらに円弧翼同様，点 $(R, 0)$ を通る円とすると，半径 $R'$ は $R - \xi_0$ になる。この場合の幾何形状を表す式は

$$z = \left\{R - R'\left(1 - \cos\phi\right)\right\} \left\{ 1 + \frac{R^2}{2R'\left(R' - R\right)\left(1 - \cos\phi\right) + R^2} \right\} + iR' \sin\phi \left\{ 1 - \frac{R^2}{2R'\left(R' - R\right)\left(1 - \cos\phi\right) + R^2} \right\} \tag{2.145}$$

となる。結果である**図 2.25** を見ると，先頭部が膨らみ，後縁では狭まる形状の翼形を与える。上下は対称になっている。この形状は一般的な翼形とよく似た形であるが，後縁では無限に薄い翼厚となり実際には製作不能な翼である。より現実的な翼では反りも加える必要がある。

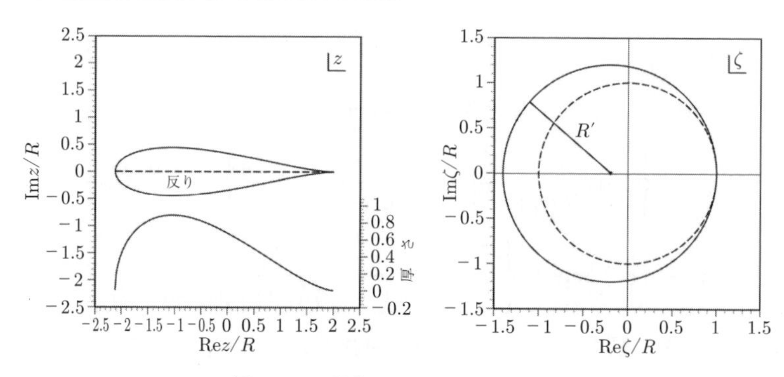


図 **2.25**　対称ジューコフスキー翼

**〔5〕 非対称ジューコフスキー翼**　　ジューコフスキー変換による最後に紹介する翼形として，円中心を虚軸正方向と実軸負方向の位置

$$(\xi_0, \eta_0) = (R - R'\cos\beta, R'\sin\beta) \tag{2.146}$$

に移動した場合の変換式を以下に示す。

$$\begin{aligned} z = &(R'\cos\phi + \xi_0)\left\{1 + \frac{R^2}{(R'\cos\phi + \xi_0)^2 + (R'\sin\phi + \eta_0)^2}\right\} \\ &+ i(R'\sin\phi + \eta_0)\left\{1 - \frac{R^2}{(R'\cos\phi + \xi_0)^2 + (R'\sin\phi + \eta_0)^2}\right\} \end{aligned} \tag{2.147}$$

この結果は**図 2.26** で示すような反りを有する翼形を与える。ただし，この翼形においても後縁では無限に薄くなるので現実には存在しない翼である。

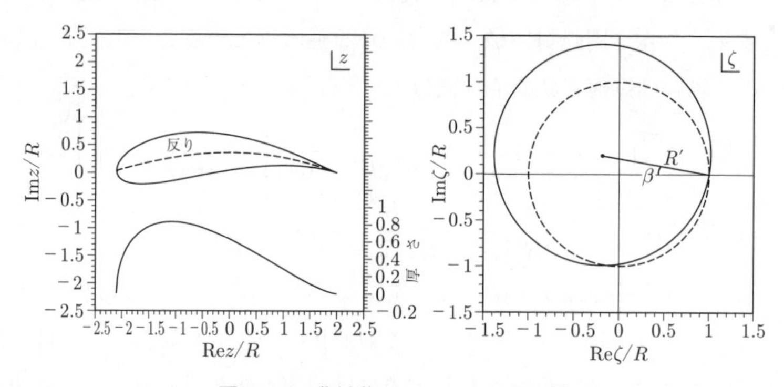


図 **2.26**　非対称ジューコフスキー翼

### 2.4.3　カルマン–トレフツ変換

ジューコフスキー翼はすでに説明したように後縁で翼の厚さがゼロとなるので，実際には作ることができない。そこで，実際に作成可能な翼を作り出す等角写像として，カルマン–トレフツ（Karman-Trefftz）変換を示す。そこの変換式は

$$\frac{z-kR}{z+kR}=\left(\frac{\zeta-R}{\zeta+R}\right)^k \tag{2.148}$$

である。ここでパラメーター $k$ は $1\sim2$ である。この表現を $z$ に関して解き直すと

$$z=kR\frac{(\zeta+R)^k+(\zeta-R)^k}{(\zeta+R)^k-(\zeta-R)^k} \tag{2.149}$$

となる。この変換はパラメーター $k$ が 1 の場合は無変換になり，2 の場合はジューコフスキー変換と一致する。そのため，この変換は両者の中間に位置する写像関数になる。この変換により制作される翼形は凸レンズのような形状のレンズ翼，対称カルマン–トレフツ翼，非対称カルマン–トレフツ翼である。同一のパラメーターでジューコフスキー翼とカルマン–トレフツ翼を比較した結果が図 **2.27** である。後縁部で後者は有限な角度の広がりがあり，実際に作成可能な翼を作り出せている。

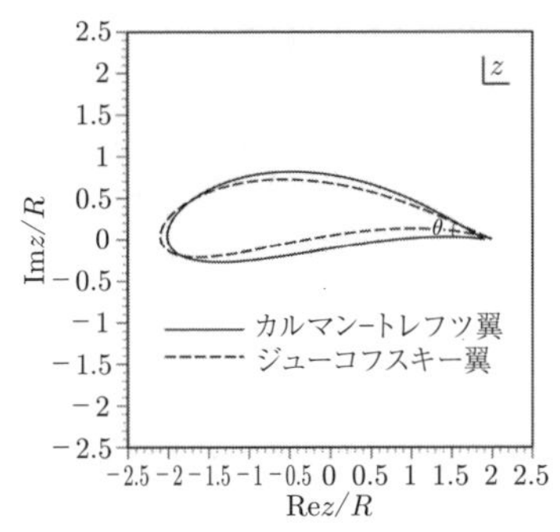


**図 2.27**　非対称カルマン–トレフツ翼

### 2.4.4　翼周りの流れ

つぎに翼周りに形成される流れを見ていく。まず，最も単純な平板翼で議論していく。$\zeta$ 空間において $x$ 方向に平行な一様流 $U$ 中に半径 $R$ の円が置かれた場合の解はすでに説明してきたが

$$f(\zeta)=U\left(\zeta+\frac{R^2}{\zeta}\right) \tag{2.150}$$

で与えられる。前述してきた翼の作成のための変換で導入したジューコフスキー変換 (2.134) をこの複素速度ポテンシャルに代入すると，実空間での解は

$$f(z)=Uz \tag{2.151}$$

と求まり，一様流の解が現れる。平板翼は無限に薄い翼で，数学的な線分であるため，流体がぶつかることなく翼表面を滑るためこの解に行き着く。

つぎに，一様流に迎角 $\alpha$ で平板翼にあたる場合を考える。$\zeta'$ 空間において迎角ゼロの場合の解

$$f(\zeta') = U\left(\zeta' + \frac{R^2}{\zeta'}\right) \tag{2.152}$$

を，角度 $\alpha$ 回転させる回転変換 (2.133) により $\zeta$ 空間に移動する。すると，複素速度ポテンシャルは

$$f(\zeta) = U\left(\zeta e^{-i\alpha} + \frac{R^2 e^{i\alpha}}{\zeta}\right) \tag{2.153}$$

となる。この関数にジューコフスキー変換を施すと

$$f(z) = U\left(g^{-1}(z)\, e^{-i\alpha} + \frac{R^2 e^{i\alpha}}{g^{-1}(z)}\right) \tag{2.154}$$

となる。ここで，逆変換 (2.136) を $\zeta = g^{-1}(z)$ と表記している。この表記は複雑になっているので，通常は $\zeta$ を媒介変数とみなしてジューコフスキー変換を介在させて解を可視化するほうが簡便であり，その虚部を出力すれば流れ関数を数値的に評価することができる。さらに複素速度は

$$w = \frac{df(z)}{dz} = \frac{df(\zeta)}{d\zeta}\frac{d\zeta}{dz} \tag{2.155}$$

のように，複素変数 $z$ から複素変数 $\zeta$ に変換したうえで評価するものとする。両微分量は

$$\frac{df(\zeta)}{d\zeta} = U\left(e^{-i\alpha} - \frac{R^2 e^{i\alpha}}{\zeta^2}\right), \quad \frac{d\zeta}{dz} = \left(\frac{dz}{d\zeta}\right)^{-1} = \left(1 - \frac{R^2}{\zeta^2}\right)^{-1}$$

であることから，複素速度は

$$w = \frac{U\left(e^{-i\alpha}\zeta^2 - R^2 e^{i\alpha}\right)}{\zeta^2 - R^2} \tag{2.156}$$

であり，速度は位置 $\zeta = \pm R$ において分母がゼロとなるため発散するという非現実的な結果を示している。この発散点は実空間の位置としては平板翼の前縁と後縁である $z = \pm 2R$ になっている。速度がゼロとなるよどみ点は式 (2.156) から

$$\zeta = \pm R e^{i\alpha}, \quad z = \pm 2R\cos\alpha \tag{2.157}$$

となる。この点での圧力 $p_0$ を基準とすると，共役複素速度 $w^*$ を用いて

$$p = p_0 - \frac{1}{2}\rho w w^* \tag{2.158}$$

で与えられる。この解で迎角を $\pi/6$ とした結果が**図 2.28** であり，翼の両端で強い圧力勾配が出現している。

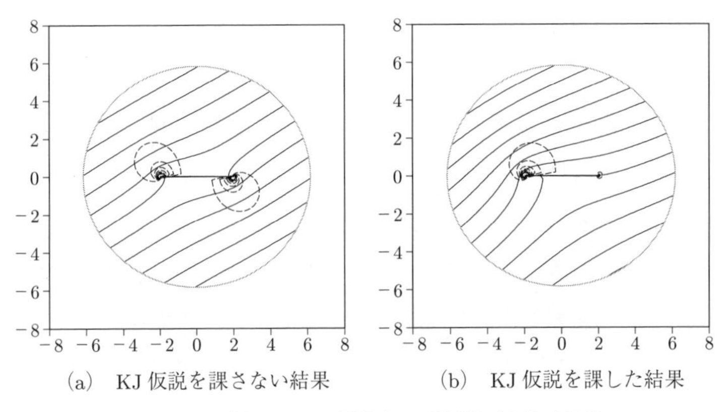

(a)　KJ 仮説を課さない結果　　(b)　KJ 仮説を課した結果

**図 2.28**　迎角 $\pi/6$ の一様流中の平板翼（実線は流線，破線は圧力の等高線）

実際の翼周りの流れの実験などからは翼の後縁から流れが離れることが知られている。この改善として，解 (2.153) に循環 $\Gamma$ の渦糸解を加えた複素速度ポテンシャル

$$f(z) = U\left(e^{-i\alpha}\zeta + \frac{R^2 e^{i\alpha}}{\zeta}\right) + i\frac{\Gamma}{2\pi}\log\zeta \tag{2.159}$$

を考える。この循環 $\Gamma$ を後縁 $\zeta = R$ での速度の発散が生じないように決定する。この複素速度ポテンシャルからの複素速度は

$$w = \frac{U\left(e^{-i\alpha}\zeta^2 + i\dfrac{\Gamma}{2\pi U}\zeta - R^2 e^{i\alpha}\right)}{\zeta^2 - R^2} \tag{2.160}$$

となり，$\zeta = R$ において分子がゼロにならなければならず，循環は

$$\Gamma = 4\pi U R \sin\alpha \tag{2.161}$$

と求まる。この場合の抗力 $F_x$ および揚力 $F_y$ は 2.5 節で述べる一般形状の解析公式を用いると

$$F_x = 0, \quad F_y = 4\pi\rho RU^2 \sin\alpha \tag{2.162}$$

と求まり揚力が発生する。この循環を加える条件をクッタ–ジューコフスキー (Kutta-Joukowski) の仮説（KJ 仮説）という。この仮説自体は数学的には前縁の発散を残して後縁の発散だけを除去する正当な理由は存在しない。しかし，ポテンシャル流として渦なし条件を考慮すると，ラグランジェの渦不生不滅の法則から，これによって発生した循環 $\Gamma$ に対する同じ大きさの負の循環渦が無限遠方に運ばれているとして解釈することもできる。さらに，ジューコフスキー翼の場合も $\zeta'$ 空間での単位円周りの解を回転（角度 $\alpha$），拡大（拡大率 $A$），平行移動（移動された円中心の位置 $\zeta_0$）の順で写像して得られる変換

$$z = A\zeta e^{i\alpha} + \zeta_0 \tag{2.163}$$

を導入して，$\zeta$ 空間に移り，最後にジューコフスキー変換を施すと平板翼以外の翼の周囲のポテンシャル流も計算することができる。この解析の具体例（$\alpha = 5$ 度，$A = 1.1$，$\beta = \pi/18$）を図 **2.29** に記載する。この結果はクッタ–ジューコフスキーの仮説を導入したものであり，平板翼のケースよりも自然な形で後縁から流線が伸びていることが確認できる。この場合の揚力は，ジューコフスキー翼作成時に導入した角度 $\beta$ を用いて

$$F_y = 4\pi\rho RU^2 \sin(\alpha + \beta) \tag{2.164}$$

で与えられる。この結果の一例として揚力係数と抗力係数の迎角依存性を図 **2.30**

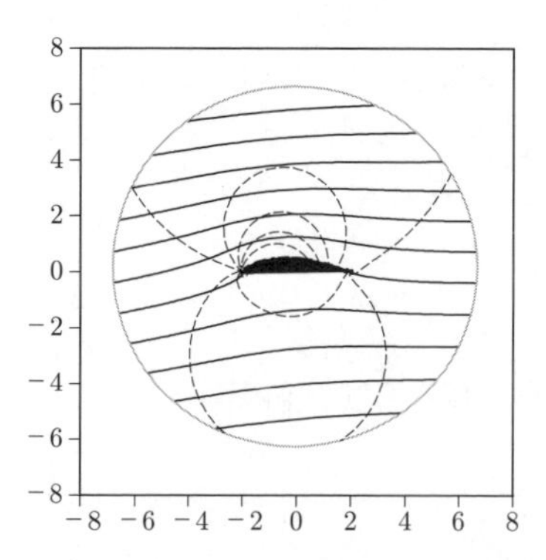

図 **2.29**　一様流中のジューコフスキー翼周りの流れ（実線は流線，破線は圧力の等高線）

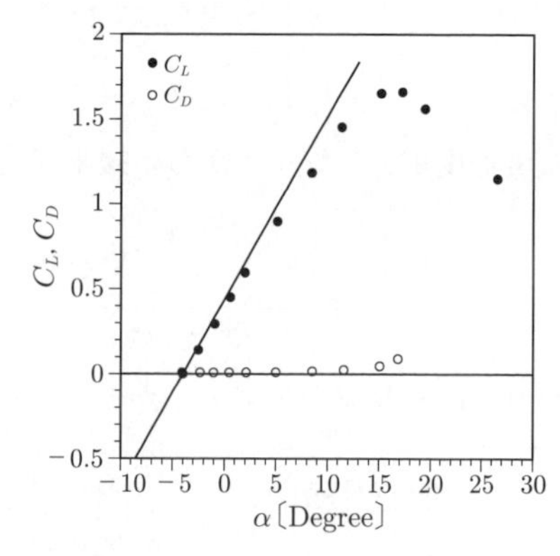


図 **2.30**　揚力係数 $C_L$ と抗力係数 $C_D$（実験データは文献2) を参照し，ジューコフスキー翼 $\beta = \pi/45$ で比較）

に示す。揚力係数が $\alpha = 15$ 度付近で示す極大値は失速角で揚力がこれ以上上昇しない状態が実際には生じているが，もちろんこれは剥離現象などと結びついたもので前述の議論の範囲外であるためまったく再現できないが，迎角が小さい範囲ではかなりよい近似を与えることができている。また，前提とした抗力が小さいという条件も翼では妥当性が高いことを示唆している。

## 2.5　一般形状物体周りの流れ

定常なポテンシャル流中に物体 B が存在する場合に，**図 2.31** のようにその物体を内包する閉曲線 $C$ を考える。微小線分要素 $ds$ を横切って外部への法線単位ベクトルに逆らって流れ込んでくる運動量流束は粘性が作用していないことから物体に働く力積として働くことから，微小線分要素で物体に働く力 $d\boldsymbol{F}$ は

$$d\boldsymbol{F} = -\left(p\boldsymbol{n} + \rho\boldsymbol{u}\left(\boldsymbol{u}\cdot\boldsymbol{n}\right)\right)ds \tag{2.165}$$

と書ける。すでに循環とわき出し吸込みの定義において導入したが

$$\boldsymbol{n}ds = (dy, -dx)\,, \quad (\boldsymbol{u}\cdot\boldsymbol{n})\,ds = d\Psi \tag{2.166}$$

であり，$x$ および $y$ 方向の微小線分要素の力を成分表記すると

$$dF_x = -pdy - \rho ud\Psi, \quad dF_y = pdx - \rho vd\Psi \tag{2.167}$$

になる。力は速度の時間微分である加速度に対応する量であることから，複素速度と同じように複素力 $K$ は

$$K = F_x - iF_y \tag{2.168}$$

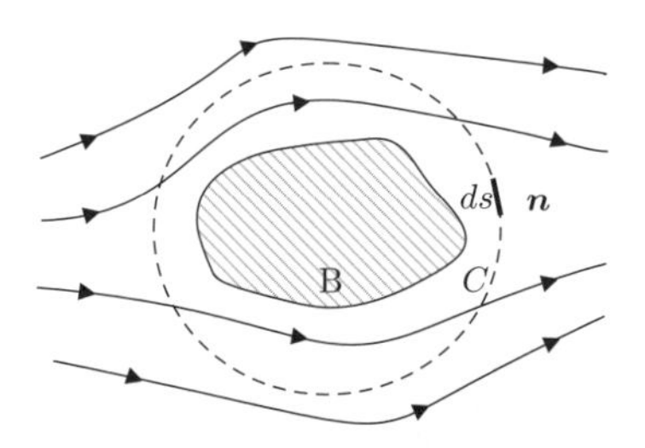


**図 2.31**　一般形状物体周りの流れとそれを内包する積分路

とすると，微小線分要素の複素力は

$$dK = -pdy - \rho ud\Psi - ipdx + i\rho vd\Psi = -ipdz^* - \rho\frac{df}{dz}d\Psi \qquad (2.169)$$

となる。上付きのアスタリスクは複素共役を意味する。流れ関数の全微分は複素速度ポテンシャルの虚部であることから，複素共役を利用すると

$$d\Psi = d\left(\frac{f(z) - f^*(z^*)}{2i}\right) = -\frac{i}{2}\frac{df}{dz}dz + \frac{i}{2}\frac{df^*}{dz^*}dz^* \qquad (2.170)$$

となり，式 (2.169) は

$$dK = -ipdz^* + \frac{i\rho}{2}\frac{df}{dz}\frac{df}{dz}dz - \frac{i\rho}{2}\frac{df}{dz}\frac{df^*}{dz^*}dz^* \qquad (2.171)$$

と変形される。また，圧力はベルヌーイの定理からよどみ点（圧力 $p_0$）を基準とすると

$$p = p_0 + \frac{\rho}{2}ww^* = p_0 + \frac{\rho}{2}\frac{df}{dz}\frac{df^*}{dz^*} \qquad (2.172)$$

で表され，この圧力を代入すると

$$\begin{aligned} dK &= -ip_0dz^* - \frac{i\rho}{2}\frac{df}{dz}\frac{df^*}{dz^*}dz^* + \frac{i\rho}{2}\frac{df}{dz}\frac{df}{dz}dz - \frac{i\rho}{2}\frac{df}{dz}\frac{df^*}{dz^*}dz^* \\ &= -ip_0dz^* + \frac{i\rho}{2}\frac{df}{dz}\frac{df}{dz}dz \end{aligned} \qquad (2.173)$$

と求まる。この式を閉曲線 $C$ にわたって積分すれば物体 B に働く複素力がつぎのように導出される。

$$K = \oint_C dK = \frac{i\rho}{2}\oint_C dz\left(\frac{df}{dz}\right)^2 \qquad (2.174)$$

ここで，積分 $\oint_C d\bar{z}$ はゼロである。この式はブラジウス（Blasius）の第一公式である。この公式を用いて任意の幾何形状の翼においても変換すると抗力はゼロで，揚力は $\rho\Gamma U$ と求まる。同様な解析を角運動量流束に関して実行するとモーメントに関するブラジウスの第二公式が

$$M = -\frac{\rho}{2}\mathrm{Re}\oint_C dzz\left(\frac{df}{dz}\right)^2 \qquad (2.175)$$

と導かれる。これらの結果から，閉曲線 $C$ の設定を積分しやすいように選択して物体への力やモーメントを求めることが可能である。

## 2.6　3 次元ポテンシャル流

本章の最後に 3 次元ポテンシャル流の場合について検討する。デカルト座標系でのラプラス方程式 (2.35) を 2 階微分するとゼロとなる性質からはすでに 2 次元ポテンシャル流で説明した解 (2.51) と同様，一様流の解として

$$\Phi(x, y, z) = Ux + Vy + Wz \tag{2.176}$$

が挙げられる。また，3 次元極座標系におけるラプラス方程式は

$$\frac{1}{r^2}\frac{\partial}{\partial r}\left(r^2\frac{\partial\Phi}{\partial r}\right) + \frac{1}{r^2\sin\theta}\frac{\partial}{\partial\theta}\left(\sin\theta\frac{\partial\Phi}{\partial\theta}\right) + \frac{1}{r^2\sin^2\theta}\frac{\partial^2\Phi}{\partial\varphi^2} = 0 \tag{2.177}$$

となる。この方程式において方位角に依存しない等方性を仮定すると

$$\frac{1}{r^2}\frac{\partial}{\partial r}\left(r^2\frac{\partial\Phi}{\partial r}\right) = 0 \tag{2.178}$$

で表され，$r^2$ をかけて，$r$ 積分を実行すると

$$r^2\frac{\partial\Phi}{\partial r} = m \tag{2.179}$$

となり，$m$ は積分定数である。この結果より，半径方向の速度 $v_r$ は

$$\frac{\partial\Phi}{\partial r} = v_r = \frac{m}{r^2} \tag{2.180}$$

となる。半径方向の正方向である無限遠へと向かう流れは $m > 0$ で 3 次元のわき出しと呼ばれ，原点に収束する流れは $m < 0$ で 3 次元の吸込みを意味する。速度ポテンシャル $\Phi$ は式 (2.179) に $r^2$ をかけて，$r$ 積分を実行することで

$$\Phi = -\frac{m}{r} + c \tag{2.181}$$

となる。この式は当然方位角に依存していないので球表面上の流れは存在していない。

ラプラス方程式の線形性を利用して，半無限体（semi-infinite body）周りの流れは一様流とわき出し流れの解の線形結合によってつぎのように与えられる。

$$\Phi = Ux - \frac{m}{r} \tag{2.182}$$

この速度ポテンシャルの勾配から速度の各成分は

$$u = U + \frac{mx}{r^3}, \quad v = \frac{my}{r^3}, \quad w = \frac{mz}{r^3} \tag{2.183}$$

となる。無限遠方を基準として，その圧力を $p_\infty$ とするとベルヌーイの定理より圧力解は

$$\frac{p}{\rho} = \frac{p_\infty}{\rho} - \frac{Umx}{r^3} - \frac{1}{2}\frac{m^2}{r^4} \tag{2.184}$$

と導かれる。その可視化図が図 **2.32** であり，半無限体を避けるように流れている様子が明瞭に確認できる。

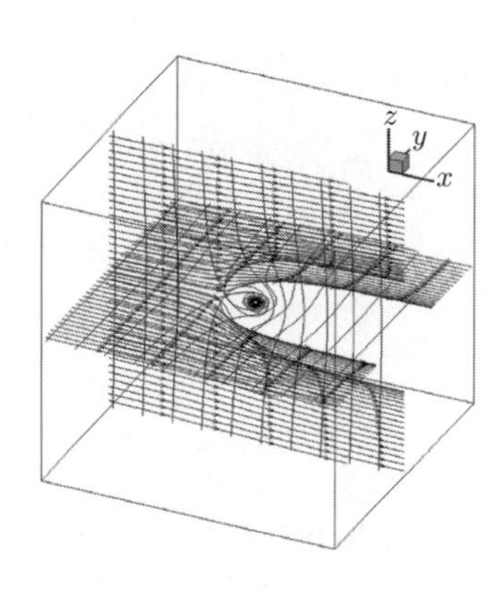


**図 2.32**　一様流中での半無限体周りの流れ

さらに一様流と強度の等しいわき出しと吸込み流れの三つの解を線形結合させた場合，つぎのランキン卵形物体周りの解となる。

$$\Phi = Ux - \frac{m}{r_1} + \frac{m}{r_2} \tag{2.185}$$

ここで，$r_1$ と $r_2$ はそれぞれわき出し位置 $(-x_0, 0, 0)$ および吸込み位置 $(x_0, 0, 0)$ からの距離を

$$r_1 = \sqrt{(x+x_0)^2 + y^2 + z^2}, \quad r_2 = \sqrt{(x-x_0)^2 + y^2 + z^2} \tag{2.186}$$

と表している。ここから得られる速度および圧力の解は

$$u = U + \frac{m(x+x_0)}{r_1^3} - \frac{m(x-x_0)}{r_2^3}, \quad v = \frac{my}{r_1^3} - \frac{my}{r_2^3}, \quad w = \frac{mz}{r_1^3} - \frac{mz}{r_2^3} \tag{2.187}$$

$$
\frac{p}{\rho}=\frac{p_\infty}{\rho}-\frac{Um\left(x+x_0\right)}{r_1^3}+\frac{Um\left(x-x_0\right)}{r_2^3}-\frac{1}{2}\frac{m^2}{r_1^4}-\frac{1}{2}\frac{m^2}{r_2^4}
+\frac{m^2\left(x+x_0\right)\left(x-x_0\right)+m^2y^2+m^2z^2}{r_1^3r_2^3} \tag{2.188}
$$

となる。この可視化結果である**図 2.33** を見ると流線がランキン卵形の物体をよけて上流から下流へと滑らかに伸びている。

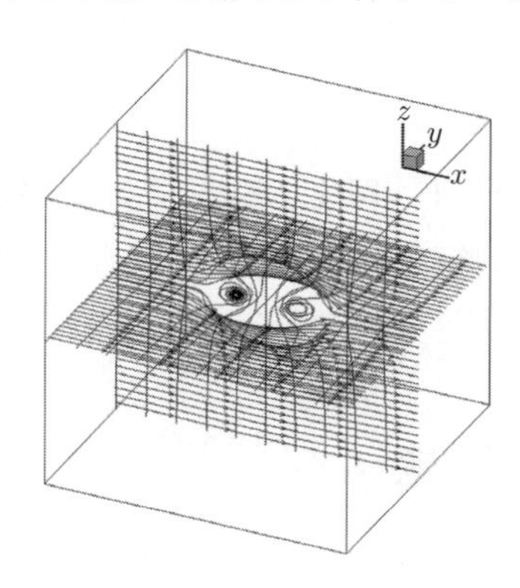


**図 2.33**　一様流中でのランキン卵形物体周りの流れ

前述のランキン解から一様流を削除して，わき出しまたは吸込み強度と間隔の積を一定値にしたままわき出しと吸込みを無限に近づけると，双極子に対応する一連の解がつぎのように得られる。

$$
\Phi=-\mu\frac{x}{r^3} \tag{2.189}
$$

$$
u=-\frac{\mu}{r^3}+\frac{3\mu x^2}{r^5},\quad v=\frac{3\mu xy}{r^5},\quad w=\frac{3\mu xz}{r^5} \tag{2.190}
$$

$$
\frac{p}{\rho}=\frac{p_\infty}{\rho}-\frac{\mu^2}{2r^6}-\frac{3\mu^2x^2}{2r^8} \tag{2.191}
$$

最後に変数分離法によって 3 次元ラプラス方程式の一般解を列挙しておく。デカルト直交座標系であれば，条件 $k_x^2+k_y^2+k_z^2=0$ とともに

$$
\Phi\left(x,y,z\right)=\left(A_x^+e^{ik_xx}+A_x^-e^{-ik_xx}\right)\left(A_y^+e^{ik_yy}+A_y^-e^{-ik_yy}\right)
\times\left(A_z^+e^{ik_zz}+A_z^-e^{-ik_zz}\right) \tag{2.192}
$$

となる。円筒座標系であれば

$$\Phi(r,\theta,z)=(A_1 J_n(kr)+B_1 N_n(kr))(A_2\sin n\theta+B_2\cos n\theta)\times\left(A_3 e^{kz}+B_3 e^{-kz}\right) \tag{2.193}$$

で表され，ここで $J_n(x)$ はベッセル関数，$N_n(x)$ はノイマン関数である。3 次元極座標系では解の表現は

$$\Phi(r,\theta,\phi)=\left(A_n r^n+B_n r^{-n-1}\right)\left(C_n^m P_n^m(\cos\theta)+D_n^m Q_n^m(\cos\theta)\right)\times\left(E_m e^{im\phi}+F_m e^{-im\phi}\right) \tag{2.194}$$

となり，$P_n^m(\cos\theta)$ と $Q_n^m(\cos\theta)$ は陪ルジャンドル関数である。これらの結果からここで説明した座標系に適合する流れ場では境界条件を満足する組合せを構築し，係数を決定すれば解が得られる。

## 章　末　問　題

【1】 式 (2.4) を証明せよ。

【2】 図 **2.34** のような状況でのポテンシャル流の複素速度ポテンシャルと速度を鏡像法により求めよ。

【3】 図 **2.35** のような状況でのポテンシャル流の複素速度ポテンシャルと速度を鏡像法により求めよ。

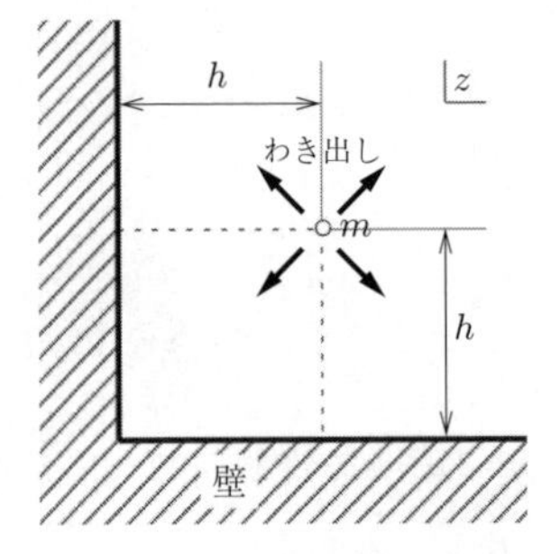


図 **2.34**　直交壁の側のわき出しによる流れ

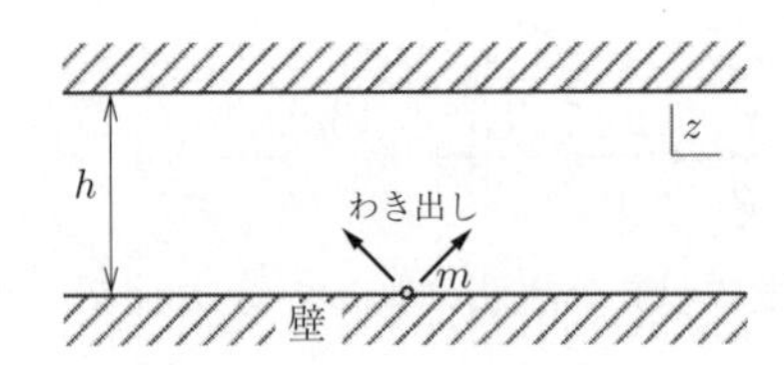


図 **2.35**　平行壁の片壁面にわき出しが存在する流れ

【4】 図 **2.36** のような状況でのポテンシャル流の複素速度ポテンシャルと速度を鏡像法により求めよ。

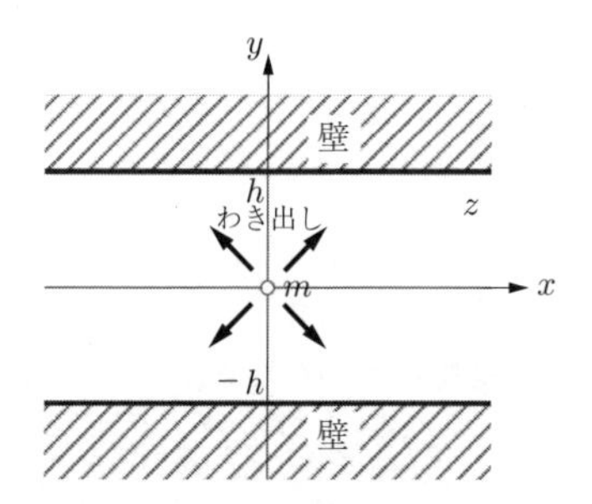


図 **2.36**　平行壁間のわき出しによる流れ

【5】 web 上にある付録 A.4 の参考プログラムを利用して，翼形を作成したり，翼周りの流れを計算せよ。

# 3 ポテンシャル流：圧縮性

本章では前章同様，渦なし条件を仮定したポテンシャル流を議論し，密度変化が生じる圧縮性流れをターゲットとする。圧縮性ポテンシャル流は非圧縮性ポテンシャル流と異なり，方程式が非線形性を有するものとなるため非常に複雑なものとなる。また，以降の解説では断熱条件を課して進めていく。

## 3.1 圧縮性ポテンシャル流の基礎方程式

まず，ここで取り扱う支配方程式を列挙しておく。オイラーの連続方程式は

$$\frac{\partial \rho}{\partial t} + \frac{\partial \rho u}{\partial x} + \frac{\partial \rho v}{\partial y} + \frac{\partial \rho w}{\partial z} = 0 \tag{3.1}$$

である。オイラーの運動方程式は外力なしの条件下では

$$\frac{\partial u}{\partial t} + \frac{\partial uu}{\partial x} + \frac{\partial vu}{\partial y} + \frac{\partial wu}{\partial z} = -\frac{1}{\rho}\frac{\partial p}{\partial x} \tag{3.2}$$

$$\frac{\partial v}{\partial t} + \frac{\partial uv}{\partial x} + \frac{\partial vv}{\partial y} + \frac{\partial wv}{\partial z} = -\frac{1}{\rho}\frac{\partial p}{\partial y} \tag{3.3}$$

$$\frac{\partial w}{\partial t} + \frac{\partial uw}{\partial x} + \frac{\partial vw}{\partial y} + \frac{\partial ww}{\partial z} = -\frac{1}{\rho}\frac{\partial p}{\partial z} \tag{3.4}$$

と書ける。この方程式は非線形偏微分方程式であるため解析は非常に難しい。そこでポテンシャル流に話を限定して，渦なし条件を課して，速度ポテンシャル $\Phi$ により速度方程式として

$$u = \frac{\partial \Phi}{\partial x}, \quad v = \frac{\partial \Phi}{\partial y}, \quad w = \frac{\partial \Phi}{\partial z} \tag{3.5}$$

を利用していく。また，圧力を解析するため，外力なしであることからポテンシャルエネルギーの寄与がなく，さらに定常性を仮定したベルヌーイの定理

$$\frac{1}{2}\left(u^2 + v^2 + w^2\right) + P = \text{const.} \tag{3.6}$$

を利用する。流体の断熱性を仮定することから気体の状態方程式として

$$p = \rho^{\gamma} \exp\left(\frac{S - S_0}{C_V}\right) \tag{3.7}$$

を用いる。さらに，圧縮性流れでは音の伝播速度である音速 $a$ が重要になる。音速の定義は

$$a^2 = \frac{\partial p}{\partial \rho} \tag{3.8}$$

で与えられる。この式に式 (3.7) を代入すると

$$a = \gamma^{1/2} \rho^{(\gamma-1)/2} \exp\left(\frac{S - S_0}{2C_V}\right) \tag{3.9}$$

と書き換えられる。さらに指数関数部分を状態方程式により消去すると $a^2 = \gamma p/\rho$ となる。この式を利用していくと断熱条件での圧力関数 (1.49) は

$$P = \frac{\gamma}{\gamma - 1} \frac{p_0^{1/\gamma}}{\rho_0} p^{(\gamma-1)/\gamma} = \frac{a^2}{\gamma - 1} \tag{3.10}$$

となり，これ以降で利用するベルヌーイの定理はこの圧力関数を用いて

$$\frac{1}{2}\left(u^2 + v^2 + w^2\right) + \frac{a^2}{\gamma - 1} = \text{const.} \tag{3.11}$$

とする。以上列挙した方程式を利用して，密度，速度，速度ポテンシャル，圧力，音速を解いていく。ただし，この段階では速度ポテンシャルの方程式は明記しておらず，以降の節で説明する。

## 3.2　1 次元圧縮性流れとラバール管

1 次元問題では速度として流れ方向の 1 成分 $u$ のみを取り扱い，速度ポテンシャルを導入せずに，またオイラーの運動方程式を用いずに速度自体を解いていくことが可能となる。運動方程式の代わりにベルヌーイの定理が利用できる。定常性と空間依存性は主流方向の $x$ のみに限定する。連続方程式 (3.1) にこの仮定を導入すると

$$\frac{\partial \rho u}{\partial x} = 0 \tag{3.12}$$

となる。圧縮・膨張といた効果が発生するためには，この 1 次元問題では流路断面

積を変化させる必要があり，厳密にいえば圧縮性流れの 1 次元問題などはありえない。しかし，工学レベルでは単純化された議論は圧縮性流れの理解を深めるうえで重要なので，よく準 1 次元問題なる取扱いが行われる。式 (3.12) に体積積分を施すと，質量保存則は断面積 $A$ を用いて

$$\rho u A = \text{const.} \tag{3.13}$$

となる。本来，断面積は $x$ に依存するのでこのような式にまとまらないが，近似的にこの式を利用していく。この式を $x$ 微分して，$\rho u A$ で除すると，質量保存則の微分表現は

$$\frac{1}{\rho}\frac{d\rho}{dx} + \frac{1}{u}\frac{du}{dx} + \frac{1}{A}\frac{dA}{dx} = 0 \tag{3.14}$$

となる。つぎに断熱条件下において，気体の状態方程式 (3.7) に $x$ 微分を施すと

$$\frac{dp}{dx} = \gamma\rho^{\gamma-1}\frac{d\rho}{dx}\exp\left(\frac{S-S_0}{C_V}\right) = \gamma\frac{p}{\rho}\frac{d\rho}{dx} \tag{3.15}$$

と書ける。最終的な表現ではエントロピーの指数関数部を状態方程式により消している。断熱条件下での音速 $a^2 = \gamma p/\rho$ の微分をとると次式となる。

$$2a\frac{da}{dx} = \gamma\frac{1}{\rho}\frac{dp}{dx} - \gamma\frac{p}{\rho^2}\frac{d\rho}{dx} \tag{3.16}$$

式 (3.15) と (3.16) から圧力を削除すると密度と音速の関係の微分表現は

$$\frac{1}{\rho}\frac{d\rho}{dx} = \frac{2}{\gamma-1}\frac{1}{a}\frac{da}{dx} \tag{3.17}$$

と求まる。さらに，式 (3.15) からは圧力と密度の関係の微分表現

$$\frac{1}{p}\frac{dp}{dx} = \gamma\frac{1}{\rho}\frac{d\rho}{dx} \tag{3.18}$$

も導出される。最後にベルヌーイの定理 (3.11) に対しても，$v = w = 0$ で $x$ 微分を施すと

$$u\frac{du}{dx} + \frac{2}{\gamma-1}a\frac{da}{dx} = 0 \tag{3.19}$$

であり，音速の 2 乗 $a^2$ で割ると，音速と速度の関係の微分表現はつぎのように書き換えられる。

$$M^2 \frac{1}{u}\frac{du}{dx} + \frac{2}{\gamma - 1}\frac{1}{a}\frac{da}{dx} = 0 \tag{3.20}$$

ここで，$M$ はマッハ数を表し，流速と音速の比

$$M = \frac{u}{a} \tag{3.21}$$

で定義され，圧縮性流れにおいて重要となる無次元パラメーターである。これらの微分表現を利用して速度 $u$ と断面積 $A$ の関係式を導出すると

$$\left(M^2 - 1\right)\frac{1}{u}\frac{du}{dx} = \frac{1}{A}\frac{dA}{dx} \tag{3.22}$$

となり，この式はユゴニオ（Hugoniot）の方程式と呼ばれる。この方程式はマッハ数 $M$ により挙動が大きく変化する。その挙動変化を以下にまとめる。

**〔1〕 亜音速流れ**（$M < 1$）　身の回りの流れのほとんどが属する流速が音速よりも小さい流れを亜音速流れ（subsonic flow）という。この流れでは流路断面積が増加するときに流れの速度は減少し，逆に流路断面積が減少するとき流速は増加することを意味している。これは庭でホースを使って水をまく際に，噴出口を指でつぶして初速を大きくし，遠くまで水が届くのとよく対応しており，我々の常識そのものである。

**〔2〕 臨界状態**（$M = 1$）　流速と音速が一致している状態を臨界状態といい，ここでは下付きのアスタリスクを用いて表現する。つまり，$u_* = a_*$ となる。この条件をユゴニオ方程式 (3.22) に代入すると

$$\frac{dA}{dx} = 0 \tag{3.23}$$

となり，断面積はこの状態（$x = x_*$）において極値をとる。この極値は最小値 $A_*$ を意味し，$A < A_*$ の断面積では流体は入り込むことができず真空状態を形成する。

**〔3〕 超音速流れ**（$M > 1$）　マッハ数が 1 よりも大きい流れは流体の速度が音速よりも大きく超音速流れ（supersonic flow）となる。この流れではユゴニオ方程式 (3.22) の速度関連項の係数が正値をとるため，亜音速流れとは逆転し，流路断面積が増加するとき流速は増加し，逆に流路断面積が減少するとき流速は減少することを意味している。この挙動は我々の身の回りの流れの現象とは逆転している。

これらの性質を利用して，亜音速流れを超音速流れに加速していく管路をラバー

ル管（De Laval nozzle）という。ラバール管では**図 3.1** のように流路断面積を入り口から減少させ，中ほどでいちばん細い $A_*$ の断面積にし，その後流路断面積を広げる。このラバール管の性質について検討していく。ここでは物理特性を臨界状態を基準として位置 $x$ ではなく，マッハ数 $M$ をパラメーターに調べていく。

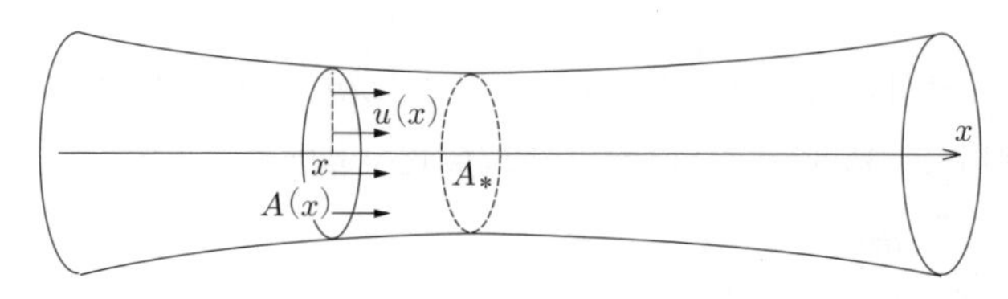


**図 3.1**　ラバール管

まず，質量保存則 $\rho u A = \rho_* a_* A_*$ から

$$\frac{A}{A_*} = \frac{a_*}{u}\left(\frac{\rho}{\rho_*}\right)^{-1} = \frac{1}{M}\left(\frac{a}{a_*}\right)^{-1}\left(\frac{\rho}{\rho_*}\right)^{-1} \tag{3.24}$$

で，断面積の比率はマッハ数と音速，密度の比に関連している。音速の定義式を臨界状態での音速式で除すと

$$\left(\frac{a}{a_*}\right)^2 = \left(\frac{\rho}{\rho_*}\right)^{\gamma-1} \tag{3.25}$$

で表され，同様な処理を用いて気体の状態方程式より

$$\left(\frac{p}{p_*}\right) = \left(\frac{\rho}{\rho_*}\right)^{\gamma} \tag{3.26}$$

と導出される。さらに臨界状態 $u_* = a_*$ を参照したベルヌーイの定理

$$\frac{u^2}{2} + \frac{a^2}{\gamma-1} = \frac{(\gamma+1)\,a_*^2}{2\,(\gamma-1)} \tag{3.27}$$

を音速の 2 乗量で割って整理すると音速のマッハ数依存性を示す式

$$\frac{a}{a_*} = F\,(M)^{-1/2} \tag{3.28}$$

が得られる。ここで，マッハ数に関する関数 $F(M)$ は

$$F\,(M) = \frac{\gamma-1}{\gamma+1}M^2 + \frac{2}{\gamma+1} \tag{3.29}$$

である。このマッハ数による関数はこれ以降の説明においても同様なベルヌーイの定理 (3.27) を用いていくためたびたび登場する。この式を利用して，密度，圧力，

速度，断面積のマッハ数依存性を示す式は

$$\frac{\rho}{\rho_*} = F(M)^{-1/(\gamma-1)}, \quad \frac{p}{p_*} = F(M)^{-\gamma/(\gamma-1)},$$

$$\frac{u}{a_*} = MF(M)^{-1/2}, \quad \frac{A}{A_*} = \frac{1}{M}F(M)^{(\gamma+1)/2(\gamma-1)} \tag{3.30}$$

となる。これらの結果を空気 $(\gamma = 1.4)$ でプロットしたものが**図 3.2** である。断面積は $M = 0$ と $\infty$ で発散し，密度，圧力，音速は $M$ が大きくなるほど減少し，ゼロへと漸近していく。この挙動は圧力が最も速やかなものとなっている。注意すべき点としてはマッハ数 $M$ が無限大になるということは，流速が大きくなることではなく音速がゼロへ低下していくことで達成される。また，臨界音速に対する速度比は $M$ が大きくなると増加するが，無限大になるわけではなく

$$\frac{u}{a_*} = MF(M)^{-1/2} = \left(\frac{\gamma-1}{\gamma+1} + \frac{2}{\gamma+1}\frac{1}{M^2}\right)^{-1/2} \to \sqrt{\frac{\gamma+1}{\gamma-1}} \tag{3.31}$$

のように一定値へと漸近していく。この値は空気では $\sqrt{6} \approx 2.449$ になる。このように圧縮性流れの解析では流速の上限が現れる。

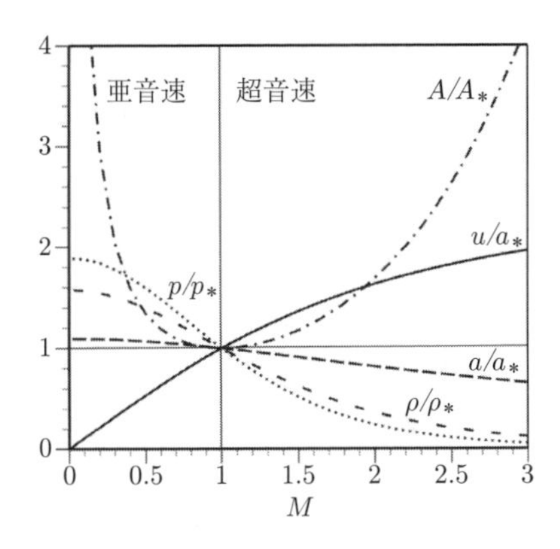


図 3.2　ラバール管内の物理量のマッハ数依存性

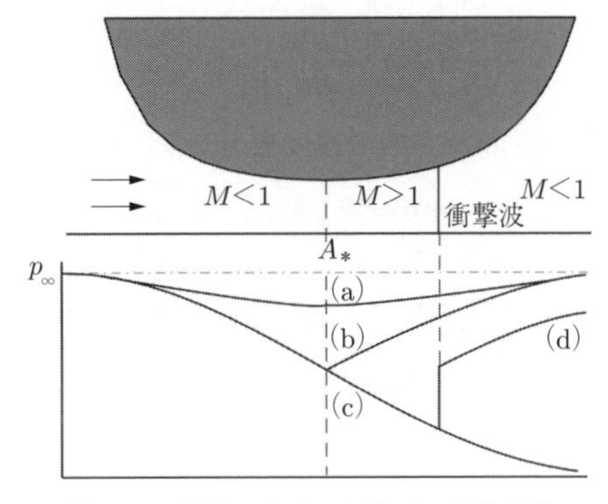


図 3.3　実際のラバール管での圧力変化

これまで理論的な説明をしてきたが，実際にラバール管を作成して実験をした場合，どのようなことが起こるかを想像してみる。説明の圧力変化**図 3.3** では (a)〜(d) の 4 種類のケースを記載した。ケース (a) はただ単純に臨界状態を達成することができず，断面積が減少する区間では加速しているが十分には加速できていない

状況である。それに対して，ケース (b) は臨界状態には到達したがその後超音速流れは作れなかった場合を意味している。ケース (c) はうまく超音速流れが作れた理想的な場合であるが，実際には超音速流れでは衝撃波（shock wave）が発生することが知られている。衝撃波を通過すると，圧力の不連続な回復挙動が現れ，流れは亜音速流れになってしまう（図 3.3(d)）。衝撃波の厚さは気体分子の平均自由行程程度であることから連続体として取り扱う流体力学のレベルでは不連続のように解釈される。このように実際には理論的にうまくいかない場合を考慮する必要がある。

## 3.3　圧縮性ポテンシャル流の定常解の例

ここでは，速度ポテンシャルを解析することなく連続方程式を解いて，容易に得ることができる解を紹介していく。また，後に速度ポテンシャルの方程式を見ていくが，もはや圧縮性流れでは線形性が破綻（たん）するので，非圧縮性の場合のようにこれらの解を単純に利用して新たな解を生み出すことなどはできない。

**〔1〕 2 次元わき出し吸込み流れ**　円柱座標系における定常下でのオイラーの連続方程式は

$$\frac{1}{r}\frac{\partial r\rho u_r}{\partial r}+\frac{1}{r}\frac{\partial \rho u_\theta}{\partial \theta}=0 \tag{3.32}$$

であり，動径方向の速度成分 $u_r$ しかないと仮定すると，$u_r$ の解は

$$u_r=\frac{\rho_0 m}{\rho r}, \quad u_\theta=0 \tag{3.33}$$

となる。ここで，$m$ はわき出し吸込み係数で，$\rho_0$ は基準密度である。正 $m$ ではわき出しを，負では吸込みを表している。この式は当然連続方程式を満足しているが，ポテンシャル流となるためには渦なし条件も満たす必要がある。2 次元流れでは渦度はベクトル量ではなく，次式で与えられるスカラー量となる。

$$\omega=\frac{1}{r}\frac{\partial r u_\theta}{\partial r}-\frac{1}{r}\frac{\partial u_r}{\partial \theta} \tag{3.34}$$

この解は半径方向速度しかなく，$r$ のみに依存しているので $\omega=0$ を満足している。

さらに，臨界状態を基準とするベルヌーイの定理

$$\frac{u_r^2}{2}+\frac{a^2}{\gamma-1}=\frac{(\gamma+1)}{2(\gamma-1)}a_*^2 \tag{3.35}$$

を用い，式 (3.25) と (3.26) から音速，密度，圧力の関連式

$$\left(\frac{a}{a_*}\right)^2 = \left(\frac{\rho}{\rho_*}\right)^{\gamma-1} = \left(\frac{p}{p_*}\right)^{(\gamma-1)/\gamma} \tag{3.36}$$

を利用すると，臨界状態で規格化した音速，密度，圧力，速度，半径のマッハ数依存式は

$$\frac{a}{a_*} = F(M)^{-1/2}, \quad \frac{\rho}{\rho_*} = F(M)^{-1/(\gamma-1)}, \quad \frac{p}{p_*} = F(M)^{-\gamma/(\gamma-1)},$$
$$\frac{u_r}{a_*} = MF(M)^{-1/2}, \quad \frac{r}{r_*} = \frac{1}{M}F(M)^{(\gamma+1)/2(\gamma-1)} \tag{3.37}$$

となる。ここでのマッハ数依存関数 $F(M)$ は式 (3.29) と同一であり，ラバール管の場合と同様である。これらの結果は幾何形状的に半径によって整理したいが，半径比をマッハ数で微分すると

$$\frac{d}{dM}\left(\frac{r}{r_*}\right) = \frac{2}{\gamma+1}\frac{M^2-1}{M^2}F(M)^{\frac{(\gamma+1)}{2(\gamma-1)}-1} \tag{3.38}$$

となり，**図 3.4**(a) のように臨界状態 $M=1$ で極値である最小値をとる結果となっている。そのため，同一の半径において亜音速と超音速流れを区別して結果を見ていく必要がある。空気の場合の結果を図 (b) と (c) に与える。結果が同一であることから，当然，超音速流れのマッハ数極限も同様である。

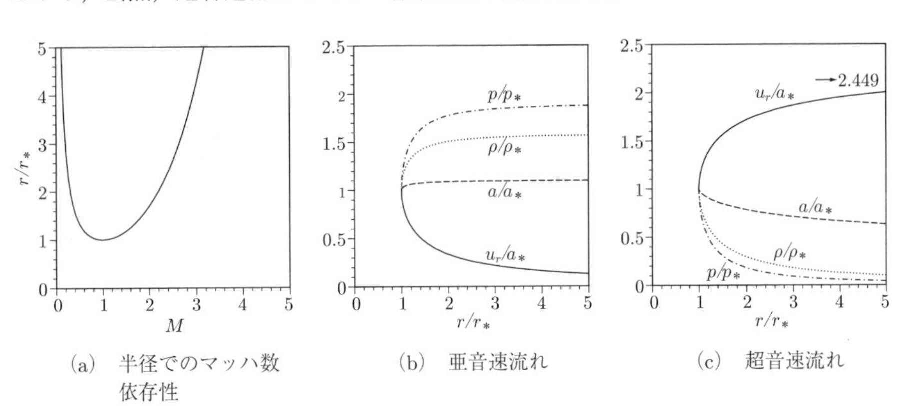


(a) 半径でのマッハ数依存性　(b) 亜音速流れ　(c) 超音速流れ

**図 3.4** 2次元圧縮性わき出し吸込み流れの解

〔**2**〕 **2 次 元 渦**　　2次元わき出し吸込みと同様な連続方程式 (3.32) を満足する単純な解としては，周方向速度のみの

$$u_r = 0, \quad u_\theta = \frac{\kappa}{r} \tag{3.39}$$

がある。この解も渦度導出式 (3.34) に代入すれば渦なし条件を満足しているのでポテンシャル流である。臨界状態を基準としたベルヌーイの定理

$$\frac{u_\theta^2}{2} + \frac{a^2}{\gamma - 1} = \frac{(\gamma + 1)}{2(\gamma - 1)} a_*^2 \tag{3.40}$$

を利用する。速度成分が異なるだけで，基本的にはこれまでの結果と同様である。また，臨界状態での解は

$$u_{\theta *} = a_* = \frac{\kappa}{r_*} \tag{3.41}$$

となることから，半径のマッハ数依存性は次式のようにわき出し吸込みの解とは異なる。

$$\frac{r}{r_*} = \frac{1}{M} F(M)^{1/2} \tag{3.42}$$

この関係式の微分をとると

$$\frac{d}{dM}\left(\frac{r}{r_*}\right) = -\frac{2}{\gamma + 1} \frac{1}{M^2} F(M)^{-1/2} < 0 \tag{3.43}$$

でつねに負値になることから，図 **3.5**(a) のようにマッハ数が増加するにつれて単調減少していく。そのため，わき出し吸込みとは異なり，マッハ数と半径には 1 対 1 の対応が成立するので，$r/r_*$ を用いて $M$ について解くと

$$M = \left\{ \frac{\gamma + 1}{2} \left(\frac{r}{r_*}\right)^2 - \frac{\gamma - 1}{2} \right\}^{-1/2} \tag{3.44}$$

となり，速度，音速，密度，圧力の半径依存式は

$$\frac{u_\theta}{a_*} = \left(\frac{r}{r_*}\right)^{-1}, \quad \frac{a}{a_*} = \left(\frac{\gamma + 1}{2} - \frac{\gamma - 1}{2}\left(\frac{r}{r_*}\right)^{-2}\right)^{1/2},$$

$$\frac{\rho}{\rho_*} = \left(\frac{\gamma + 1}{2} - \frac{\gamma - 1}{2}\left(\frac{r}{r_*}\right)^{-2}\right)^{1/(\gamma - 1)},$$

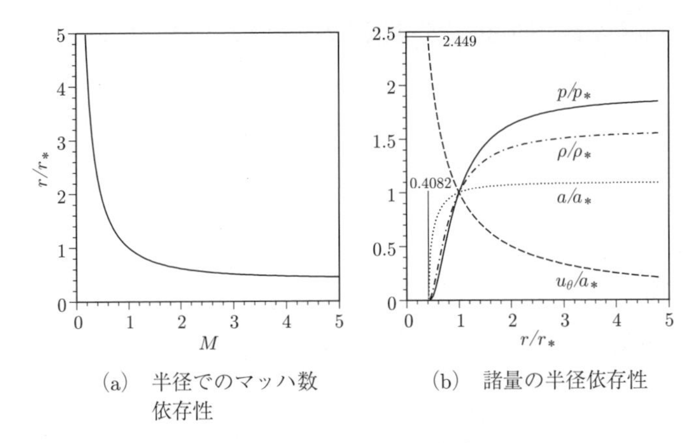


(a) 半径でのマッハ数依存性　(b) 諸量の半径依存性

**図 3.5**　2 次元圧縮性渦の解

$$\frac{p}{p_*} = \left(\frac{\gamma+1}{2} - \frac{\gamma-1}{2}\left(\frac{r}{r_*}\right)^{-2}\right)^{\gamma/(\gamma-1)} \tag{3.45}$$

と求まる。音速，密度，圧力がゼロになる条件は

$$\frac{\gamma+1}{2} - \frac{\gamma-1}{2}\left(\frac{r}{r_*}\right)^{-2} = 0$$

で，この条件を満足する半径比は

$$\frac{r}{r_*} = \sqrt{\frac{\gamma-1}{\gamma+1}} \tag{3.46}$$

である。空気であれば $r/r_* = 0.4082$ となっている。半径依存性は図 3.5(b) のような分布を示す。これ以下の半径の領域では, 非負の圧力などが決まらず, その状態は成立しない。式 (3.45) の速度式からわかるように, この最小半径では臨界音速で規格化した速度は最大値 2.449 となる。この値はわき出し吸込み速度の漸近値と一致している。

〔3〕 **3 次元わき出し吸込み流れ**　3 次元極座標系における定常下でのオイラーの連続方程式は

$$\frac{1}{r^2}\frac{\partial r^2\rho u_r}{\partial r} + \frac{1}{r\sin\theta}\frac{\partial \sin\theta\rho u_\theta}{\partial\theta} + \frac{1}{r\sin\theta}\frac{\partial\rho u_\phi}{\partial\phi} = 0 \tag{3.47}$$

と書ける。二つの方位角 $\theta$ と $\phi$ に依存しない等方性が成立するとき，第 1 項だけが残りその積分から得られる解は

$$u_r = \frac{\rho_0 m}{\rho r^2}, \quad u_\theta = 0, \quad u_\phi = 0 \tag{3.48}$$

となる。この解も半径方向速度成分が原点からの距離に依存しているだけなので3次元のわき出し吸込みを表す解となっている。ここで，$m$ はわき出し吸込みの強度を与える係数である。この解は3次元極座標系での渦度ベクトルの各成分

$$\omega_r=\frac{1}{r\sin\theta}\left(\frac{\partial \sin\theta u_\phi}{\partial\theta}-\frac{\partial u_\theta}{\partial\phi}\right),\quad \omega_\theta=\frac{1}{r\sin\theta}\left(\frac{\partial u_r}{\partial\phi}-\sin\theta\frac{\partial r u_\phi}{\partial r}\right),$$
$$\omega_\phi=\frac{1}{r}\left(\frac{\partial r u_\theta}{\partial r}-\frac{\partial u_r}{\partial\theta}\right), \tag{3.49}$$

に代入するとゼロとなり，渦なし条件を満足している。臨界状態では

$$u_{r*}=a_*=\frac{\rho_0 m}{\rho_* r_*^2} \tag{3.50}$$

となることを考慮し，ベルヌーイの定理を利用すると音速，密度，圧力，速度のマッハ数依存性は2次元わき出し吸込みと同一であるが，解 (3.48) の $r$ 依存性が2次元解の (3.33) とは異なるので，半径比のマッハ数依存性は

$$\frac{r}{r_*}=M^{-1/2}\left(\frac{\gamma-1}{\gamma+1}M^2+\frac{2}{\gamma+1}\right)^{(\gamma+1)/4(\gamma-1)} \tag{3.51}$$

と変化したものが導出される。ただし，この関係式も図 **3.6**(a) のように臨界状態 $M=1$ で極値を持ち，同一の半径で異なる二つのマッハ数の状態が考慮されるので，亜音速と超音速流れに分けて評価したものが図 3.6(b), (c) である。$r/r_*=1$ 近傍での振舞いが2次元に比べてかなり急な変化を示すものとなっているが，遠方では同様になってくる。

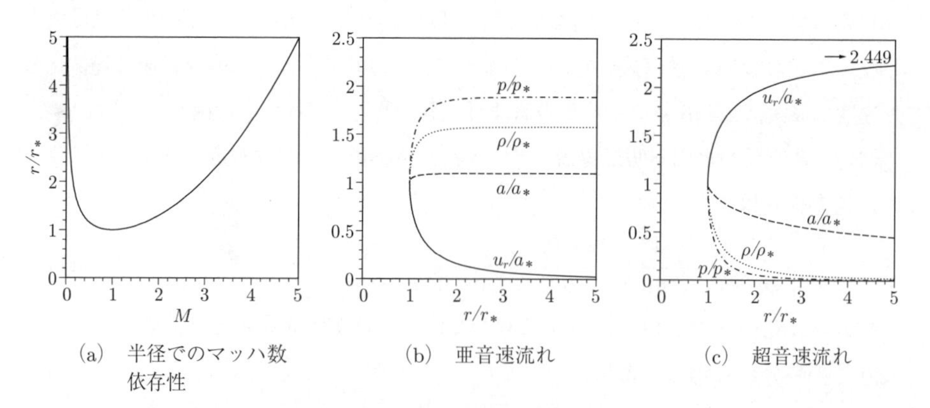


(a)　半径でのマッハ数依存性　　(b)　亜音速流れ　　(c)　超音速流れ

**図 3.6**　3次元圧縮性わき出し吸込み流れの解

## 3.4 圧縮性ポテンシャル流の速度ポテンシャル方程式

渦なし条件が適用できるポテンシャル流では非圧縮性の場合，速度ポテンシャルの方程式であるラプラス方程式を解くことが最重要課題である。圧縮性ポテンシャル流においても速度ポテンシャルの方程式が重要となるので，ここではその方程式を導出していく。

連続および運動方程式はデカルト直交座標系において

$$\frac{\partial \rho}{\partial t} + \rho \nabla \cdot \boldsymbol{u} + \boldsymbol{u} \cdot \nabla \rho = 0 \tag{3.52}$$

$$\frac{\partial \boldsymbol{u}}{\partial t} + (\boldsymbol{u} \cdot \nabla)\,\boldsymbol{u} = -\frac{1}{\rho} \nabla p \tag{3.53}$$

と書ける。ここでバロトロピー流体 $p = p(\rho)$ を仮定すると運動方程式 (3.53) 中の圧力勾配項はつぎのように密度のみの表現に書き換えることができる。

$$\nabla p\,(\rho) = \frac{\partial p}{\partial \rho} \nabla \rho = a^2 \nabla \rho \tag{3.54}$$

ここでは，音速 $a$ を導入している。よって，運動方程式は

$$\frac{\partial \boldsymbol{u}}{\partial t} + (\boldsymbol{u} \cdot \nabla)\,\boldsymbol{u} = -\frac{a^2}{\rho} \nabla \rho \tag{3.55}$$

と書き換えられる。この方程式に速度 $\boldsymbol{u}$ をかけて整理すると，運動エネルギーの方程式

$$\frac{\partial}{\partial t}\left(\frac{1}{2}\left|\boldsymbol{u}\right|^2\right) + (\boldsymbol{u} \cdot \nabla)\left(\frac{1}{2}\left|\boldsymbol{u}\right|^2\right) = -\frac{a^2}{\rho} \boldsymbol{u} \cdot \nabla \rho \tag{3.56}$$

となり，右辺の $\boldsymbol{u} \cdot \nabla \rho$ の部分は連続方程式にも存在するので，それを利用して変換すると運動エネルギー方程式はつぎのように導出される。

$$\frac{\partial}{\partial t}\left(\frac{1}{2}\left|\boldsymbol{u}\right|^2\right) + (\boldsymbol{u} \cdot \nabla)\left(\frac{1}{2}\left|\boldsymbol{u}\right|^2\right) - \frac{a^2}{\rho}\frac{\partial \rho}{\partial t} - a^2 \nabla \cdot \boldsymbol{u} = 0 \tag{3.57}$$

圧縮性流れの場合も渦なし条件は運動方程式の代用としてベルヌーイの定理を利用することが可能である。そこで，拡張されたベルヌーイの定理は

$$\frac{\partial \Phi}{\partial t} + \frac{1}{2}\left|\boldsymbol{u}\right|^2 + P\,(\rho) = F\,(t) \tag{3.58}$$

であり，前述の運動エネルギー方程式 (3.57) と次元をあわせるように時間微分を適用すると

$$\frac{\partial^2 \Phi}{\partial t^2}+\frac{\partial}{\partial t}\left(\frac{1}{2}|\boldsymbol{u}|^2\right)+\frac{\partial P(p)}{\partial t}=\frac{\partial F(t)}{\partial t} \tag{3.59}$$

となり，圧力関数 $P$ の時間微分量は圧力および密度を介在させてつぎのように変形する。

$$\frac{\partial P(p)}{\partial t}=\frac{\partial P(p)}{\partial p}\frac{\partial p(\rho)}{\partial t}=\frac{1}{\rho}\frac{\partial p(\rho)}{\partial t}=\frac{1}{\rho}\frac{\partial p}{\partial \rho}\frac{\partial \rho}{\partial t}=\frac{a^2}{\rho}\frac{\partial \rho}{\partial t} \tag{3.60}$$

このように音速と密度のみを用いた式にしてベルヌーイの定理からの派生方程式に代入すると

$$\frac{\partial^2 \Phi}{\partial t^2}+\frac{\partial}{\partial t}\left(\frac{1}{2}|\boldsymbol{u}|^2\right)+\frac{a^2}{\rho}\frac{\partial \rho}{\partial t}=\frac{\partial F(t)}{\partial t} \tag{3.61}$$

となり，式 (3.57) と (3.61) を加えると

$$\frac{\partial^2 \Phi}{\partial t^2}+\frac{\partial}{\partial t}\left(|\boldsymbol{u}|^2\right)+\boldsymbol{u}\cdot\nabla\left(\frac{1}{2}|\boldsymbol{u}|^2\right)-a^2\nabla\cdot\boldsymbol{u}=\frac{\partial F(t)}{\partial t} \tag{3.62}$$

で，密度の陽的な寄与を消去できる。渦なし条件である速度方程式 $\boldsymbol{u}=\nabla\Phi$ を代入し整理すると，圧縮性速度ポテンシャル方程式は

$$\Delta\Phi=\frac{1}{a^2}\left\{\frac{\partial^2 \Phi}{\partial t^2}+\frac{\partial|\nabla\Phi|^2}{\partial t}+\frac{1}{2}(\nabla\Phi)\cdot\nabla|\nabla\Phi|^2-\frac{\partial F(t)}{\partial t}\right\} \tag{3.63}$$

となる。音速が無限大の極限では右辺の寄与がゼロとなり，非圧縮性ポテンシャル流のラプラス方程式に移行している。この方程式は有限な音速下では速度ポテンシャル $\Phi$ に関しての非線形微分方程式となっており，解析解は得られていない。

圧縮性ポテンシャル流ではこの速度ポテンシャル方程式とベルヌーイの定理 (3.58) を組み合わせて解くが，断熱変化を仮定し圧力関数に音速を導入した

$$\frac{\partial \Phi}{\partial t}+\frac{1}{2}|\nabla\Phi|^2+\frac{a^2}{\gamma-1}=F(t) \tag{3.64}$$

を利用する。速度は前述の速度方程式 (3.5) から，密度および圧力は

$$\frac{d\rho}{da}=\frac{2}{\gamma-1}\frac{\rho}{a},\quad p=\rho^{\gamma}\exp\left(\frac{S-S_0}{C_V}\right) \tag{3.65}$$

で解析する。

さらに，速度ポテンシャル方程式を理論的に解析するため，定常性を仮定すると

$$\Delta\Phi = \frac{1}{2a^2}(\nabla\Phi)\cdot\nabla|\nabla\Phi|^2 \tag{3.66}$$

になり，成分表記により整理すると

$$\frac{\partial^2\Phi}{\partial x^2}+\frac{\partial^2\Phi}{\partial y^2}+\frac{\partial^2\Phi}{\partial z^2}=\frac{1}{a^2}\left\{\left(\frac{\partial\Phi}{\partial x}\right)^2\frac{\partial^2\Phi}{\partial x^2}+\left(\frac{\partial\Phi}{\partial y}\right)^2\frac{\partial^2\Phi}{\partial y^2}+\left(\frac{\partial\Phi}{\partial z}\right)^2\frac{\partial^2\Phi}{\partial z^2}\right.$$
$$\left.+2\frac{\partial\Phi}{\partial x}\frac{\partial\Phi}{\partial y}\frac{\partial^2\Phi}{\partial x\partial y}+2\frac{\partial\Phi}{\partial y}\frac{\partial\Phi}{\partial z}\frac{\partial^2\Phi}{\partial y\partial z}+2\frac{\partial\Phi}{\partial z}\frac{\partial\Phi}{\partial x}\frac{\partial^2\Phi}{\partial z\partial x}\right\} \tag{3.67}$$

と書け，2 階微分以外の $\Phi$ に関して速度成分への置き換えを実施すると

$$\left(1-\frac{u^2}{a^2}\right)\frac{\partial^2\Phi}{\partial x^2}+\left(1-\frac{v^2}{a^2}\right)\frac{\partial^2\Phi}{\partial y^2}+\left(1-\frac{w^2}{a^2}\right)\frac{\partial^2\Phi}{\partial z^2}$$
$$-2\frac{uv}{a^2}\frac{\partial^2\Phi}{\partial x\partial y}-2\frac{vw}{a^2}\frac{\partial^2\Phi}{\partial y\partial z}-2\frac{wu}{a^2}\frac{\partial^2\Phi}{\partial z\partial x}=0 \tag{3.68}$$

となる。2 次元流れとすると，$z$ 微分はすべて消去され

$$\left(1-\frac{u^2}{a^2}\right)\frac{\partial^2\Phi}{\partial x^2}-2\frac{uv}{a^2}\frac{\partial^2\Phi}{\partial x\partial y}+\left(1-\frac{v^2}{a^2}\right)\frac{\partial^2\Phi}{\partial y^2}=0 \tag{3.69}$$

となり，付録の A.1.4 項で説明してあるように偏微分方程式の分類を実行するため，判別式 $D/4$ をつぎのように求める。

$$\frac{D}{4}=\frac{u^2v^2}{a^4}-\left(1-\frac{u^2}{a^2}\right)\left(1-\frac{v^2}{a^2}\right)=\frac{u^2+v^2}{a^2}-1=M^2-1 \tag{3.70}$$

この判別式が負値になる亜音速流れ（$M<1$）では速度ポテンシャル方程式は楕円型偏微分方程式に分類される。これは非圧縮性ポテンシャル流のラプラス方程式と同型になる。$D/4=0$ では放物型偏微分方程式になるが，音速が速度に一致するため特に問題にならない。最後に判別式が正である超音速流れ（$M>1$）では双曲型偏微分方程式になり，波動方程式タイプの性質を有するように変化する。超音速流れでは**図 3.7** のように，流れ場の 1 点で発生させた擾（じょう）乱は亜音速流れの場合とは異なり限られた領域に伝播する。さらに，流れが圧縮される領域には圧力の不連続を誘発する衝撃波が発生することがある。また，一般の流れ場は仮に超音速領域が存在してもそれだけという状況は稀（まれ）で，どこかに亜音速領域があり混在している。この流れを遷音速流れ（transonic flow）といい，非常に複雑な現象であるといえる。

この方程式 (3.68) から解析解が得られればよいが非常に困難である。その解析手法として，次節以降でホドグラフ法，$M^2$ 展開法，薄翼理論について解説する。

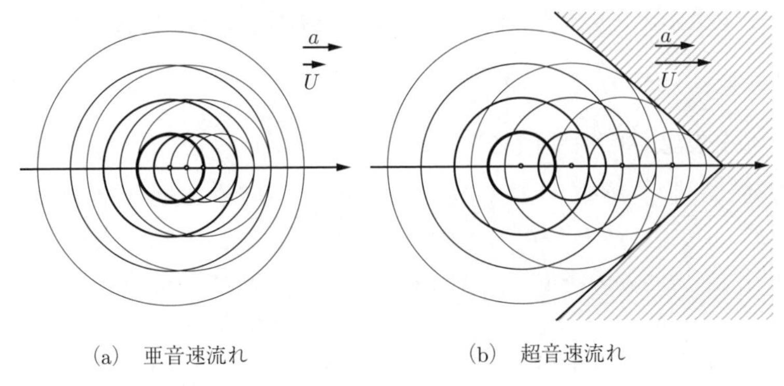


(a)　亜音速流れ　　　　(b)　超音速流れ

**図 3.7**　情報の伝達（斜線域は情報未到達領域）

## 3.5　ホドグラフ法

ホドグラフ法（hodograph method）は2次元定常圧縮性ポテンシャル流の厳密な解法である。だが，この方法はかなり複雑であり，解析解が得られる場合も限定されている。しかし，流体力学の根幹である非線形偏微分方程式の解析を考えるうえでは非常に有用なものであると思うので，その要点のみ紹介していく。2次元圧縮性ポテンシャル流で考えると，速度 $u$ および $v$ に関する非線形偏微分方程式は速度を従属変数としていることに起因していると考え，別の変数へと変換することで非線形性を避けていく。速度は速度ポテンシャルの勾配で導出されるので速度ポテンシャルの全微分量は

$$d\Phi = udx + vdy \tag{3.71}$$

と書ける。空間変数 $(x, y)$ と速度変数 $(u, v)$ 間での変数変換を考えるため，この式を

$$d\Phi = udx + vdy = d(xu) + d(yv) - xdu - ydv \tag{3.72}$$

と変形する。この関係式から

$$d(-\Phi + xu + yv) = xdu + ydv \tag{3.73}$$

となり，新たなポテンシャル関数 $\Upsilon$ を

$$\Upsilon = -\Phi + xu + yv \tag{3.74}$$

で定義すると，この全微分式は

$$d\Upsilon = xdu + ydv \tag{3.75}$$

となり，$u$ と $v$ を変数として，その微分量が $x$ と $y$ をつぎのように与える。

$$x = \frac{\partial \Upsilon}{\partial u}, \quad y = \frac{\partial \Upsilon}{\partial v} \tag{3.76}$$

これにより従属変数と独立変数を逆転することができる。ここで，速度に関して極形式

$$u = q\cos\theta, \quad v = q\sin\theta \tag{3.77}$$

を導入して，独立変数を速度の大きさ $q$ とその方位角 $\theta$ を選ぶ。この場合，$x$ と $y$ の導出式は

$$x = \cos\theta\frac{\partial \Upsilon}{\partial q} - \frac{\sin\theta}{q}\frac{\partial \Upsilon}{\partial \theta}, \quad y = \sin\theta\frac{\partial \Upsilon}{\partial q} + \frac{\cos\theta}{q}\frac{\partial \Upsilon}{\partial \theta} \tag{3.78}$$

となる。変数セット $(q, \theta)$ と $(x, y)$ 間の変換は

$$\begin{pmatrix} dx \\ dy \end{pmatrix} = \boldsymbol{A}\begin{pmatrix} dq \\ d\theta \end{pmatrix} \tag{3.79}$$

で書け，行列 $\boldsymbol{A}$ は

$$\boldsymbol{A} = \begin{pmatrix} c\dfrac{\partial^2 \Upsilon}{\partial q^2} + \dfrac{s}{q^2}\dfrac{\partial \Upsilon}{\partial \theta} - \dfrac{s}{q}\dfrac{\partial^2 \Upsilon}{\partial q \partial \theta} & -s\dfrac{\partial \Upsilon}{\partial q} + c\dfrac{\partial^2 \Upsilon}{\partial q \partial \theta} - \dfrac{c}{q}\dfrac{\partial \Upsilon}{\partial \theta} - \dfrac{s}{q}\dfrac{\partial^2 \Upsilon}{\partial \theta^2} \\ s\dfrac{\partial^2 \Upsilon}{\partial q^2} - \dfrac{c}{q^2}\dfrac{\partial \Upsilon}{\partial \theta} + \dfrac{c}{q}\dfrac{\partial^2 \Upsilon}{\partial q \partial \theta} & c\dfrac{\partial \Upsilon}{\partial q} + s\dfrac{\partial^2 \Upsilon}{\partial q \partial \theta} - \dfrac{s}{q}\dfrac{\partial \Upsilon}{\partial \theta} + \dfrac{c}{q}\dfrac{\partial^2 \Upsilon}{\partial \theta^2} \end{pmatrix} \tag{3.80}$$

である。ここで，$c = \cos\theta$，$s = \sin\theta$ である。この変換がつねに実行できる条件としてはこの変換行列に逆行列が存在することが必要であり，行列式

$$\begin{aligned} \det|\boldsymbol{A}| = &\frac{\partial \Upsilon}{\partial q}\frac{\partial^2 \Upsilon}{\partial q^2} - \frac{1}{q}\left(\frac{\partial^2 \Upsilon}{\partial q \partial \theta}\right)^2 - \frac{1}{q^3}\left(\frac{\partial \Upsilon}{\partial \theta}\right)^2 \\ &+ \frac{2}{q^2}\frac{\partial \Upsilon}{\partial \theta}\frac{\partial^2 \Upsilon}{\partial q \partial \theta} + \frac{1}{q}\frac{\partial^2 \Upsilon}{\partial q^2}\frac{\partial^2 \Upsilon}{\partial \theta^2} \end{aligned} \tag{3.81}$$

が非ゼロであるという条件が課せられる。この変数変換の逆変換を利用して連続方

程式 (3.52) を変換するとつぎのように書き換えることができる。

$$0=\frac{\partial \rho u}{\partial x}+\frac{\partial \rho v}{\partial y}=\frac{1}{\det|\boldsymbol{A}|}\left\{\left(\frac{\partial \Upsilon}{\partial q}+\frac{1}{q}\frac{\partial^2 \Upsilon}{\partial \theta^2}\right)\frac{\partial \rho q}{\partial q}+\rho q\frac{\partial^2 \Upsilon}{\partial q^2}\right.$$
$$\left.+\left(\frac{1}{q}\frac{\partial \Upsilon}{\partial \theta}-\frac{\partial^2 \Upsilon}{\partial q \partial \theta}\right)\frac{\partial \rho}{\partial \theta}\right\} \tag{3.82}$$

となる。つぎにベルヌーイの定理を，音速 $a$ を用いて臨界状態を参照値（音速 $a_*$）として書くと

$$\frac{q^2}{2}+\frac{a^2}{\gamma-1}=\frac{(\gamma+1)}{2(\gamma-1)}a_*^2 \tag{3.83}$$

となり，断熱変化を仮定した気体の状態方程式からの音速と密度の関連式 (3.9) を用いて，密度 $\rho$ を解くと

$$\rho=\left(\frac{(\gamma+1)}{2\gamma}a_*^2-\frac{(\gamma-1)}{2\gamma}q^2\right)^{1/(\gamma-1)}\exp\left(-\frac{S-S_0}{C_V(\gamma-1)}\right) \tag{3.84}$$

となる。この式から自明なように密度は速度の大きさには依存するが，方位角 $\theta$ には依存していないので

$$\frac{\partial \rho}{\partial \theta}=0 \tag{3.85}$$

であることから，派生した連続方程式 (3.82) の最終項である第 3 項はゼロとなる。さらに第 1 項と第 2 項についても式 (3.84) の密度の表現を導入し，整理すると新たなポテンシャル関数 $\Upsilon$ の方程式は

$$q\frac{\partial \Upsilon}{\partial q}+\left\{1-\frac{(\gamma-1)}{(\gamma+1)}\frac{q^2}{a_*^2}\right\}\left(1-\frac{q^2}{a_*^2}\right)^{-1}q^2\frac{\partial^2 \Upsilon}{\partial q^2}+\frac{\partial^2 \Upsilon}{\partial \theta^2}=0 \tag{3.86}$$

と導出される。この方程式は $\Upsilon$ に関して線形偏微分方程式となっているので，解析は容易になっている。しかし，この方程式の境界条件を設定することは非常に複雑であり，汎用的な利用を困難にしている。ただし，マッハ数による制限もなく，より簡便な利用方法が開発されれば非常に有効になるのではと著者は期待している。

## 3.6 $M^2$ 展 開 法

物理学の分野では微分方程式の近似解法として，古典天文学問題で発達してきた摂動法は基礎的な解析手法であり，$M^2$ 展開法（$M^2$ expansion method）は今井に

より亜音速条件下において圧縮性効果を摂動的に取り扱って近似解を導出する方法である[2)]。基本的には圧縮性ポテンシャルの支配方程式 (3.67) の右辺を摂動展開して解いていく方法であるが，密度と音速も同時に摂動展開解析を施さねばならない。

そこで，本節では 2 次元圧縮性ポテンシャル流を対象に $M^2$ 展開法について説明する。複素速度ポテンシャルは速度ポテンシャルと流れ関数により

$$f(z,z^*) = \Phi(z,z^*) + i\Psi(z,z^*) \tag{3.87}$$

で定義される。ここで，非圧縮性ポテンシャル流であれば複素変数 $z$ のみで複素速度ポテンシャルは書くことができるが，圧縮性効果を考慮して 2 次元変数 $(x,y)$ を単純に 2 変数である複素変数 $z$ とその複素共役の数 $z^*$ で記述できると考える。また，定常性と 2 次元性の仮定した連続方程式は

$$\frac{\partial \rho u}{\partial x} + \frac{\partial \rho v}{\partial y} = 0 \tag{3.88}$$

と書け，これを満足する圧縮性流れにおける流れ関数は密度変化が可能であるため

$$u = \frac{\rho_\infty}{\rho}\frac{\partial \Psi}{\partial y}, \quad v = -\frac{\rho_\infty}{\rho}\frac{\partial \Psi}{\partial x} \tag{3.89}$$

と定義される。ここで $\rho_\infty$ は無限遠方における参照圧力とする。また，変数間の関係式は行列により

$$\begin{pmatrix} z \\ z^* \end{pmatrix} = \begin{pmatrix} 1 & i \\ 1 & -i \end{pmatrix}\begin{pmatrix} x \\ y \end{pmatrix}, \quad \begin{pmatrix} x \\ y \end{pmatrix} = \frac{i}{2}\begin{pmatrix} -i & -i \\ -1 & 1 \end{pmatrix}\begin{pmatrix} z \\ z^* \end{pmatrix}$$

で与えられる。この変換式を考慮すると複素変数とデカルト座標系変数の微分変換は

$$\frac{\partial}{\partial z} = \frac{1}{2}\frac{\partial}{\partial x} - \frac{i}{2}\frac{\partial}{\partial y}, \quad \frac{\partial}{\partial z^*} = \frac{1}{2}\frac{\partial}{\partial x} + \frac{i}{2}\frac{\partial}{\partial y} \tag{3.90}$$

で与えられる。当然この関係式から，$\partial z^*/\partial z = \partial z/\partial z^* = 0$ であり，複素変数 $z$ とその共役複素変数 $z^*$ はたがいに独立として取り扱えることは自明である。また，複素速度ポテンシャルの微分は

$$\frac{\partial f(z,z^*)}{\partial z} = \frac{\partial \Phi(z,z^*)}{\partial z} + i\frac{\partial \Psi(z,z^*)}{\partial z} \tag{3.91}$$

$$\frac{\partial f(z,z^*)}{\partial z^*} = \frac{\partial \Phi(z,z^*)}{\partial z^*} + i\frac{\partial \Psi(z,z^*)}{\partial z^*} \tag{3.92}$$

で構成されるが，前述の微分変換（式 (3.90)）を考慮すると速度ポテンシャルと流れ関数の微分はつぎのように与えられる。

$$\frac{\partial \Phi (z, z^*)}{\partial z} = \frac{1}{2}\frac{\partial \Phi}{\partial x} - \frac{i}{2}\frac{\partial \Phi}{\partial y} = \frac{1}{2}(u - iv) \tag{3.93}$$

$$\frac{\partial \Phi (z, z^*)}{\partial z^*} = \frac{1}{2}\frac{\partial \Phi}{\partial x} + \frac{i}{2}\frac{\partial \Phi}{\partial y} = \frac{1}{2}(u + iv) \tag{3.94}$$

$$i\frac{\partial \Psi (z, z^*)}{\partial z} = i\frac{1}{2}\frac{\partial \Psi}{\partial x} + \frac{1}{2}\frac{\partial \Psi}{\partial y} = \frac{1}{2}\frac{\rho}{\rho_\infty}(u - iv) \tag{3.95}$$

$$-i\frac{\partial \Psi (z, z^*)}{\partial z^*} = -i\frac{1}{2}\frac{\partial \Psi}{\partial x} + \frac{1}{2}\frac{\partial \Psi}{\partial y} = \frac{1}{2}\frac{\rho}{\rho_\infty}(u + iv) \tag{3.96}$$

これらの結果を複素速度ポテンシャルの微分 (3.91) と (3.92) に導入し

$$\frac{\partial f (z, z^*)}{\partial z} = \frac{1}{2}\left(1 + \frac{\rho}{\rho_\infty}\right)(u - iv) = \frac{1}{2}\left(1 + \frac{\rho}{\rho_\infty}\right)w \tag{3.97}$$

$$\frac{\partial f (z, z^*)}{\partial z^*} = \frac{1}{2}\left(1 - \frac{\rho}{\rho_\infty}\right)(u + iv) = \frac{1}{2}\left(1 - \frac{\rho}{\rho_\infty}\right)w^* \tag{3.98}$$

が得られる。ここで共役複素速度は $w^* = u + iv$ である。

つぎに，速度の大きさを考慮すると

$$q^2 = u^2 + v^2 = 4\frac{\partial \Phi (z, z^*)}{\partial z}\frac{\partial \Phi (z, z^*)}{\partial z^*} \tag{3.99}$$

で与えられることがわかる。無限遠方を参照点（下付き添字が $\infty$）と考えると音速と密度の関係式は比熱比 $\gamma$ を用いて

$$a = a_\infty \left(\frac{\rho}{\rho_\infty}\right)^{(\gamma-1)/2} \tag{3.100}$$

と書ける。圧縮性流れのベルヌーイの定理を考慮すると

$$\frac{1}{2}q^2 + \frac{a^2}{\gamma - 1} = \frac{1}{2}U_\infty^2 + \frac{a_\infty^2}{\gamma - 1} \tag{3.101}$$

となり，ここから音速の比は

$$\frac{a^2}{a_\infty^2} = 1 - \frac{\gamma - 1}{2}\frac{q^2}{a_\infty^2} + \frac{\gamma - 1}{2}\frac{U_\infty^2}{a_\infty^2} \tag{3.102}$$

から，無限遠方でのマッハ数 $M_\infty = U_\infty / a_\infty$ を導入して

$$\frac{a}{a_\infty} = \sqrt{1 - \frac{\gamma - 1}{2} M_\infty^2 \left( \frac{q^2}{U_\infty^2} - 1 \right)} \tag{3.103}$$

と求まる。さらに密度比は

$$\frac{\rho}{\rho_\infty} = \left( 1 - \frac{\gamma - 1}{2} M_\infty^2 \left( \frac{q^2}{U_\infty^2} - 1 \right) \right)^{1/(\gamma-1)} \tag{3.104}$$

になる。

$M^2$ 展開法で複素速度ポテンシャルおよび速度ポテンシャルに対して摂動展開を導入し，最大 2 次（マッハ数に関しては 4 乗）までの表現は

$$f = f_0 + M_\infty^2 f_1 + M_\infty^4 f_2 + \cdots \tag{3.105}$$

$$\Phi = \Phi_0 + M_\infty^2 \Phi_1 + M_\infty^4 \Phi_2 + \cdots \tag{3.106}$$

である。当然解析する最高次まで展開表現を示す必要がある。速度の大きさは式 (3.99) から

$$q^2 = q_0^2 + M_\infty^2 q_1^2 + M_\infty^4 q_2^2 + \cdots \tag{3.107}$$

とすると，各オーダーでの速度の大きさは

$$q_0^2 = 4 \frac{\partial \Phi_0}{\partial z} \frac{\partial \Phi_0}{\partial z^*} \tag{3.108}$$

$$q_1^2 = 4 \left( \frac{\partial \Phi_1}{\partial z} \frac{\partial \Phi_0}{\partial z^*} + \frac{\partial \Phi_0}{\partial z} \frac{\partial \Phi_1}{\partial z^*} \right) \tag{3.109}$$

$$q_2^2 = 4 \left( \frac{\partial \Phi_2}{\partial z} \frac{\partial \Phi_0}{\partial z^*} + \frac{\partial \Phi_1}{\partial z} \frac{\partial \Phi_1}{\partial z^*} + \frac{\partial \Phi_0}{\partial z} \frac{\partial \Phi_2}{\partial z^*} \right) \tag{3.110}$$

となる。無限級数展開公式

$$(1 + x)^a = 1 + ax + \frac{1}{2!} a (a - 1) x^2 + \frac{1}{3!} a (a - 1)(a - 2) x^3 + \cdots \tag{3.111}$$

を用いて，密度比の式 (3.104) はつぎのように展開される。

$$\frac{\rho}{\rho_\infty} = 1 - \frac{1}{2} M_\infty^2 \left( \frac{q^2}{U_\infty^2} - 1 \right) + \frac{1}{4} h_1 M_\infty^4 \left( \frac{q^2}{U_\infty^2} - 1 \right)^2 + \cdots \tag{3.112}$$

ここで，比熱比に関する係数 $h_1$ は $h_1 = 1 - \gamma/2$ で与えられる。この係数は 2 次以上の高次解析ではさらに $h_2$ などが出現する。ここで，速度の大きさに対して式 (3.107) の展開を代入して最大 $M^4$ まで考慮すると

$$\frac{\rho}{\rho_\infty} = 1 - R_1 M_\infty^2 - R_2 M_\infty^4 + \cdots \tag{3.113}$$

となり，各係数 $R$ は

$$R_1 = \frac{1}{2}\left(\frac{q_0^2}{U_\infty^2} - 1\right), \quad R_2 = \frac{1}{2}\frac{q_1^2}{U_\infty^2} - \frac{h_1}{4}\left(\frac{q_0^2}{U_\infty^2} - 1\right)^2 \tag{3.114}$$

と求まる。以上により複素速度ポテンシャル，速度ポテンシャル，密度比の摂動展開が完了できた。これらの関係式を複素速度ポテンシャルの共役複素変数微分の式 (3.98) から最終的な解析すべき方程式を導出すると

$$\begin{aligned}\frac{\partial f}{\partial z^*} &= \left(1 - \frac{\rho}{\rho_\infty}\right)\frac{\partial \Phi}{\partial z^*} = \left(R_1 M_\infty^2 + R_2 M_\infty^4 + \cdots\right)\left(\frac{\partial \Phi_0}{\partial z^*} + M_\infty^2 \frac{\partial \Phi_1}{\partial z^*} + \cdots\right) \\ &= 0 + M_\infty^2 R_1 \frac{\partial \Phi_0}{\partial z^*} + M_\infty^4 \left(R_2 \frac{\partial \Phi_0}{\partial z^*} + R_1 \frac{\partial \Phi_1}{\partial z^*}\right) + \cdots\end{aligned} \tag{3.115}$$

となり，各オーダーの摂動方程式は

$$\frac{\partial f_0}{\partial z^*} = 0 \tag{3.116}$$

$$\frac{\partial f_1}{\partial z^*} = R_1 \frac{\partial \Phi_0}{\partial z^*} \tag{3.117}$$

$$\frac{\partial f_2}{\partial z^*} = R_2 \frac{\partial \Phi_0}{\partial z^*} + R_1 \frac{\partial \Phi_1}{\partial z^*} \tag{3.118}$$

と導出される。0 次の式 (3.116) は 0 次の複素速度ポテンシャルが複素数 $z$ にのみ依存することを意味しており，非圧縮性の 2 次元ポテンシャル流の速度ポテンシャルとなる。以上により，各オーダーの摂動方程式系を非圧縮性ポテンシャル流の解析解を最低次の 0 次の解として利用して，順々に高次の解を解析することで近似解が得られる。

実際に，円柱周りの圧縮性流れの解析を例として与える。0 次の複素速度ポテンシャルは

$$f_0(z) = U_\infty z + \frac{U_\infty R^2}{z} \tag{3.119}$$

となる。ここで $R$ は円柱半径である。この解は複素関数論解析から導出されており，当然のことであるが，円柱表面上と無限遠方の境界条件を満足している。前者は $zz^* = R^2$ において，流れ関数が一定値（ここではゼロ）をとっていることで確認できる。

$$\mathrm{Im}\left(U_\infty z + \frac{U_\infty R^2}{z}\right) = \mathrm{Im}\left(U_\infty z + \frac{U_\infty R^2}{zz^*}z^*\right)$$
$$= U_\infty \mathrm{Im}\left(z + z^*\right) = 0 \tag{3.120}$$

一方，無限遠方では複素速度ポテンシャルは明らかに一様流の解になっていることから境界条件を満足している。0 次の速度ポテンシャルと流れ関数の結果は

$$\Phi_0\left(r,\theta\right) = U_\infty r\cos\theta + \frac{U_\infty R^2}{r}\cos\theta \tag{3.121}$$

$$\Psi_0\left(r,\theta\right) = U_\infty r\sin\theta - \frac{U_\infty R^2}{r}\sin\theta \tag{3.122}$$

となる。0 次解析では，密度 $\rho_0$ は一定値 $\rho_\infty$ である。

1 次の摂動方程式 (3.117) は $R_1$ と 0 次の速度ポテンシャル $\Phi_0$ の複素共役微分を見積もらねばならない。0 次の複素速度ポテンシャルの実部をとることで 0 次の速度ポテンシャルの解は

$$\Phi_0\left(z,z^*\right) = U_\infty \mathrm{Re}z + U_\infty R^2 \mathrm{Re}\frac{1}{z} = \frac{U_\infty}{2}\left(z + z^*\right) + \frac{U_\infty R^2}{2}\frac{z + z^*}{zz^*} \tag{3.123}$$

となる。その微分量は

$$\frac{\partial \Phi_0}{\partial z} = \frac{U_\infty}{2}\left(1 - \frac{R^2}{z^2}\right), \quad \frac{\partial \Phi_0}{\partial z^*} = \frac{U_\infty}{2}\left(1 - \frac{R^2}{z^{*2}}\right) \tag{3.124}$$

となる。また 0 次の速度の大きさの 2 乗量 (3.108) は

$$q_0^2 = U_\infty^2\left(1 - \frac{R^2}{z^2}\right)\left(1 - \frac{R^2}{z^{*2}}\right) = U_\infty^2\left(1 - \frac{R^2}{z^2} - \frac{R^2}{z^{*2}} + \frac{R^4}{z^2 z^{*2}}\right) \tag{3.125}$$

であり，密度比の 1 次項の係数 (3.114) は

$$R_1 = \frac{1}{2}\left(\frac{q_0^2}{U_\infty^2} - 1\right) = \frac{1}{2}\left(-\frac{R^2}{z^2} - \frac{R^2}{z^{*2}} + \frac{R^4}{z^2 z^{*2}}\right) \tag{3.126}$$

となる。摂動方程式 (3.117) を $z^*$ に関して積分することで，1 次の複素速度ポテンシャルは

$$f_1\left(z,z^*\right) = \int dz^* R_1 \frac{\partial \Phi_0}{\partial z^*} + g_1\left(z\right)$$
$$= \frac{U_\infty}{4}\left(-\frac{R^2 z^*}{z^2} + \frac{R^2}{z^*} - \frac{2R^4}{z^2 z^*} - \frac{R^4}{3z^{*3}} + \frac{R^6}{3z^2 z^{*3}}\right) + g_1\left(z\right) \tag{3.127}$$

となる。ここで $g_1$ は複素変数 $z$ のみに依存する不定関数で境界条件により決定すべきものである。円柱表面上 $zz^* = R^2$ での境界条件は複素速度ポテンシャルの虚部がゼロになることから

$$\begin{aligned}\mathrm{Im}g_1(z) &= -\mathrm{Im}\frac{U_\infty}{4}\left(-\frac{R^2z^*}{z^2}+\frac{R^2}{z^*}-\frac{2R^4}{z^2z^*}-\frac{R^4}{3z^{*3}}+\frac{R^6}{3z^2z^{*3}}\right)\\ &= -\frac{U_\infty}{4}\mathrm{Im}\left(-\frac{2R^2}{z}+\frac{4R^2}{3z^*}-\frac{R^4}{z^3}-\frac{R^4}{3z^{*3}}\right)\end{aligned} \tag{3.128}$$

となり，複素数および共役複素数の虚部の関係式 $\mathrm{Im}z^m = -\mathrm{Im}z^{*m} = \mathrm{Im}(-z^{*m})$ を考慮すると式 (3.128) は

$$\mathrm{Im}\frac{U_\infty}{4}\left(\frac{2R^2}{z}+\frac{4R^2}{3z}+\frac{R^4}{z^3}-\frac{R^4}{3z^3}\right) = \mathrm{Im}\frac{U_\infty}{6}\left(\frac{5R^2}{z}+\frac{R^4}{z^3}\right) \tag{3.129}$$

であり，不定関数は

$$g_1(z) = \frac{U_\infty}{6}\left(\frac{5R^2}{z}+\frac{R^4}{z^3}\right) \tag{3.130}$$

とすると境界条件を満足するので，1 次の複素速度ポテンシャルの解は

$$\begin{aligned}f_1(z,z^*) = U_\infty\biggl(&\frac{1}{4}\frac{R^2}{z^*}+\frac{5}{6}\frac{R^2}{z}-\frac{1}{4}\frac{R^2z^*}{z^2}-\frac{1}{12}\frac{R^4}{z^{*3}}\\ &-\frac{1}{2}\frac{R^4}{z^2z^*}+\frac{1}{6}\frac{R^4}{z^3}+\frac{1}{12}\frac{R^6}{z^2z^{*3}}\biggr)\end{aligned} \tag{3.131}$$

と決定される。極形式を用いた 1 次の速度ポテンシャルと流れ関数の結果は

$$\begin{aligned}\Phi_1(r,\theta) = U_\infty\biggl\{&\left(\frac{13}{12}\frac{R^2}{r}-\frac{1}{2}\frac{R^4}{r^3}+\frac{1}{12}\frac{R^6}{r^5}\right)\cos\theta\\ &+\left(-\frac{1}{4}\frac{R^2}{r}+\frac{1}{12}\frac{R^4}{r^3}\right)\cos 3\theta\biggr\}\end{aligned} \tag{3.132}$$

$$\begin{aligned}\Psi_1(r,\theta) = U_\infty\biggl\{&\left(-\frac{7}{12}\frac{R^2}{r}+\frac{1}{2}\frac{R^4}{r^3}+\frac{1}{12}\frac{R^6}{r^5}\right)\sin\theta\\ &+\left(\frac{1}{4}\frac{R^2}{r}-\frac{1}{4}\frac{R^4}{r^3}\right)\sin 3\theta\biggr\}\end{aligned} \tag{3.133}$$

となる。同様な解析を実行すると，2 次の複素速度ポテンシャル $f_2$ が導出できる。項は非常に多くなっていくのでここでは詳細を省くが，一例としてそこから求まる流れ関数の極座標表現を

$$\Psi_2(r,\theta)=U_\infty\left[-\left\{\left(\frac{319}{240}-\frac{17h_1}{30}\right)\frac{R^2}{r}-\left(\frac{35}{24}-\frac{h_1}{4}\right)\frac{R^4}{r^3}\right.\right.$$
$$\left.+\left(\frac{1}{16}+\frac{h_1}{6}\right)\frac{R^6}{r^5}+\left(\frac{1}{12}+\frac{h_1}{8}\right)\frac{R^8}{r^7}-\left(\frac{1}{60}-\frac{h_1}{40}\right)\frac{R^{10}}{r^9}\right\}\sin\theta$$
$$+\left\{\frac{13}{48}\frac{R^2}{r}-\left(\frac{2}{45}+\frac{17h_1}{40}\right)\frac{R^4}{r^3}-\left(\frac{1}{4}-\frac{3h_1}{8}\right)\frac{R^6}{r^5}\right.$$
$$\left.+\left(\frac{1}{60}+\frac{h_1}{20}\right)\frac{R^8}{r^7}+\frac{1}{144}\frac{R^{10}}{r^9}\right\}\sin 3\theta$$
$$\left.-\left\{\frac{1}{16}\frac{R^2}{r}-\frac{h_1}{8}\frac{R^4}{r^3}-\left(\frac{1}{16}-\frac{h_1}{8}\right)\frac{R^6}{r^5}\right\}\sin 5\theta\right] \tag{3.134}$$

と与える。$r$ の $-9$ 乗および $\sin 5\theta$ までの寄与が現れる。また，2 次まで導入すると $h_1$ の存在から比熱比 $\gamma$ の影響が出ることがわかる。円柱周りの結果を**図 3.8** に示す。流線図を見ると円柱が存在することにより流線は上下に円柱を避けるように分布する。圧縮性効果としては摂動展開次数が高くなるにつれて，円柱に近づいてから急にカーブをする傾向が確認でき，その曲がった流線は円柱付近の上下の領域でより外側に広がる。この挙動で円柱前面で高密度な領域が出現し，上下付近では低密度となっている。この挙動は摂動展開次数が高くなるにつれて明瞭になってきており，より圧縮性効果をとらえることができるようになってきている。

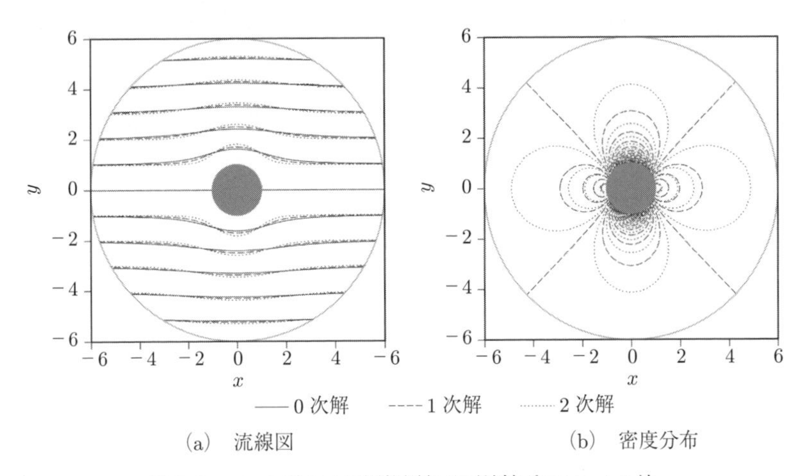


(a)　流線図　　(b)　密度分布

**図 3.8**　マッハ数 0.3 の円柱周りの圧縮性ポテンシャル流

## 3.7 薄　翼　理　論

最後に，3.5, 3.6 節の二つの方法よりは数学的厳密性は劣るが，より実用性の高い薄翼理論（thin airfoil theory）を紹介する。対象は亜音速流れである。高速で運動する飛行物体は空気抵抗を抑えるため，弦長 $l$ に比べて飛行方向（$x$ 方向）に垂直な方向にはできる限り薄い形状をとっている。**図 3.9** のように一様流 $U_\infty$ が非常に小さな迎角で薄い翼に衝突する場合を考慮し，速度が主流方向速度のみが圧倒的に大きいという $u \gg v, w$ の状態を考える。この近似を適用すると 3 次元定常のケースで速度ポテンシャル $\Phi$ の方程式 (3.68) は

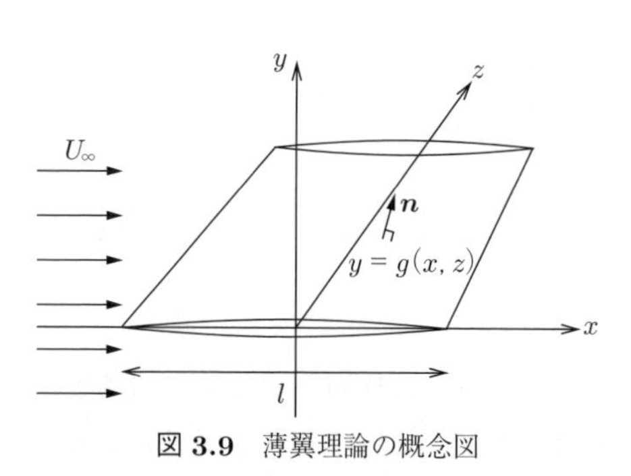


**図 3.9**　薄翼理論の概念図

$$\left(1 - \frac{u^2}{a^2}\right)\frac{\partial^2 \Phi}{\partial x^2} + \frac{\partial^2 \Phi}{\partial y^2} + \frac{\partial^2 \Phi}{\partial z^2} = 0 \tag{3.135}$$

となる。さらに，主流速度に一様流による近似 $u \approx U_\infty$ と音速を無限遠方での音速で近似 $a \approx a_\infty$ で近似すると，この方程式はつぎのような定数係数だけを含む方程式に書き換えることができる。

$$\left(1 - M_\infty^2\right)\frac{\partial^2 \Phi}{\partial x^2} + \frac{\partial^2 \Phi}{\partial y^2} + \frac{\partial^2 \Phi}{\partial z^2} = 0 \tag{3.136}$$

ここで，マッハ数は定数で $M_\infty = U_\infty / a_\infty$ である。この方程式は線形方程式であり，圧縮性ポテンシャル流が持つ非線形性が消去された非常に簡便な方程式に帰着している。この速度ポテンシャルから一様流分の寄与を除去した速度ポテンシャル $\phi_c$ を $\Phi = \phi_c + U_\infty x$ と導入する。$\phi_c$ の方程式は式 (3.136) と同様で，$\Phi$ を $\phi_c$ に変換しただけの

$$\left(1 - M_\infty^2\right)\frac{\partial^2 \phi_c}{\partial x^2} + \frac{\partial^2 \phi_c}{\partial y^2} + \frac{\partial^2 \phi_c}{\partial z^2} = 0 \tag{3.137}$$

であり，特に変化がないが無限遠方の境界条件を $\phi_c \to 0$ で与えることが可能となる。もう一つの境界条件は翼表面上に現れるので，翼面境界条件を議論する。本来既知であるべき翼面を特徴づける翼面関数を

$$y = g(x, z) \tag{3.138}$$

であるとする。翼面関数は翼弦を $x$ 軸にあわせると流れ方向の座標 $x$ と翼の幅を与えるスパン方向の座標 $z$ で書かれ，値自体は薄翼を仮定しているので小さなものである。この翼面上での翼面法線ベクトル $\boldsymbol{n}$ は

$$\boldsymbol{n}//\left(-\frac{\partial g}{\partial x}, 1, -\frac{\partial g}{\partial z}\right) \tag{3.139}$$

で与えられる。粘性がないため流れは翼面上では翼面に平行成分を有するので，法線ベクトルとの内積から

$$-u\frac{\partial g}{\partial x} + v - w\frac{\partial g}{\partial z} = 0 \tag{3.140}$$

が成立し，翼面境界上では速度ポテンシャル $\phi_c$ に対して，前述の速度の近似を導入すると

$$\frac{\partial \phi_c}{\partial y} \approx U_\infty \frac{\partial g}{\partial x} \tag{3.141}$$

という境界条件が設定される。以上により方程式 (3.137) を解けばよいということになるが，ここでは座標変換を利用してより簡便に流れ場の情報を把握する。

そこで，つぎのような $(x, y, z)$ から $(\xi, \eta, \zeta)$ への変数変換を考える。

$$x = \xi, \quad y = \mu\eta, \quad z = \mu\zeta \tag{3.142}$$

ここで，定数は $\mu = \sqrt{1 - M_\infty^2}$ で，微分は

$$\frac{\partial}{\partial x} = \frac{\partial}{\partial \xi}, \quad \frac{\partial}{\partial y} = \mu\frac{\partial}{\partial \eta}, \quad \frac{\partial}{\partial z} = \mu\frac{\partial}{\partial \zeta} \tag{3.143}$$

と変換される。この変換を式 (3.137) に導入し，速度ポテンシャルの変換として $\phi_c(x, y, z) = \lambda\phi_i(\xi, \eta, \zeta)$ を用いると，ラプラス方程式

$$\frac{\partial^2 \phi_i}{\partial \xi^2} + \frac{\partial^2 \phi_i}{\partial \eta^2} + \frac{\partial^2 \phi_i}{\partial \zeta^2} = 0 \tag{3.144}$$

が導かれる。これは非圧縮性ポテンシャル流の方程式であり，この変換を導入することで非圧縮性ポテンシャル流の解 $\phi_i$ を圧縮性ポテンシャル流の近似解として利用できることを意味している。無限遠境界条件は $\phi_i = 0$ で，翼面境界条件は

$$\frac{\partial \phi_i}{\partial \eta} = \frac{U_\infty}{\lambda\mu}\frac{\partial g(\xi, \zeta/\mu)}{\partial \xi} \tag{3.145}$$

となる。右辺は一様流と翼の形状関数の $\xi$ 微分であることを考慮すると，非圧縮性ポテンシャル流における翼面は

$$\eta = \frac{g(\xi, \zeta/\mu)}{\lambda\mu} \tag{3.146}$$

で与えられる。これは圧縮性ポテンシャル流の中の翼に対して，厚みを $1/(\lambda\mu)$ 倍し，スパン方向の幅を $\mu$ 倍した翼を非圧縮性ポテンシャル流中においた場合で近似できることを意味している。このことはプラントル–グラウアート（Prandtl-Glauert）の相似法則と呼ばれるもので，**図 3.10** のようであり，亜音速流れが対象であることから $\mu$ が 1 より小さいので通常は非圧縮性流れでは厚みが厚く，幅の狭い翼となる。

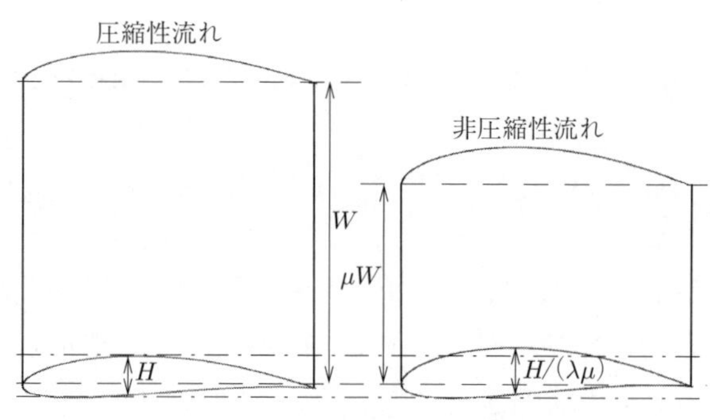


**図 3.10**　プラントル–グラウアートの相似法則

最後に圧力について検討する。無限遠方の情報を参照するベルヌーイの定理

$$\frac{1}{2}\left(u^2 + v^2 + w^2\right) + \frac{a^2}{\gamma - 1} = \frac{1}{2}U_\infty^2 + \frac{a_\infty^2}{\gamma - 1} \tag{3.147}$$

において，速度の近似条件を導入し，速度ポテンシャルの 1 次までを取り扱うとする。これにより導出される音速比は

$$\frac{a}{a_\infty} \approx 1 - \frac{(\gamma - 1)}{2}\frac{U_\infty}{a_\infty^2}\frac{\partial \phi_c}{\partial x} \tag{3.148}$$

となり，圧力と音速の関係式 (3.36) を使うと圧力比は

$$\frac{p}{p_\infty} = \left(\frac{a}{a_\infty}\right)^{2\gamma/(\gamma-1)} \approx 1 - \gamma\frac{U_\infty}{a_\infty^2}\frac{\partial \phi_c}{\partial x} \tag{3.149}$$

になる。この式から無次元量である圧力係数 $C_{pc}$ は

$$C_{pc} = \frac{p - p_\infty}{\rho_\infty U_\infty^2/2} = -\gamma \frac{p_\infty}{\rho_\infty} \frac{2}{a_\infty^2 U_\infty} \frac{\partial \varphi_c}{\partial x} = -\frac{2}{U_\infty} \frac{\partial \varphi_c}{\partial x} \tag{3.150}$$

となる。ここでは最終的な式変形に無限遠方での音速が $a_\infty^2 = \gamma p_\infty / \rho_\infty$ で書けることを利用した。圧力係数にも変換を導入すると

$$C_{pc} = -\frac{2}{U_\infty} \frac{\partial \varphi_c}{\partial x} = -\frac{2\lambda}{U_\infty} \frac{\partial \varphi_i}{\partial \xi} = \lambda C_{pi} \tag{3.151}$$

となり，圧縮性流れでは非圧縮性流れの圧力係数 $C_{pi}$ の $\lambda$ 倍になることがわかる。

## 章　末　問　題

**【１】** ラバール管におけるマッハ数依存性を示す式 (3.28) と (3.30) においてマッハ数ゼロの極限はどのようになるか。

**【２】** ラバール管におけるマッハ数依存性を示す式 (3.28) と (3.30) においてマッハ数無限大の極限はどのようになるか。

**【３】** 薄翼理論において，マッハ数が 0.5 のとき，$\lambda = 1$ の条件下ではどのような対応関係が見られるか説明せよ。

# 4 非圧縮性実在流体解析

これまで，完全流体に関して非圧縮性および圧縮性条件下での説明を行ってきたが，本章以降は粘性の寄与が存在する実在流体について考えていく。実在流体の支配方程式であるナビア–ストークス方程式は非線形偏微分方程式の代表例ともいえる方程式でその一般解法はいまだに見つかっておらず，ここでは非圧縮性実在流体において層流解が見出されている場合に限定して説明していく。また，本章以降はテンソル表現を用いていく。

## 4.1 ナビア–ストークス方程式

実在流体での基礎方程式はすでに紹介した非圧縮性ナビア–ストークス方程式であり，外力のない場合

$$\frac{\partial u_i}{\partial t}+\frac{\partial u_i u_j}{\partial x_j}=-\frac{1}{\rho}\frac{\partial p}{\partial x_i}+\nu\frac{\partial^2 u_i}{\partial x_j \partial x_j} \tag{4.1}$$

$$\frac{\partial u_j}{\partial x_j}=0 \tag{4.2}$$

と書ける。この方程式は完全流体のオイラーの連続方程式そのものとオイラーの運動方程式に粘性拡散項が加わったものからなる。

流れ場には有次元量でつねに議論していくと膨大な異なる条件が存在するが，スケーリングと呼ばれる無次元化処理を施して検討すると実際には同一の流れ場である場合もある。そこでナビア–ストークス方程式におけるスケーリングを考えてみる。代表速度 $U$〔m/sec〕と代表長さ $L$〔m〕を導入して，つぎの無次元化処理を利用する。

$$u_i=U\hat{u}_i,\quad x_i=L\hat{x}_i,\quad t=\frac{L}{U}\hat{t},\quad p=\rho U^2\hat{p} \tag{4.3}$$

ここで，記号ハットは無次元量を意味している。この無次元処理を導入したナビア–ストークス方程式は

$$\frac{U^2}{L}\frac{\partial \hat{u}_i}{\partial \hat{t}}+\frac{U^2}{L}\frac{\partial \hat{u}_i\hat{u}_j}{\partial \hat{x}_j}=-\frac{U^2}{L}\frac{\partial \hat{p}}{\partial \hat{x}_i}+\frac{\nu U}{L^2}\frac{\partial^2 \hat{u}_i}{\partial \hat{x}_j\partial \hat{x}_j},\quad \frac{U}{L}\frac{\partial \hat{u}_j}{\partial \hat{x}_j}=0$$

となり，前者を$U^2/L$で，後者を$U/L$で除すと無次元化された非圧縮性ナビア–ストークス方程式は

$$\frac{\partial \hat{u}_i}{\partial \hat{t}} + \frac{\partial \hat{u}_i \hat{u}_j}{\partial \hat{x}_j} = -\frac{\partial \hat{p}}{\partial \hat{x}_i} + \frac{1}{\mathrm{Re}} \frac{\partial^2 \hat{u}_i}{\partial \hat{x}_j \partial \hat{x}_j}, \quad \frac{\partial \hat{u}_j}{\partial \hat{x}_j} = 0$$

となる。ここで，拡散項の前の係数に現れている Re はレイノルズ数（Reynolds number）と呼ばれ，その定義式は

$$\mathrm{Re} = \frac{UL}{\nu} \tag{4.4}$$

である。レイノルズ数は粘性拡散項に対する非線形移流項の比率を表す無次元量であり，実在流体を特徴づける最も重要なパラメーターである。例えば同一温度の水の流れで 1cm 径のパイプの中を速度 10m/sec で流れる流れと，直径 1m の円形ダクト内を速度 10cm/sec で通過する流れはスケーリングを施せば同一であることを意味している。また，粘性拡散項は安定化効果として働くのに対して，非線形移流項は不安定化効果として作用する。そのため，粘性拡散項に比べて非線形移流項が小さいレイノルズ数が小さいケースでは安定な流れ場で層流（laminar flow）が生じる。それに対して粘性拡散項に比して非線形移流項が大きいレイノルズ数が大きいケースでは不安定な乱れた流れである乱流（turbulent flow）が発生する。レイノルズ数はこのように層流・乱流の違いを特徴づけるパラメーターであるが，どのように代表速度と代表長さを選択するかには絶対的な決まりはない。いろいろなケースにおいてさまざまな選択が慣習的に設定されている場合も多いので，それにあわせて考えることを勧める。また，もちろんレイノルズ数以外にも流れ場の幾何形状や回転や重力の効果などからも無次元量は現れるのでそれらの流れを研究対象とする場合はレイノルズ数に加えて検討していく必要がある。

また，これまで議論してきた完全流体の場合と実在流体の場合の大きな違いは境界条件にもある。粘性効果が作用している実在流体では完全流体のように壁面法線方向の速度がゼロとなるだけでなく，壁面に沿う方向の速度も粘着条件（ノンスリップ条件）が働き，壁面との相対速度がゼロとなる。特に静止壁であれば速度 3 成分すべてがゼロとなるのが実在流体の境界条件である。

## 4.2 平行平板間流れ

最も単純な流れ場の一つに，平行な二つの平板壁間に形成される流れがあり，通常はチャネル流れと呼ばれる。この場合の定常流れはつぎの方程式で記述される。

$$\nu \frac{\partial^2 u(y)}{\partial y^2} + f = 0 \tag{4.5}$$

駆動外力 $f$ が一定である場合，その一般解は

$$u(y) = -\frac{f}{2\nu} y^2 + Ay + B \tag{4.6}$$

で与えられる。このタイプの流れ場で最も有名なものは二つあり，一つは図 **4.1**(a) にように一定駆動外力により流れが生じる平面ポアズイユ (Poiseuille) 流れである。境界条件 $u(\pm\delta) = 0$ を満足する解として

$$u(y) = \frac{f}{2\nu}\left(\delta^2 - y^2\right) \tag{4.7}$$

と決まる。この解は流路中心で最大値を示す放物線分布となっている。

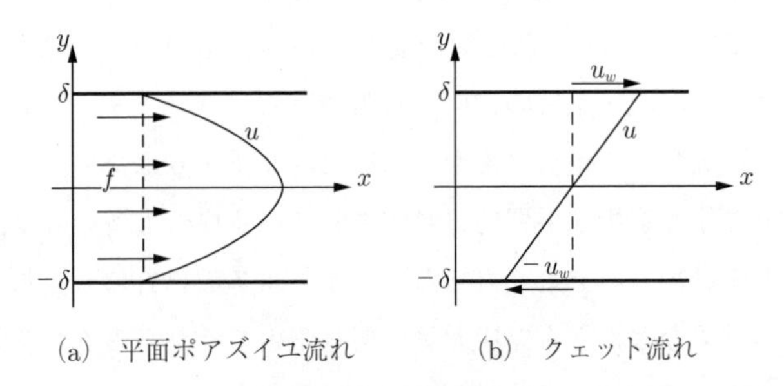


(a)　平面ポアズイユ流れ　　(b)　クェット流れ

図 **4.1**　平行平板間流れ

もう一つはゼロ駆動外力 $f = 0$ の状況で図 (b) のように壁が上部で $u_w$，下部で $-u_w$ と移動することで得られる流れ場でクェット（Couette）流れと呼ばれ，その解は

$$u(y) = \frac{u_w}{\delta} y \tag{4.8}$$

となる。この解は線形関数である。

これらの解は式 (4.6) から派生しており，駆動外力 $f$ で境界条件が $u(\delta) = u_{w+}$, $u(-\delta) = u_{w-}$ の場合は二つの解の組合せで

$$u(y) = \frac{f}{2\nu}\left(\delta^2 - y^2\right) + \frac{u_{w+} - u_{w-}}{2\delta} y + \frac{u_{w+} + u_{w-}}{2} \tag{4.9}$$

となる。

つぎに層流チャネル流れにおいて時間変化を取り扱ってみる。負の時間帯において完全発達した流れである平面ポアズイユ流れ（駆動外力 $f_-$，分子粘性率 $\nu_-$）が時刻 $t = 0$ において，急に外力と分子粘性率が $f_+$ と $\nu_+$ に変化する流れを考える。この流れの方程式は負および正の時間帯においてそれぞれ

$$\frac{\partial u(y,t)}{\partial t} = \nu_- \frac{\partial^2 u(y,t)}{\partial y^2} + f_-, \quad \frac{\partial u(y,t)}{\partial t} = \nu_+ \frac{\partial^2 u(y,t)}{\partial y^2} + f_+ \tag{4.10}$$

となる。負の時間帯ではすでに定常解である平面ポアズイユ流れであることから，初期条件はつぎのような放物線で与えられる。

$$u(y,0) = \frac{f_-}{2\nu_-}\left(\delta^2 - y^2\right) \tag{4.11}$$

また，壁面境界条件は時刻によらずノンスリップ条件を $u(\pm\delta, t) = 0$ と設定する。この条件下で式 (4.10) を解いていく。この方程式の時刻 $t = \infty$ において出現する定常解は自明で

$$u(y,\infty) = \frac{f_+}{2\nu_+}\left(\delta^2 - y^2\right) \tag{4.12}$$

となる。

式 (4.10) を解いていく前にこの流れを特徴づけるレイノルズ数に関して説明する。非定常項をゼロとした定常状態下での方程式（$t = 0$）を $y = 0 \sim \delta$ で積分すると

$$0 = \int_0^\delta dy' \nu_- \frac{\partial^2 u(y,0)}{\partial y'^2} + \int_0^\delta dy' f_- = \nu_- \left.\frac{\partial u(y,0)}{\partial y}\right|_{y=\delta} - \nu_- \left.\frac{\partial u(y,0)}{\partial y}\right|_{y=0} + f_- \delta$$

であり，$u$ の分布は $y = 0$ に関して対称性があるため，位置 $y = 0$ の勾配はゼロである。さらに壁面摩擦（wall friction）$\tau_w$ を導入すると

$$-\tau_{w-} + f_- \delta = 0 \tag{4.13}$$

と書き換えられる。この式は駆動外力に対して壁面で生じる摩擦力が釣り合うことを意味している。同様に無限時間経過後にも壁面摩擦は

$$\tau_{w+} = -\nu_+ \left. \frac{\partial u(y,\infty)}{\partial y} \right|_{y=\delta} = f_+\delta \tag{4.14}$$

となる。チャネル流れの数値計算では頻繁に摩擦速度 $u_\tau$，チャネル半幅 $\delta$，分子粘性率 $\nu$ で定義したレイノルズ数が利用されている。摩擦速度は次元を考慮して壁面摩擦の平方根で与えられる。よって，時刻 $t=0$ と $\infty$ でのこのレイノルズ数はそれぞれ

$$\mathrm{Re}_{\tau-} = \frac{u_{\tau-}\delta}{\nu_-} = \frac{f_-^{1/2}\delta^{3/2}}{\nu_-}, \quad \mathrm{Re}_{\tau+} = \frac{f_+^{1/2}\delta^{3/2}}{\nu_+} \tag{4.15}$$

となる。このレイノルズ数は壁近傍の情報で無次元化を行ったことに対応している。もしこのレイノルズ数を半分に下げる場合には，分子粘性率を 2 倍にするか，外力を 1/4 にするかで達せられる。一方，チャネル流れ全体を特徴づける量としてバルク速度 $U_B$ は速度を体積積分してその体積で規格化したもので与えられる。時刻 $t=0$ と $\infty$ におけるバルク速度は

$$U_B(0) = \frac{1}{2\delta}\int_{-\delta}^{\delta} dyu(y) = \frac{f_-\delta^2}{3\nu_-}, \quad U_B(\infty) = \frac{f_+\delta^2}{3\nu_+} \tag{4.16}$$

と見積もられ，バルク速度，流路幅 $2\delta$，分子粘性率に基づくレイノルズ数はそれぞれ

$$\mathrm{Re}_{B-} = \frac{2U_B(0)\delta}{\nu_-} = \frac{2f_-\delta^3}{3\nu_-^2}, \quad \mathrm{Re}_{B+} = \frac{2f_+\delta^3}{3\nu_+^2} \tag{4.17}$$

となる。このレイノルズ数は流れ場全体を特徴づける無次元量である。このレイノルズ数を半分に下げる場合は，分子粘性率を $\sqrt{2}$ 倍にするか，外力を半分にすればよい。このバルクレイノルズ数は先の壁面摩擦のレイノルズ数の 2 乗量の定数倍で評価できる。これらのレイノルズ数の表現から，流路自体を変化させない場合，分子粘性率，駆動外力，または両者を変化させることで流れのレイノルズ数を変化させることが可能である。代表長さとして $\delta$，代表速度には駆動外力を換算したものを利用して得られる形式的なレイノルズ数が図 **4.2** のようにヘビサイド（Heaviside）階段関数で表されるように変化する流れを考える。この急な変化は時刻 $t=0$ で発生する。ただし，実際の摩擦速度やバ

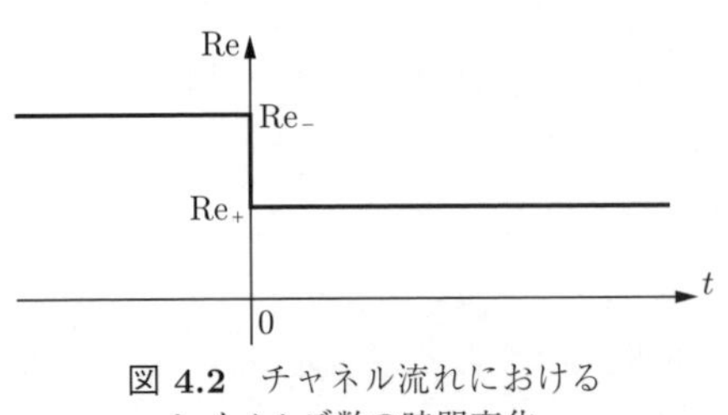


**図 4.2**　チャネル流れにおける
レイノルズ数の時間変化

ルク速度は急激な変化に対して速やかに応答するわけではないので流れのレイノルズ数自体は非定常的な挙動を示す流れである。

最終的に到達する定常解 (4.12) を利用してつぎのような関数変換を考える。

$$u(y,t) = u'(y,t) + \frac{f_+}{2\nu_+}\left(\delta^2 - y^2\right) \tag{4.18}$$

関数 $u'(y,t)$ を新たな解析対象とすると，この関数の方程式は

$$\frac{\partial u'(y,t)}{\partial t} = \nu_+ \frac{\partial^2 u'(y,t)}{\partial y^2} \tag{4.19}$$

となり，駆動外力項を消すことができる。この関数の初期条件と境界条件は

$$u'(y,0) = \frac{f_-\nu_+ - f_+\nu_-}{2\nu_-\nu_+}\left(\delta^2 - y^2\right), \quad u'(\pm\delta, t) = 0 \tag{4.20}$$

である。線形偏微分方程式 (4.18) を解析するために，まず，時間と空間変数に関して変数分離法を導入して

$$u'(y,t) = g(t)\,h(y) \tag{4.21}$$

と分離すると，結果としてつぎの関係式が成立する。

$$\frac{1}{\nu_+ g(t)}\frac{\partial g(t)}{\partial t} = \frac{1}{h(y)}\frac{\partial^2 h(y)}{\partial y^2} = -C^2 \tag{4.22}$$

ここで $C$ は定数である。これらの方程式のそれぞれの解は

$$g(t) = C' e^{-C^2\nu_+ t}, \quad h(y) = C''\cos(Cy) + C'''\sin(Cy) \tag{4.23}$$

となる。この結果は $y = 0$ に関して対称解，つまり偶関数で記述されるべきものであることから，式 (4.23) において $C''' = 0$ であり，解は

$$u'(y,t) = A e^{-C^2\nu_+ t}\cos(Cy) \tag{4.24}$$

と書ける。この解において境界条件を満たすためには，整数 $m$ を用いて

$$\pm C\delta = \frac{(2m-1)\pi}{2} \tag{4.25}$$

が成立しなければならない。ここで，線形性を利用してフーリエ級数展開を導入するため，定数を $C = (2m-1)\pi/2\delta$ とおくと，解析解は

$$u'(y,t) = \sum_{m=1}^{\infty} A_m \exp\left(-\frac{(2m-1)^2 \pi^2 \nu_+}{4\delta^2} t\right) \cos\left(\frac{(2m-1)\pi}{2\delta} y\right) \tag{4.26}$$

と記述できる。係数 $A_m$ は初期条件を満足するように決定しなければならない。この決定式は

$$u'(y,0) = \sum_{m=1}^{\infty} A_m \cos\left(\frac{(2m-1)\pi}{2\delta} y\right) = \frac{f_-\nu_+ - f_+\nu_-}{2\nu_-\nu_+}\left(\delta^2 - y^2\right) \tag{4.27}$$

となる。この式に本フーリエ変換オペレーターを作用させると

$$\begin{aligned}&\frac{1}{\delta}\int_{-\delta}^{\delta} dy \cos\left\{\frac{(2n-1)\pi}{2\delta} y\right\} \sum_{m=1}^{\infty} A_m \cos\left(\frac{(2m-1)\pi}{2\delta} y\right)\\ =&\frac{1}{\delta}\int_{-\delta}^{\delta} dy \cos\left\{\frac{(2n-1)\pi}{2\delta} y\right\} \frac{f_-\nu_+ - f_+\nu_-}{2\nu_-\nu_+}\left(\delta^2 - y^2\right)\end{aligned} \tag{4.28}$$

となり，左辺は

$$\begin{aligned}\text{l.h.s.}=&\sum_{m=1}^{\infty} A_m \frac{1}{\delta}\int_{-\delta}^{\delta} dy \cos\left\{\frac{(2n-1)\pi}{2\delta} y\right\} \cos\left(\frac{(2m-1)\pi}{2\delta} y\right)\\ =&\sum_{m=1}^{\infty} A_m \delta_{mn} = A_n\end{aligned} \tag{4.29}$$

のように $n$ 番目の係数 $A_n$ 自体が出るだけで，右辺は

$$\begin{aligned}\text{r.h.s.}=&\frac{1}{\delta}\int_{-\delta}^{\delta} dy \cos\left\{\frac{(2n-1)\pi}{2\delta} y\right\} \frac{f_-\nu_+ - f_+\nu_-}{2\nu_-\nu_+}\left(\delta^2 - y^2\right)\\ =&\frac{2(f_-\nu_+ - f_+\nu_-)\delta^2}{\pi\nu_-\nu_+}\frac{(-1)^{n-1}}{(2n-1)}\\ &-\frac{2(f_-\nu_+ - f_+\nu_-)\delta^2}{\pi\nu_-\nu_+}\frac{(-1)^{n-1}}{(2n-1)} + \frac{16(f_-\nu_+ - f_+\nu_-)\delta^2}{\pi^3\nu_-\nu_+}\frac{(-1)^{n-1}}{(2n-1)^3}\\ =&\frac{16(f_-\nu_+ - f_+\nu_-)\delta^2}{\pi^3\nu_-\nu_+}\frac{(-1)^{n-1}}{(2n-1)^3}\end{aligned} \tag{4.30}$$

と導け，係数は

$$A_n = \frac{16(f_-\nu_+ - f_+\nu_-)\delta^2}{\pi^3\nu_-\nu_+}\frac{(-1)^{n-1}}{(2n-1)^3} \tag{4.31}$$

と決定される。この結果から $u'(y,t)$ を求め，式 (4.18) を考慮すると速度の解析解は

$$u(y,t) = \frac{f_+}{2\nu_+}\left(\delta^2 - y^2\right) + \frac{16\left(f_-\nu_+ - f_+\nu_-\right)\delta^2}{\pi^3\nu_-\nu_+}$$
$$\times \sum_{m=1}^{\infty} \frac{(-1)^{m-1}}{(2m-1)^3} \cos\left(\frac{(2m-1)\pi}{2\delta}y\right) \exp\left(-\frac{(2m-1)^2\pi^2\nu_+}{4\delta^2}t\right) \qquad (4.32)$$

と導出される。この解の時間変化は時間に関する指数関数部から決定され，係数が負であることから減衰を意味している。波数 $2m-1$ の減衰定数は

$$\frac{(2m-1)^2\pi^2\nu_+}{4\delta^2} \qquad (4.33)$$

であることから，分子粘性率が小さいほど減衰は緩やかになり，定常状態に近づくのに時間がかかる。それに対して，スケールが小さいことを意味する波数が大きなモードは速やかに減衰し，寄与が消滅する結果となっている。また，この解から導出した壁面摩擦 $\tau_w$ とバルク速度 $U_B$ は

$$\tau_w(t) = f_+\delta + \frac{8\left(f_-\nu_+ - f_+\nu_-\right)\delta}{\pi^2\nu_-}$$
$$\times \sum_{m=1}^{\infty} \frac{1}{(2m-1)^2} \exp\left(-\frac{(2m-1)^2\pi^2\nu_+}{4\delta^2}t\right) \qquad (4.34)$$

$$U_B(t) = \frac{f_+\delta^2}{3\nu_+} + \frac{32\left(f_-\nu_+ - f_+\nu_-\right)\delta^2}{\pi^4\nu_-\nu_+}$$
$$\times \sum_{m=1}^{\infty} \frac{1}{(2m-1)^4} \exp\left(-\frac{(2m-1)^2\pi^2\nu_+}{4\delta^2}t\right) \qquad (4.35)$$

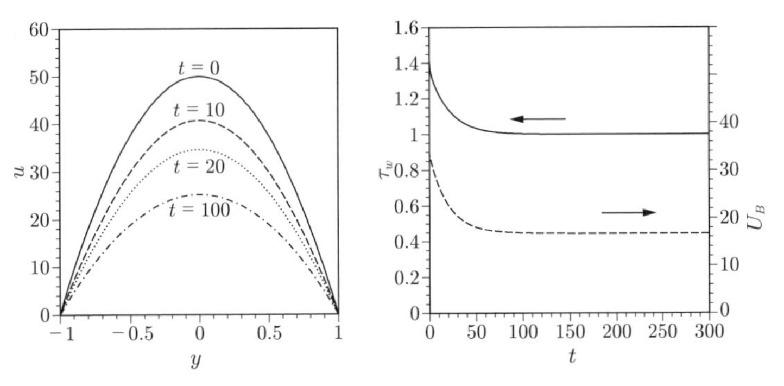


**図 4.3** レイノルズ数変更チャネル流れの例（$f_+ = f_- = 1$, $\nu_- = 1/50$, $\nu_+ = 1/100$）

となる。**図 4.3** はレイノルズ数が低下した場合の結果の例である。速度は放物線に近い分布のまま低下していく様子が見られる。この層流解の例ではバルク速度も壁面摩擦も同程度の時刻でほとんど完全発達状態に達していることがわかる。

## 4.3　円筒座標系における層流解

つぎにデカルト直交座標系ではなく，円筒座標系の層流解について説明する。工学的には円筒座標系はパイプなど重要な幾何形状であり，必要な場合は付録 A.2.2 項の座標変換に関する理解もよい勉強になると思う。

### 4.3.1　ポアズイユ流れ

**図 4.4** のような円管内流れにおいて定常性と軸方向である $x$ 方向と周方向である $\theta$ 方向に一様性を仮定すると主流方向速度 $u$ は

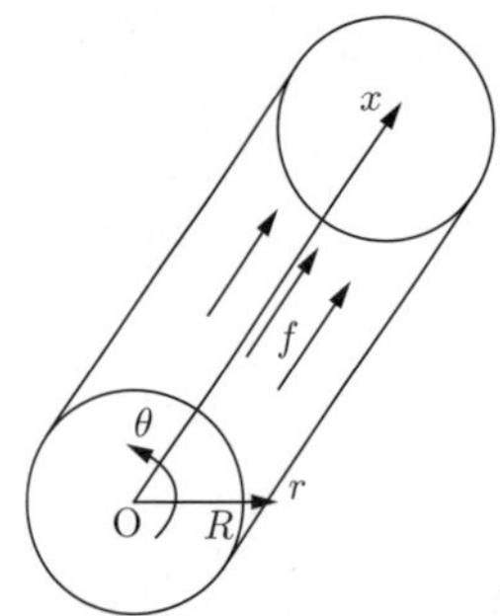


**図 4.4**　円管内流れと円筒座標系

$$\nu\frac{\partial^2 u}{\partial r^2}+\nu\frac{1}{r}\frac{\partial u}{\partial r}+f=0 \tag{4.36}$$

に従う。境界条件として課す粘着条件は $u(R)=0$ で，その解は

$$u\left(r\right)=\frac{f}{4\nu}\left(R^2-r^2\right) \tag{4.37}$$

となり，チャネル流れの平面ポアズイユ流れと同様に放物線分布の速度を示している。この場合の壁面摩擦は基礎式 (4.36) に対して体積積分を実行することで評価式が得られる。その式は

$$\int_0^{L_z}dz\int_0^{2\pi}d\theta\int_0^R drr\frac{\nu}{r}\frac{\partial}{\partial r}\left(r\frac{\partial u\left(r\right)}{\partial r}\right)+\int_0^{L_z}dz\int_0^{2\pi}d\theta\int_0^R drrf=0$$

であり，軸方向と周方向には依存性がないため積分路がかかるだけであることからそのファクターで割っておくと

$$\int_0^R dr\nu\frac{\partial}{\partial r}\left(r\frac{\partial u\left(r\right)}{\partial r}\right)+\int_0^R drrf=0$$

となり，$r$ 積分を実施すると

$$\nu r\frac{\partial u\left(r\right)}{\partial r}\bigg|_{r=R}+\frac{R^2 f}{2}=0 \tag{4.38}$$

になる。壁面せん断応力 $\tau_w$ は第 1 項を $-R\tau_w$ とおくと

$$\tau_w = \frac{Rf}{2} \tag{4.39}$$

と導出される。チャネル流れの場合と比べて，駆動力を同一としてチャネル半幅 $\delta$ と半径 $R$ を同じとすると円管内流れでは半分の壁面摩擦が働くこととなる。また，バルク速度は

$$U_B = \frac{\displaystyle\int_0^{L_z} dz \int_0^{2\pi} d\theta \int_0^R dr r u(r)}{\displaystyle\int_0^{L_z} dz \int_0^{2\pi} d\theta \int_0^R dr r} = \frac{R^2 f}{8\nu} \tag{4.40}$$

となる。ほかにも円管の組合せで解析解が得られるケースが存在するが，それらは章末問題において紹介している。

### 4.3.2　強制渦と自由渦

つぎに管壁回転によって周方向に形成される流れを検討する。この場合，円管を一定回転速度 $W_{wall}$ で回転させると円管内部と外部にそれぞれ異なる流れ場が生じる。この流れは周方向にしか駆動されず，半径方向座標 $r$ のみに依存するので解くべき方程式は

$$0 = \frac{\nu}{r}\frac{\partial}{\partial r}\left(r\frac{\partial w(r)}{\partial r}\right) - \frac{\nu w(r)}{r^2} \tag{4.41}$$

となる。周方向速度 $w$ の境界条件は

$$w(0) = 0, \quad w(R) = W_{wall}, \quad w(\infty) = 0 \tag{4.42}$$

となる。方程式を一つの項にまとめあげると次式の二つの表現方法が成立する。

$$\frac{\nu}{r^2}\frac{d}{dr}\left\{r^3\frac{d}{dr}\left(\frac{w(r)}{r}\right)\right\} = \nu\frac{d}{dr}\left\{\frac{1}{r}\frac{d(rw(r))}{dr}\right\} = 0 \tag{4.43}$$

円管の内側では，式 (4.43) の先頭の表現を選択して $r^2/\nu$ をかけてから $r$ 積分を実行すると次式が得られる。

$$0 = \int_0^r dr' \frac{d}{dr'}\left\{r'^3\frac{d}{dr'}\left(\frac{w(r')}{r'}\right)\right\} = r^3\frac{d}{dr}\left(\frac{w(r)}{r}\right) \tag{4.44}$$

結果として，$r^3$ で除すと

$$\frac{d}{dr}\left(\frac{w(r)}{r}\right) = 0 \tag{4.45}$$

となり，この条件を満足する解は

$$\frac{w(r)}{r} = C \tag{4.46}$$

と求まる。円管壁での境界条件 $w(R) = W_{wall}$ を考慮して，定数 $C$ を決定すると，内部流れの解は

$$w(r) = \frac{W_{wall}}{R} r \tag{4.47}$$

になる。**図 4.5** のようにこの解は半径に比例して周方向速度が増加していく流れで，剛体回転を意味しており，強制渦（forced vortex）と呼ばれる流れである。

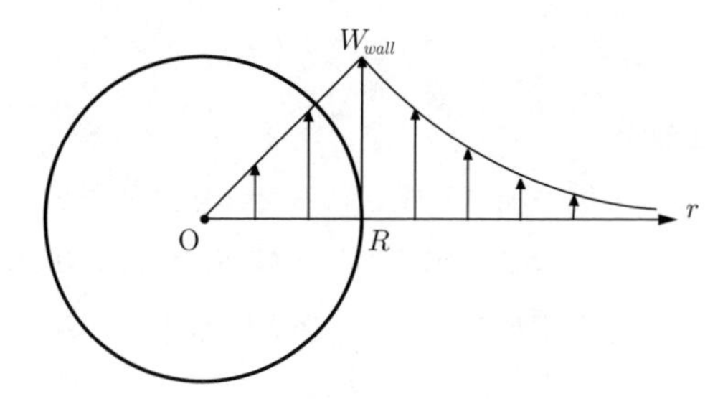


**図 4.5**　強制渦と自由渦

一方，円管外側の解析では式 (4.43) の 2 番目の表現を取り扱い，$r$ 積分を実行すると

$$0 = \int_r^\infty dr' \nu \frac{d}{dr'}\left\{\frac{1}{r'}\frac{d(r'w(r'))}{dr'}\right\} = -\frac{\nu}{r}\frac{d(rw(r))}{dr} \tag{4.48}$$

となり，この結果から

$$\frac{d(rw(r))}{dr} = 0 \tag{4.49}$$

になる。この式を満足する解は

$$rw(r) = C \tag{4.50}$$

であり，円管壁での境界条件 $w(R) = W_{wall}$ を考慮して，定数 $C$ を決めると，外

部流れの解は

$$w\left(r\right)=\frac{W_{wall}R}{r} \tag{4.51}$$

になる。図 4.5 で見られるようにこの解は半径に反比例し，周方向速度が，半径が増加するにつれて減少していく流れで，自由渦（free vortex）と呼ばれる流れが形成される。

## 4.4　正三角形流路における解

さらに壁面に囲まれた流れを検討する。特に**図 4.6** のように 1 辺の長さが $a$ の正三角形の断面を持つ流路内流れを考える。それぞれの壁面を表す幾何学的方程式は

$$y=-\frac{\sqrt{3}}{6}a,\quad y=-\sqrt{3}z+\frac{\sqrt{3}}{3}a,\quad y=\sqrt{3}z+\frac{\sqrt{3}}{3}a \tag{4.52}$$

で与えられる。定常性と流れ方向である $x$ 方向に一様性を仮定すると，主流方向速度 $u$ は

$$\nu\frac{\partial^2 u}{\partial y^2}+\nu\frac{\partial^2 u}{\partial z^2}+f=0 \tag{4.53}$$

に従う。これは 2 次元ポアソン方程式となっている。壁面境界条件として課すノンスリップ条件は境界を表す 3 辺の式 (4.52) 上で $u\left(y,z\right)=0$ となる。三つの幾何学的方程式 (4.52) の積をとると自動的に壁でゼロになる境界条件を満足し，それ自体が解となり，解析解は

$$u\left(y,z\right)=\frac{\sqrt{3}fa^2}{6\nu}\left(\frac{y}{a}+\frac{\sqrt{3}}{6}\right)\left(\frac{y}{a}+\frac{\sqrt{3}z}{a}-\frac{\sqrt{3}}{3}\right)\left(\frac{y}{a}-\frac{\sqrt{3}z}{a}-\frac{\sqrt{3}}{3}\right) \tag{4.54}$$

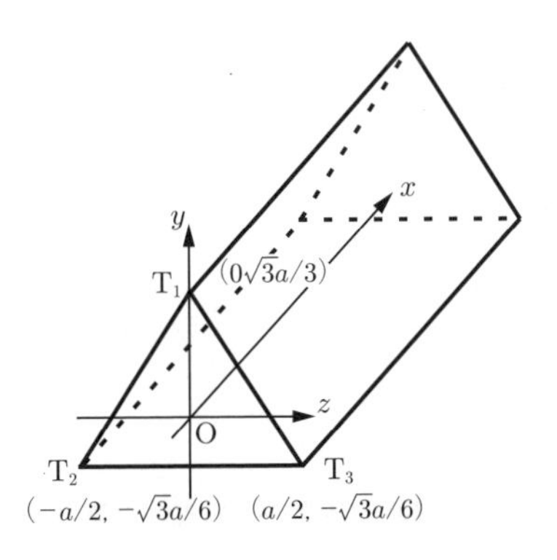


図 4.6　正三角形流路

で与えられる。この表現が解であることは $y$ と $z$ 方向の 2 階微分量が

$$\frac{\partial^2 u}{\partial y^2} = \frac{\sqrt{3}f}{\nu}\left(\frac{y}{a} - \frac{\sqrt{3}}{6}\right), \quad \frac{\partial^2 u}{\partial z^2} = -\frac{\sqrt{3}f}{\nu}\left(\frac{y}{a} + \frac{\sqrt{3}}{6}\right)$$

であることから自明である。

流路で積分を実行し断面積で除すとバルク速度は

$$U_B = \frac{fa^2}{80\nu} \tag{4.55}$$

となる。$z$ 軸に平行な壁面上での壁面摩擦 $\tau_w(z)$ は

$$\tau_w(z) = \nu \frac{\partial u}{\partial y}\bigg|_{y=-\sqrt{3}a/6} = \frac{\sqrt{3}fa}{2}\left(\frac{1}{4} - \frac{z^2}{a^2}\right) \tag{4.56}$$

で求まり，全辺にわたって平均した壁面摩擦 $\bar{\tau}_w$ は

$$\bar{\tau}_w = \frac{\sqrt{3}fa}{4} \tag{4.57}$$

となり，流路断面積で除せば駆動外力とバランスしていることが明瞭に確認できる。また，速度 $u$ の解析解の分布を**図 4.7** に示す。正三角形よりも辺が多い単純形状としては正方形が考えられる。しかし，正方形断面内流れになるとすでに初等関数表現で表される解を得ることはできない。そこで，比較のため数値計算によって求めた解も正三角形断面内流れと一緒にグラフ化している。中心部では両流れとも等速度線は円状な分布を示している。ただし，コーナー近くになるとコーナーに向かっ

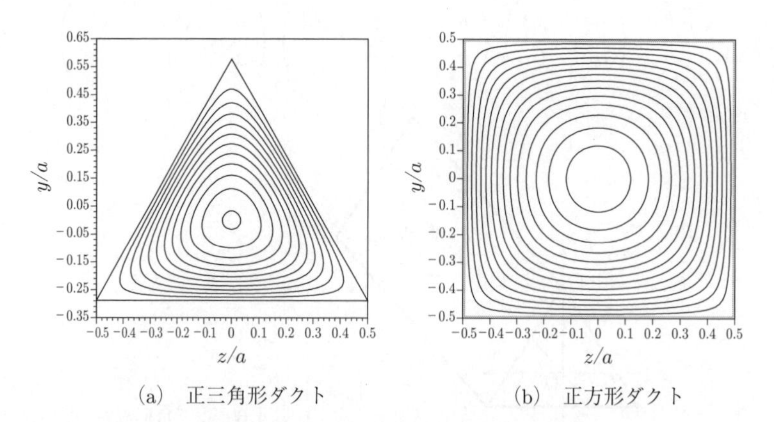


(a)　正三角形ダクト　　(b)　正方形ダクト

**図 4.7**　正三角形ダクトおよび正方形ダクト内流れの解

て等高線は張り出しているが，これらの層流では断面内での流れ $v$ と $w$ は厳密にゼロとなっている。

## 4.5 自由流れの解

つぎに壁が存在しない場合の自由流れについて見ていく。自由流れの代表例としては**図 4.8** に示しているように，上部と下部に速度の異なる一様流が存在しその間で速度勾配が生じる混合層流（mixing layer flow），噴出口から静止流体中へと流れが流入する噴流（jet），噴流とは逆に周囲流体が進行している中に翼などの物体が存在することで低速度領域が発生しているウェイク流（wake flow）が挙げられる。これらを議論するにあたって，簡単化を重視して，1 次元方向に依存方向があり，時間変化する場合を考えると，解くべき方程式は

$$\frac{\partial u}{\partial t} = \nu \frac{\partial^2 u}{\partial y^2} \tag{4.58}$$

となる。空間変数 $y$ と時間変数 $t$ を利用して，新たな変数 $\eta$ を

$$\eta = \frac{y}{2\sqrt{\nu t}} \tag{4.59}$$

と定義すると，方程式 (4.58) は $\eta$ のみで記述される常微分方程式

$$\frac{d^2 u}{d\eta^2} + 2\eta \frac{du}{d\eta} = 0 \tag{4.60}$$

に変換される。図 4.8(a) の混合層流では境界条件は

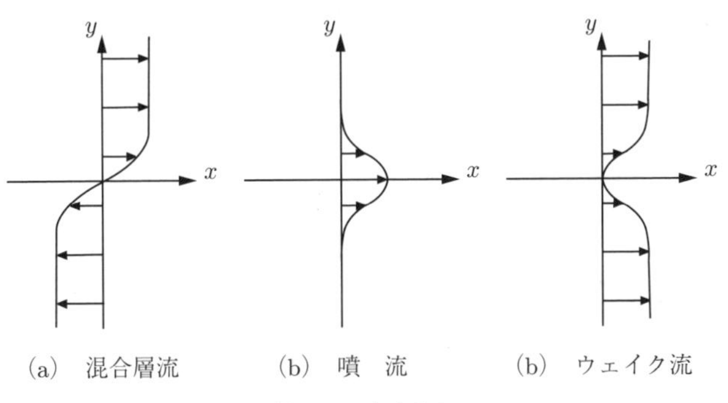


**図 4.8** 自由流れ

$$u(\pm\infty) = \pm U \tag{4.61}$$

となり，この方程式を満足する解は

$$u(\eta) = U\mathrm{erf}(\eta) \tag{4.62}$$

と求まる。ここで，誤差関数 erf は

$$\mathrm{erf}(\eta) = \frac{2}{\sqrt{\pi}}\int_0^{\eta} d\eta' \exp\left(-\eta'^2\right) \tag{4.63}$$

で定義される。混合層流では運動量厚さ（momentum thickness）$\theta$ と呼ばれる長さが重要になる。その定義は

$$\theta(t) = \frac{1}{4U^2}\int_{-\infty}^{\infty} dy\,(U - u(y,t))\,(U + u(y,t)) \tag{4.64}$$

で与えられ，変数変換を施すと $\theta(t) \approx 0.7979\sqrt{\nu t}$ と求まり，時間 $t$ の 1/2 乗で広がっていく。

方程式 (4.58) の線形性を利用すると，図 4.8 の時間発展型噴流の解は混合層を二つ組み合わせて

$$u(y,t) = \frac{U}{2}\left\{\mathrm{erf}\left(\frac{y+\delta}{2\sqrt{\nu t}}\right) + \mathrm{erf}\left(\frac{-y+\delta}{2\sqrt{\nu t}}\right)\right\} \tag{4.65}$$

となり，同様に時間発展型ウェイク流は

$$u(y,t) = \frac{U}{2}\left\{2 - \mathrm{erf}\left(\frac{y+\delta}{2\sqrt{\nu t}}\right) - \mathrm{erf}\left(\frac{-y+\delta}{2\sqrt{\nu t}}\right)\right\} \tag{4.66}$$

となる。ここで，$2\delta$ は噴流の噴出するスリット幅またはウェイク流を形成する際の壁の厚さなどを意味している。噴流では時間が経過するにつれて中央での速度が低下し，$y$ 方向に広がっていく。中央速度 $u_C(t)$ は

$$u_C(t) = U\mathrm{erf}\left(\frac{\delta}{2\sqrt{\nu t}}\right)$$

で表され，誤差関数の級数展開表現

$$\mathrm{erf}(\eta) = \frac{2}{\sqrt{\pi}}\sum_{n=0}^{\infty}\frac{(-1)^n\,\eta^{2n+1}}{n!\,(2n+1)} \tag{4.67}$$

を導入し，時間 $t$ がある程度大きく，$\delta/(2\sqrt{\nu t})$ が小さいと仮定すると中心速度は

$$u_C\left(t\right)\approx\frac{U\delta}{\sqrt{\pi\nu t}}\tag{4.68}$$

で近似できる。よってある程度時間が経過すると，中心速度は時間 $t$ の $-1/2$ 乗で変化していく。また，噴流での広がりを表現する長さスケールには，速度が中心速度の半分になるまでの中心からの距離である半値幅 $\delta_H$ がある。この長さを見積もる方程式は

$$\frac{U}{2}\left\{\mathrm{erf}\left(\frac{\delta_H+\delta}{2\sqrt{\nu t}}\right)+\mathrm{erf}\left(\frac{-\delta_H+\delta}{2\sqrt{\nu t}}\right)\right\}=\frac{U}{2}\mathrm{erf}\left(\frac{\delta}{2\sqrt{\nu t}}\right)\tag{4.69}$$

であり，級数展開表現を最高次 $n=1$ で解析すると

$$\delta_H=\sqrt{2\nu t\left\{1-\frac{1}{3}\left(\frac{\delta}{2\sqrt{\nu t}}\right)^2\right\}}\approx\sqrt{2\nu t}\tag{4.70}$$

となって，最終的には混合層流の運動量厚さと同様に $t^{1/2}$ で拡大していく。

これらの解は時間発展型のものであるが，現実の自由流れの多くは流れ方向に変化する空間発展型のものである。そこで，後者の問題をウェイク流について検討してみる。ウェイク流では周囲の一様流 $U$ が大きいと仮定して，非線形移流項を一様流と主流方向速度勾配で近似し，主流方向 2 階微分の粘性項を無視すると方程式は

$$U\frac{\partial u}{\partial x}=\nu\frac{\partial^2 u}{\partial y^2}\tag{4.71}$$

で近似される。これは前述の解に対して変数変換 $t=x/U$ で評価することが可能であることは自明で，その近似解は

$$u\left(x,y\right)=\frac{U}{2}\left\{2-\mathrm{erf}\left(\frac{(y+\delta)}{2\sqrt{\nu x/U}}\right)-\mathrm{erf}\left(\frac{(-y+\delta)}{2\sqrt{\nu x/U}}\right)\right\}\tag{4.72}$$

となる。これは一様流分の移流のみを考慮するオセーン近似と同タイプのものとなっている。この近似解と 2 次元の層流ウェイク流に対する数値計算による空間発展型数値解との比較が**図 4.9** である。実際には主流方向に垂直な方向の速度 $v$ が誘起されるが，近似解ではその効果が入らないのでやや広がりが弱くなる傾向を示した。そのため，中央部でのくぼみは強いまま，やや遠くまで維持される傾向を示したが，ある程度よい近似を与えている。

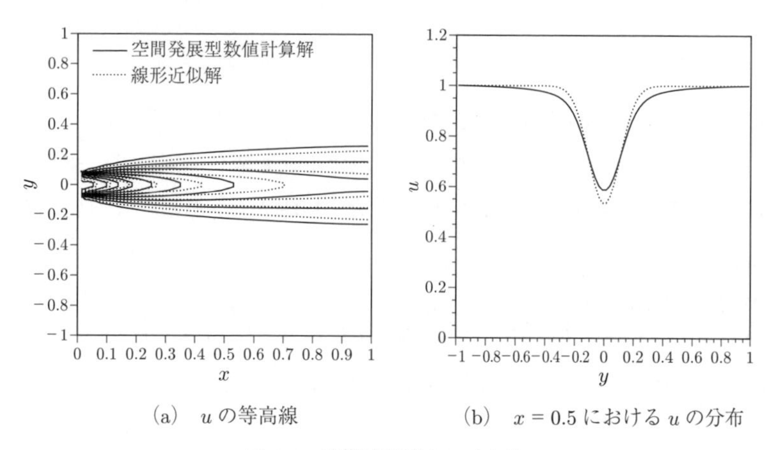


(a)　$u$ の等高線　　　(b)　$x = 0.5$ における $u$ の分布

図 **4.9**　空間発展型ウェイク流

## 4.6　層 流 境 界 層

最後に壁が存在する外部流れの一つである主流方向ゼロ圧力勾配の層流境界層 (laminar boundary layer) を見ていく。この流れを記述する定常 2 次元ナビア–ストークス方程式は

$$u\frac{\partial u}{\partial x} + v\frac{\partial u}{\partial y} = \nu\frac{\partial^2 u}{\partial x^2} + \nu\frac{\partial^2 u}{\partial y^2} \tag{4.73}$$

$$u\frac{\partial v}{\partial x} + v\frac{\partial v}{\partial y} = -\frac{1}{\rho}\frac{\partial p}{\partial y} + \nu\frac{\partial^2 v}{\partial x^2} + \nu\frac{\partial^2 v}{\partial y^2} \tag{4.74}$$

$$\frac{\partial u}{\partial x} + \frac{\partial v}{\partial y} = 0 \tag{4.75}$$

となる。境界条件は壁面と境界層外端で与えられ

$$u\,(x, 0) = v\,(x, 0) = 0, \quad u\,(x, \infty) = U_\infty \tag{4.76}$$

となる。流れ方向の変化を特徴づける長さスケールを $l_x$，速度 $u$ は境界層外端速度 $U_\infty$，壁面が存在することによって生じる非一様性を特徴づける長さスケールを $l_y$ とする。境界層流れでは二つの長さスケールには $l_x \gg l_y$ の関係が成立する。この方程式において $x$ 微分は $O(1/l_x)$，$y$ 微分は $O(1/l_y)$ のオーダーとなる。まず，こ

のオーダー解析を連続方程式 (4.75) に導入すると

$$O\left(\frac{U_\infty}{l_x}\right)+O\left(\frac{v}{l_y}\right)=0$$

で両項が釣り合うには壁垂直方向速度 $v$ は $O(U_\infty l_y/l_x)$ のオーダー量である必要がある。これを $x$ 方向の運動方程式に適用すると

$$O\left(\frac{U_\infty^2}{l_x}\right)+O\left(\frac{U_\infty^2}{l_x}\right)=O\left(\frac{\nu U_\infty}{l_x^2}\right)+O\left(\frac{\nu U_\infty}{l_y^2}\right)$$

となり，右辺第 1 項が右辺第 2 項に比べて小さな項で，無視する。両辺とのバランスから

$$\frac{U_\infty^2}{l_x}\sim\frac{\nu U_\infty}{l_y^2} \tag{4.77}$$

となり，レイノルズ数 Re を $U_\infty l_x/\nu$ で定義すると長さスケールの関係式は

$$l_x\sim \mathrm{Re}^{1/2}l_y \tag{4.78}$$

となる。これらの関係を式 (4.74) に導入すると

$$O\left(\frac{1}{\mathrm{Re}}\frac{U_\infty^2}{l_y}\right)+O\left(\frac{1}{\mathrm{Re}}\frac{U_\infty^2}{l_y}\right)=-\frac{1}{\rho}\frac{\partial p}{\partial y}+O\left(\frac{1}{\mathrm{Re}^2}\frac{U_\infty^2}{l_y}\right)+O\left(\frac{1}{\mathrm{Re}}\frac{U_\infty^2}{l_y}\right)$$

となり，$y$ 方向の圧力勾配項以外は少なくともレイノルズ数に依存して小さな値となる項であることがわかる。また，他の項を無視すると圧力は一定という解が得られる。よって，主流方向のゼロ圧力勾配層流境界層の方程式は

$$u\frac{\partial u}{\partial x}+v\frac{\partial u}{\partial y}=\nu\frac{\partial^2 u}{\partial y^2} \tag{4.79}$$

と連続方程式 (4.75) を解けばよいこととなる。

流れ関数を導入して自動的に連続方程式を満足させ，かつ式 (4.79) に代入すると流れ関数に対する方程式がつぎのように得られる。

$$\frac{\partial\Psi(x,y)}{\partial y}\frac{\partial^2\Psi(x,y)}{\partial x\partial y}-\frac{\partial\Psi(x,y)}{\partial x}\frac{\partial^2\Psi(x,y)}{\partial y^2}=\nu\frac{\partial^3\Psi(x,y)}{\partial y^3} \tag{4.80}$$

この方程式を解析するため，新たな変数 $\eta$ を

$$\eta=\frac{y}{\sqrt{\nu x/U_\infty}},\quad \frac{\partial\eta}{\partial x}=-\frac{\eta}{2x},\quad \frac{\partial\eta}{\partial y}=\frac{1}{\sqrt{\nu x/U_\infty}} \tag{4.81}$$

と導入し，流れ関数を新たな関数 $f(\eta)$ により

$$\Psi(x,y)=\sqrt{U_\infty \nu x}f(\eta) \tag{4.82}$$

と表現すると，この関数の方程式は

$$f(\eta)\frac{d^2f(\eta)}{d\eta^2}+2\frac{d^3f(\eta)}{d\eta^3}=0 \tag{4.83}$$

となる。境界条件は $f(0)=f'(0)=0$，$f(\infty)=1$ である。また，速度は

$$u(x,y)=U_\infty\frac{df(\eta)}{d\eta} \tag{4.84}$$

$$v(x,y)=\frac{1}{2}\sqrt{\frac{U_\infty \nu}{x}}\left(\eta\frac{df(\eta)}{d\eta}-f(\eta)\right) \tag{4.85}$$

で評価することができる。この式 (4.83) はブラジウス方程式と呼ばれる非線形偏微分方程式である。この方程式も非線形性のため現時点では解析解は見つけられていない。ここでは級数展開による近似解の評価と数値解析による結果を示していく。関数 $f$ をつぎのような級数展開を導入して

$$f(\eta)=\sum_{n=0}^{\infty}a_n\eta^{3n+2} \tag{4.86}$$

で表現すると，ブラジウス方程式はつぎの係数間関係式

$$\sum_{m=0}^{n}(3m+2)(3m+1)a_{n-m}a_m+2(3n+5)(3n+4)(3n+3)a_{n+1}=0 \tag{4.87}$$

を解いていけばよいことがわかる。ただし，この表現は通常の級数展開の係数がゼロとなる項をあらかじめ削除した表現を採用している。この近似解は 7 次までで

$$f(\eta)=a_0\eta^2-\frac{2}{5!}a_0^2\eta^5+\frac{22}{8!}a_0^3\eta^8-\frac{750}{11!}a_0^4\eta^{11}+\frac{55794}{14!}a_0^5\eta^{14}$$
$$-\frac{7634274}{17!}a_0^6\eta^{17}+\frac{1731748230}{20!}a_0^7\eta^{20}+\cdots \tag{4.88}$$

となり，速度は

$$u(x,y)=U_\infty\left\{2a_0\left(\sqrt{\frac{U_\infty}{\nu x}}y\right)-\frac{2}{4!}a_0^2\left(\sqrt{\frac{U_\infty}{\nu x}}y\right)^4+\frac{22}{7!}a_0^3\left(\sqrt{\frac{U_\infty}{\nu x}}y\right)^7\right.$$

$$-\frac{750}{10!}a_0^4\left(\sqrt{\frac{U_\infty}{\nu x}}y\right)^{10}+\frac{55794}{13!}a_0^5\left(\sqrt{\frac{U_\infty}{\nu x}}y\right)^{13}-\frac{7634274}{16!}a_0^6\left(\sqrt{\frac{U_\infty}{\nu x}}y\right)^{16}$$
$$\left.+\frac{1731748230}{19!}a_0^7\left(\sqrt{\frac{U_\infty}{\nu x}}y\right)^{19}+\cdots\right\} \tag{4.89}$$

$$v(x,y)=\frac{1}{2}\sqrt{\frac{U_\infty\nu}{x}}\left\{a_2\left(\sqrt{\frac{U_\infty}{\nu x}}y\right)^2-\frac{8}{5!}a_2^2\left(\sqrt{\frac{U_\infty}{\nu x}}y\right)^5+\frac{154}{8!}a_2^3\left(\sqrt{\frac{U_\infty}{\nu x}}y\right)^8\right.$$
$$-\frac{7500}{11!}a_2^4\left(\sqrt{\frac{U_\infty}{\nu x}}y\right)^{11}+\frac{725322}{14!}a_2^5\left(\sqrt{\frac{U_\infty}{\nu x}}y\right)^{14}-\frac{122148384}{17!}a_2^6\left(\sqrt{\frac{U_\infty}{\nu x}}y\right)^{17}$$
$$\left.+\frac{32903216370}{20!}a_2^7\left(\sqrt{\frac{U_\infty}{\nu x}}y\right)^{20}+\cdots\right\} \tag{4.90}$$

と導出される。

一方，数値計算では3階微分表現の利用は容易ではないので，関数 $f(\eta)$ を用いて主流速度の無次元関数 $\hat{u}(\eta)$ を

$$\hat{u}(\eta)=\frac{u(\eta)}{U_\infty}=\frac{df(\eta)}{d\eta} \tag{4.91}$$

と導入する。この境界条件は $\hat{u}(0)=0$ と $\hat{u}(\infty)=1$ である。式 (4.83) は

$$\left\{\int_0^\eta d\eta'\hat{u}(\eta')\right\}\frac{d\hat{u}(\eta)}{d\eta}+2\frac{d^2\hat{u}(\eta)}{d\eta^2}=0 \tag{4.92}$$

と変形できる。この方程式を収束計算により数値解を導出した。この級数近似解（$a_0=0.1660$）と数値計算の解を比較したものが**図 4.10**(a) であり，10%のずれまでを級数解としてはプロットしてある。展開次数が高くなるに従って再現できる範囲は広がるが，数値解を十分には再現できていない。

また，自由流れで示したように線形近似

$$U_\infty\frac{\partial u}{\partial x}=\nu\frac{\partial^2 u}{\partial y^2} \tag{4.93}$$

を施した場合，線形近似解は

$$u(x,y)=U_\infty\mathrm{erf}\left(\sqrt{\frac{U_\infty}{\nu x}}y\right) \tag{4.94}$$

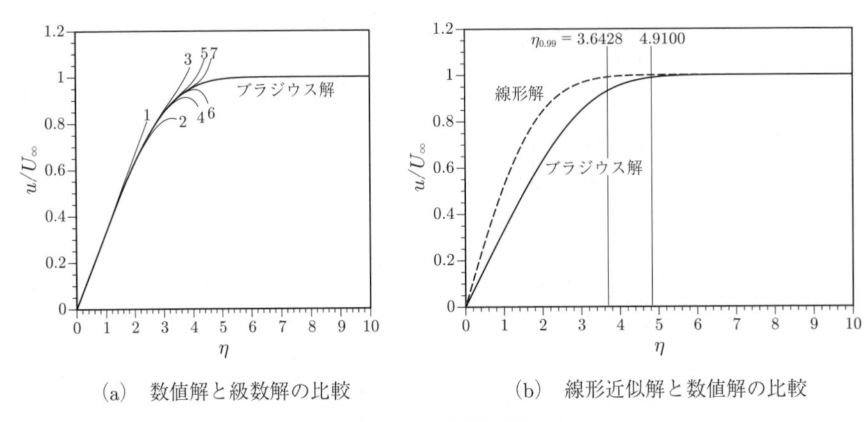


(a)　数値解と級数解の比較　　(b)　線形近似解と数値解の比較

**図 4.10**　層流境界層

となる。その比較は図 4.10(b) にあり，再現性はかなりよくないことが確認できる。よって，以降では数値解を利用して求めた物理量を提示していく。境界層では三つの長さスケールがよく議論される。一つは境界層外端速度 $U_\infty$ の 99%になる位置までの壁からの距離で，99%境界層厚さ（boundary layer thickness）と呼ばれ

$$\delta_{0.99}(x) \approx 4.9100\sqrt{\frac{\nu}{U_\infty}x} \tag{4.95}$$

と見積もられる。線形近似解ではこの厚さの係数がかなり低いものになっている。つぎに運動量厚さ $\delta_M$ で次式により評価される。

$$\delta_M(x) = \frac{1}{U_\infty^2}\int_0^\infty dyu(x,y)(U_\infty - u(x,y)) \approx 0.6641\sqrt{\frac{\nu}{U_\infty}x} \tag{4.96}$$

もう一つの長さスケールは排除厚さ（displcement thickness）$\delta_D$ で

$$\delta_D(x) = \frac{1}{U_\infty}\int_0^\infty dy(U_\infty - u(x,y)) \approx 1.7207\sqrt{\frac{\nu}{U_\infty}x} \tag{4.97}$$

となる。運動量厚さが最も短く，99%境界層厚さが最も長いものとなっている。これら長さスケールはどれも流れ方向に $x^{1/2}$ で広がることがわかる。壁面摩擦 $\tau_w$ は

$$\tau_w(x) = \nu\left.\frac{\partial u(x,y)}{\partial y}\right|_{y=0} \approx 0.3321\sqrt{\frac{\nu U_\infty^3}{x}} \tag{4.98}$$

で評価される。

# 章 末 問 題

【1】 中心が一致している半径 $R_{in}$ の内円管と半径 $R_{out}$ の外円管が配置され，その間に流体が満たされているとする。そして，図 **4.11** のように軸方向に一定駆動外力が働いているとき，どのような流れ場が生じるのであろうか。

【2】 中心が一致している半径 $R_{in}$ の内円管と半径 $R_{out}$ の外円管が配置され，その間に流体が満たされているとする。そして，図 **4.12** のように両管が一定速度 $W_{in}$ と $W_{out}$ で回転しているとき，どのような流れ場が生じるのであろうか。

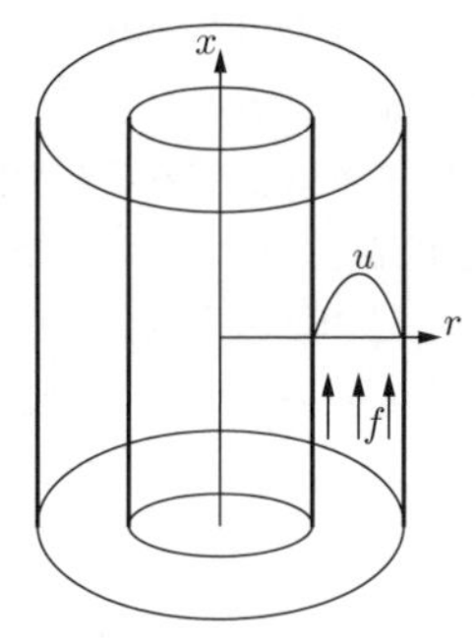


図 **4.11**　同心円環内において一定駆動外力によって生じる軸方向の流れ

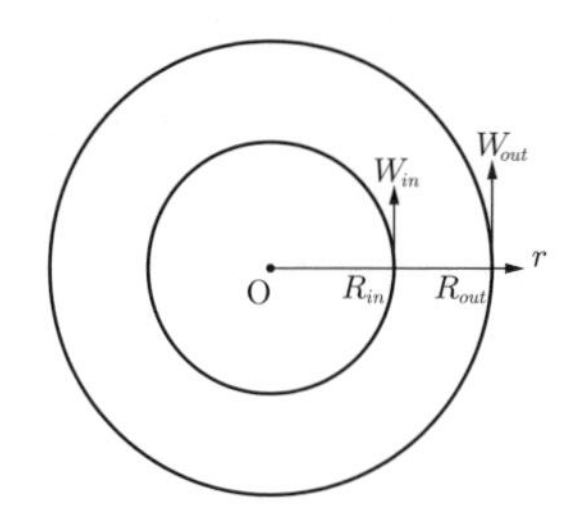


図 **4.12**　同心円環内において管壁回転から生じる周方向流れ

# 5 乱流の基礎

乱流は層流とは異なり，時空間的に乱れた状態の流れであり，非常に複雑な挙動を示す。この状態間を特徴づける量はレイノルズ数であり，我々の身の回りの流れの多くはレイノルズ数が高いため通常は乱流状態の流れが多く出現している。また，乱流の基本的な性質の一つに強混合性または強拡散性と強抵抗性がある。これは層流状態の流れに比べて，乱流状態の流れでは非常に強くものを混ぜる効果が表れ，また流れが流れにくいことを意味している。前者は物質の混合と熱の拡散の高効率化可能であることを意味し，我々が普段コーヒーを飲むときに砂糖やミルクを入れてスプーンでかき混ぜることや熱いものに口で息を吹きつけるといった挙動が経験的に乱流状態を利用しているよい例である。一方，強抵抗性はパイプラインなどにおける物質の輸送や車などの空力抵抗につながっており，この場合での乱流流れは工学的に非常に重要な制御対象となっている。理論的に乱流を取り扱うことで実際面の問題を解決することは非常に難しいため，6 章では乱流数値計算に関して説明していく。そこで，本章では乱流場において重要になる理論的な基礎知識を解説していく。

## 5.1 乱流遷移

乱流の遷移に関する研究の走りとしては有名な Reynolds（1883）の実験が挙げられる。Reynolds は円管内水流において管径と流速をコントロールして，乱流と層流がレイノルズ数という無次元パラメーターに依存して発生していることを発見し，その臨界値が $\mathrm{Re}_c = 2300$ において層流と乱流の遷移が生じると報告した。それに対して，Ekman（1911）は追実験を実行して $\mathrm{Re}_c > 50000$ ではないかとまったく異なる報告をしてきた。このような歴史的経緯から乱流遷移がいかにして生じるかについての関心が高まり，層流から乱流への遷移に関する理論的研究は物理学的観点では非常に重要なものとなっている。この理論的研究の基礎として，線形安定性理論（linear stability theory）解析が存在する。この理論解析ではナビア–ストークス方程式に対して，層流解とそれに負荷される 2 乗量を無視できるとする微小擾乱という仮定から導出される線形偏微分方程式を検討していく。以下で，チャネル流れの場合について紹介する。

チャネル流れの層流解が $U(y)$ で与えられているとき，速度を層流解 $U(y)$ と微小擾乱 $u'(x,y,z,t)$ の和としてナビア–ストークス方程式 (4.1) と (4.2) に代入し，微小擾乱の 2 乗項を消去すると

$$\frac{\partial u_i'}{\partial t} + U(y)\frac{\partial u_i'}{\partial x} + \frac{\partial U(y)}{\partial y}v'\delta_{i1} = -\frac{\partial p'}{\partial x_i} + \nu\frac{\partial^2 u_i'}{\partial x_j \partial x_j} \tag{5.1}$$

$$\frac{\partial u_j'}{\partial x_j} = 0 \tag{5.2}$$

という線形化された揺動速度方程式が導出できる。つぎに一様性を仮定できる $x$ と $z$ 方向にフーリエ変換，時間に関してラプラス変換を用いて，微小擾乱の速度と圧力をつぎのように変換する。

$$u_i'(x,y,z,t) = \tilde{u}_i(y)\,e^{\sigma t + ik_x x + ik_z z}, \quad p'(x,y,z,t) = \tilde{p}(y)\,e^{\sigma t + ik_x x + ik_z z}$$

この変換により擾乱方程式は

$$\left\{\sigma + ik_x U(y) + \nu\left(k_x^2 + k_z^2 - \frac{\partial^2}{\partial y^2}\right)\right\}\tilde{u}(y) + \frac{\partial U(y)}{\partial y}\tilde{v}(y)$$
$$= -ik_x\tilde{p}(y) \tag{5.3}$$

$$\left\{\sigma + ik_x U(y) + \nu\left(k_x^2 + k_z^2 - \frac{\partial^2}{\partial y^2}\right)\right\}\tilde{v}(y) = -\frac{\partial \tilde{p}(y)}{\partial y} \tag{5.4}$$

$$\left\{\sigma + ik_x U(y) + \nu\left(k_x^2 + k_z^2 - \frac{\partial^2}{\partial y^2}\right)\right\}\tilde{w}(y) = -ik_z\tilde{p}(y) \tag{5.5}$$

$$ik_x\tilde{u}(y) + \frac{\partial \tilde{v}(y)}{\partial y} + ik_z\tilde{w}(y) = 0 \tag{5.6}$$

となる。この 4 本の方程式から圧力 $\tilde{p}$，主流およびスパン方向速度 $\tilde{u}$ と $\tilde{w}$ を消去すると

$$\left(U(y) + \frac{\sigma}{ik_x}\right)\left\{\frac{\partial^2}{\partial y^2} - \left(k_x^2 + k_z^2\right)\right\}\tilde{v}(y) - \frac{\partial^2 U(y)}{\partial y^2}\tilde{v}(y)$$
$$-\frac{\nu}{ik_x}\left\{\frac{\partial^2}{\partial y^2} - \left(k_x^2 + k_z^2\right)\right\}^2\tilde{v}(y) = 0 \tag{5.7}$$

という Orr-Sommerfeld 方程式が導出される。

簡単ではないが，この方程式を固有値問題として解析し，その固有値 $\sigma$ の中で実

部最大の固有値 $\sigma_M$ を見出せば，無限時間極限では

$$u_i'(x,y,z,t) \propto A\exp(\sigma_M t) \tag{5.8}$$

と振る舞うことは自明である。この時間変化を考慮し，実部 $\mathrm{Re}(\sigma_M) < 0$ では擾乱は時間とともに減衰して，層流解に漸近していくことから安定，$\mathrm{Re}(\sigma_M) = 0$ を中立，$\mathrm{Re}(\sigma_M) > 0$ では微小擾乱は時間とともに指数関数的に増大化し，層流解から離れていくので不安定と判断する。また，この議論をする際には，Orr-Sommerfeld 方程式に対して，ナビア–ストークス方程式に導入した無次元化と同様の無次元化処理を適用し，次式を解析する。

$$\left(\hat{U}(\eta) + \frac{\hat{\sigma}}{i\hat{k}_x}\right)\left\{\frac{\partial^2}{\partial\eta^2} - \left(\hat{k}_x^2 + \hat{k}_z^2\right)\right\}\tilde{v}(\eta)$$
$$-\frac{\partial^2\hat{U}(\eta)}{\partial\eta^2}\tilde{v}(\eta) - \frac{1}{i\widehat{\mathrm{Re}}\hat{k}_x}\left\{\frac{\partial^2}{\partial\eta^2} - \left(\hat{k}_x^2 + \hat{k}_z^2\right)\right\}^2\tilde{v}(\eta) = 0 \tag{5.9}$$

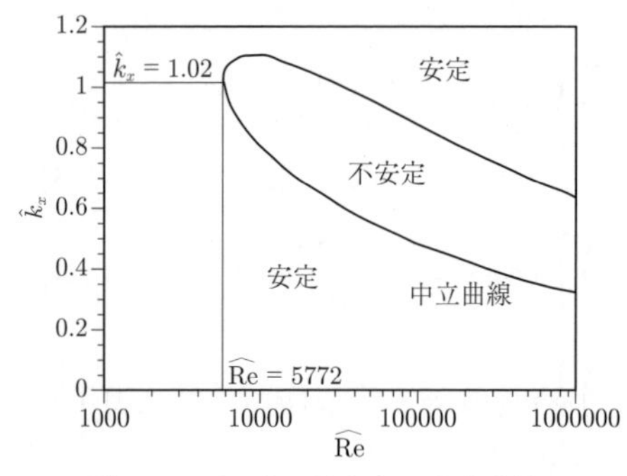


図 **5.1**　チャネル流れでの中立曲線

この式からわかるように固有値 $\sigma$ は波数 $\hat{k}_x$ と $\hat{k}_z$ とレイノルズ数 $\widehat{\mathrm{Re}}$ の関数である。2 次元ポアズイユ流れ（$\hat{U}(\eta) = 1-\eta^2$）では図 **5.1** のような中立曲線の結果が得られており，臨界レイノルズ数は 5772 と求まっている。また，臨界波数は $\hat{k}_x = 1.02$ と $\hat{k}_z = 0$ であり，不安定現象初期に出現する波動が主流方向のみに依存する 2 次元波で Tollmien-Schlichting 波と呼ばれるものであり，実際にこの波の存在は実験により観測されている。

この理論は境界層流れなどにも適用され，ある程度の成功を収めたが，クェット流れや円管内流れでは臨界レイノルズ数が無限大となるなど問題点もある。また，この理論により乱流への遷移の始まりは議論できるが，その後の状態では流れの非線形性が強くなるため非線形安定性理論などが必要となる。また，このテーマにおける別方面の研究としてはカオス研究の観点から，ベルナール対流やテイラー–クェット流れを対象としたものも盛んに研究されている。

## 5.2 相　似　則

乱流には厳密な普遍則はまだ見つかっていないものの同様な状況下では成立する相似則がいくつかある。ここでは相似則について説明していく。最も代表的な相似則として壁法則が存在する。主流方向平均速度方程式は

$$\frac{\partial U}{\partial t}+\frac{\partial UU}{\partial x}+\frac{\partial VU}{\partial y}+\frac{\partial WU}{\partial z}+\frac{\partial \overline{u'u'}}{\partial x}+\frac{\partial \overline{u'v'}}{\partial y}+\frac{\partial \overline{w'u'}}{\partial z}$$
$$=-\frac{1}{\rho}\frac{\partial P}{\partial x}+\nu\frac{\partial^2 U}{\partial x^2}+\nu\frac{\partial^2 U}{\partial y^2}+\nu\frac{\partial^2 U}{\partial z^2} \tag{5.10}$$

と書け，定常性，主流とスパン方向への一様性を仮定し，平均連続方程式からの結果である $V=0$ を代入すると

$$\frac{\partial \overline{u'v'}}{\partial y}=\nu\frac{\partial^2 U}{\partial y^2} \tag{5.11}$$

となり，右辺を左辺に移項して壁垂直 $y$ 方向に積分を実施すると

$$0=\int_0^y dy'\frac{\partial}{\partial y'}\left(\overline{u'v'}\left(y'\right)-\nu\frac{\partial U\left(y'\right)}{\partial y'}\right)$$
$$=\overline{u'v'}\left(y\right)-\nu\frac{\partial U\left(y\right)}{\partial y}+\nu\left.\frac{\partial U\left(y\right)}{\partial y}\right|_{y=0} \tag{5.12}$$

となり，最終項に壁面摩擦 $\tau_w$ を導入すると

$$-\overline{u'v'}+\nu\frac{\partial U}{\partial y}=\tau_w \tag{5.13}$$

となる。レイノルズせん断応力 $\overline{u'v'}$ に，6.2.1 項で詳細を説明する渦粘性型モデル表現をつぎのように適用する。

$$-\overline{u'v'}=\nu_T\frac{\partial U}{\partial y} \tag{5.14}$$

この式を式 (5.13) に代入すると

$$\left(\nu+\nu_T\right)\frac{\partial U}{\partial y}=\tau_w \tag{5.15}$$

と記述できる。この式において極壁近傍の粘性底層では渦粘性率の寄与がなく分子粘性率が主要であるとすると

$$\nu\frac{\partial U}{\partial y} = \tau_w \tag{5.16}$$

で近似でき，壁（$y = 0$）で速度ゼロとするとその積分式から

$$U = \frac{\tau_w}{\nu}y \tag{5.17}$$

という解が得られる。ここで，摩擦速度 $u_\tau$ を $u_\tau = \sqrt{\tau_w}$ で定義すると

$$U^+ = y^+ \tag{5.18}$$

となる。ここで上付きの + は壁座標単位での無次元化量で，$U^+ = U/u_\tau$ と $y^+ = u_\tau y/\nu$ である。一方，式 (5.15) において壁から離れた対数層では分子粘性率の寄与が無視できるようになり

$$\nu_T\frac{\partial U}{\partial y} = \tau_w \tag{5.19}$$

と書け，渦粘性率〔$\mathrm{L^2T^{-1}}$〕は分子粘性率を除く二つの有次元量 $y$〔L〕と $u_\tau$〔$\mathrm{LT^{-1}}$〕で次元解析を実行すると，定数 $A$ を用いて

$$\nu_T = Au_\tau y \tag{5.20}$$

と一意的に書くことができる。速度勾配は

$$\frac{\partial U}{\partial y} = \frac{u_\tau}{Ay} \tag{5.21}$$

であり，$y$ に関して不定積分を実行すると

$$U = \frac{u_\tau}{A}\log y + C \tag{5.22}$$

となり，壁座標単位に書き換えるとつぎのような対数法則が得られる。

$$U^+ = \frac{1}{\kappa}\log y^+ + C' \tag{5.23}$$

ここで，$\kappa$ はカルマン定数で 0.41，定数 $C'$ は 5.5 である。ただし，これらの数値は微妙に違うものも容認されている。粘性底層と対数層の間にはバッファー層が存在する。例として**図 5.2** はチャネル乱流の直接数値計算（DNS）での壁法則との対応関係を示す。この法則は単純な壁乱流でも，壁が粗面の場合や加速または減速しているケース，回転や曲がりがあるケースなどでは破綻するのでその際の利用には注意が必要である。

この他にも自由乱流流れにおいて相似性が現れることが知られており，本書では 6.2 節でそれをとりあげる。

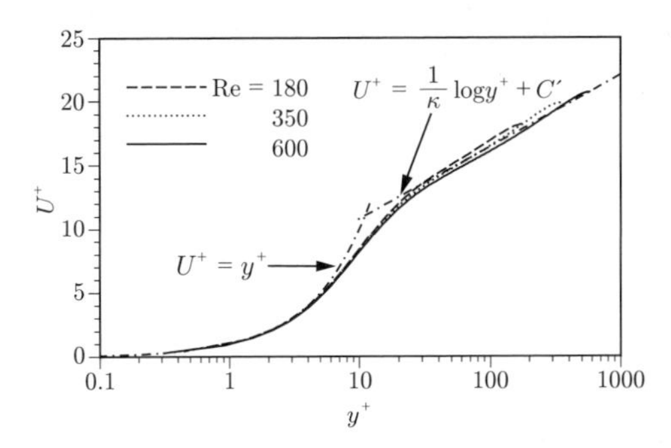


図 **5.2**　壁法則の例（チャネル乱流の DNS）

## 5.3　相　　関

離れた2点 $\boldsymbol{x}$ と $\boldsymbol{x}+\boldsymbol{r}$ の速度 $u_i$ によって構成される速度の2次および3次相関は

$$Q_{ij}(\boldsymbol{r},t) = \langle u_i(\boldsymbol{x},t)\, u_j(\boldsymbol{x}+\boldsymbol{r},t)\rangle \tag{5.24}$$

$$Q_{ij,k}(\boldsymbol{r},t) = \langle u_i(\boldsymbol{x},t)\, u_j(\boldsymbol{x},t)\, u_k(\boldsymbol{x}+\boldsymbol{r},t)\rangle \tag{5.25}$$

となる。一様等方性乱流ではこれらの相関量は空間の対称性と連続条件を満足する必要がある。さらに狭義の等方性として座標系の反転に関しても不変であるとすると，その条件は次式で与えられる。

$$\begin{aligned} Q_{ij}(\boldsymbol{r},t) &= Q_{ji}(-\boldsymbol{r},t) = Q_{ij}(-\boldsymbol{r},t), \quad \frac{\partial Q_{ij}(\boldsymbol{r},t)}{\partial r_i} = \frac{\partial Q_{ij}(\boldsymbol{r},t)}{\partial r_j} = 0, \\ Q_{ij,k}(\boldsymbol{r},t) &= -Q_{ij,k}(-\boldsymbol{r},t), \quad Q_{ij,k}(0,t) = 0, \quad \frac{\partial Q_{ij,k}(\boldsymbol{r},t)}{\partial r_k} = 0 \end{aligned} \tag{5.26}$$

任意の等方的2階のテンソルは

$$Q_{ij}(\boldsymbol{r},t) = F(r)\frac{r_i r_j}{r^2} + G(r)\,\delta_{ij} \tag{5.27}$$

で書くことができる。**図 5.3** のような縦速度相関と横速度相関を次式で定義する。

$$\langle u_p(\boldsymbol{x},t)\, u_p(\boldsymbol{x}+\boldsymbol{r},t)\rangle \equiv u^2 f(r) \tag{5.28}$$

$$\langle u_n(\boldsymbol{x},t)\, u_n(\boldsymbol{x}+\boldsymbol{r},t)\rangle \equiv u^2 g(r) \tag{5.29}$$

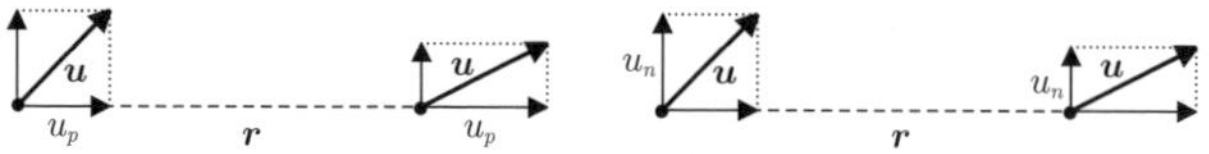

(a)　縦速度相関　　(b)　横速度相関

**図 5.3**　縦速度相関と横速度相関

ここで，二つの関数は $f(0) = g(0) = 1$ で，一点平均量は等方として $u^2 = 2K/3$ となる。$K$ は乱流エネルギーである。これらの速度相関を導入すると 2 点速度相関は

$$Q_{ij}(\boldsymbol{r}, t) = u^2 g(r)\,\delta_{ij} + u^2 \{f(r) - g(r)\} \frac{r_i r_j}{r^2} \tag{5.30}$$

となり，式 (5.26) の 2 番目の式であるソレノイダル条件 (solenoidal condition) を課して，微分公式 $\partial r_j/\partial r_i = \delta_{ij}$ と $\partial r/\partial r_i = r_i/r$ を用いると，二つの関数の関係式は

$$g(r) = f(r) + \frac{r}{2}\frac{\partial f(r)}{\partial r} \tag{5.31}$$

が成立する。式 (5.30) において $g(r)$ を消去すると

$$Q_{ij}(\boldsymbol{r}, t) = u^2 \left( f(r) + \frac{r}{2}\frac{\partial f(r)}{\partial r} \right) \delta_{ij} - \frac{u^2}{2}\frac{\partial f(r)}{\partial r}\frac{r_i r_j}{r} \tag{5.32}$$

と書き換えられる。

速度 2 点相関から導出される重要な長さスケールを導入する。$r = 0$ に関する偶関数であることを利用して $f(x)$ と $g(x)$ をテイラー展開すると

$$\begin{aligned} f(r) &= f(0) + r\left.\frac{\partial f}{\partial r}\right|_{r=0} + \frac{r^2}{2}\left.\frac{\partial^2 f}{\partial r^2}\right|_{r=0} + \frac{r^3}{6}\left.\frac{\partial^3 f}{\partial r^3}\right|_{r=0} + \frac{r^4}{24}\left.\frac{\partial^4 f}{\partial r^4}\right|_{r=0} + \cdots \\ &= 1 + \frac{r^2}{2}\left.\frac{\partial^2 f}{\partial r^2}\right|_{r=0} + \frac{r^4}{24}\left.\frac{\partial^4 f}{\partial r^4}\right|_{r=0} + \cdots \end{aligned} \tag{5.33}$$

$$\begin{aligned} g(r) &= g(0) + r\left.\frac{\partial g}{\partial r}\right|_{r=0} + \frac{r^2}{2}\left.\frac{\partial^2 g}{\partial r^2}\right|_{r=0} + \frac{r^3}{6}\left.\frac{\partial^3 g}{\partial r^3}\right|_{r=0} + \frac{r^4}{24}\left.\frac{\partial^4 g}{\partial r^4}\right|_{r=0} + \cdots \\ &= 1 + \frac{r^2}{2}\left.\frac{\partial^2 g}{\partial r^2}\right|_{r=0} + \frac{r^4}{24}\left.\frac{\partial^4 g}{\partial r^4}\right|_{r=0} + \cdots \end{aligned} \tag{5.34}$$

となり，前述した二つの関数の関係式 (5.31) から

$$\left.\frac{\partial^2 f}{\partial r^2}\right|_{r=0} = \frac{1}{2}\left.\frac{\partial^2 g}{\partial r^2}\right|_{r=0}, \qquad \left.\frac{\partial^4 f}{\partial r^4}\right|_{r=0} = \frac{1}{3}\left.\frac{\partial^4 g}{\partial r^4}\right|_{r=0}, \cdots \tag{5.35}$$

と求まる。ここで縦相関の $r = 0$ において放物線近似した際の長さスケール $L_T$ はテイラーマイクロスケールまたは微分長と呼ばれるものであり，その定義式は

$$L_T \equiv \left( - \left. \frac{\partial^2 f}{\partial r^2} \right|_{r=0} \right)^{-1/2} = \left( -\frac{1}{2} \left. \frac{\partial^2 g}{\partial r^2} \right|_{r=0} \right)^{-1/2} \tag{5.36}$$

となる。また，この式からは等方性の仮定のもとで縦と横速度相関の 2 階微分は 1：2 の関係になっていることもわかる。また，1 点平均量の極限 $r \to 0$ では

$$- \left. \frac{\partial^2 f(r)}{\partial r^2} \right|_{r=0} = \frac{1}{u^2} \left\langle \frac{\partial u_p}{\partial r} \frac{\partial u_p}{\partial r} \right\rangle = \frac{1}{2} \frac{1}{u^2} \left\langle \frac{\partial u_n}{\partial r} \frac{\partial u_n}{\partial r} \right\rangle \tag{5.37}$$

となり，等方乱流では散逸率（dissipation rate）$\varepsilon$ は

$$\varepsilon = \nu \left( 3 \left\langle \frac{\partial u_p}{\partial r} \frac{\partial u_p}{\partial r} \right\rangle + 6 \left\langle \frac{\partial u_n}{\partial r} \frac{\partial u_n}{\partial r} \right\rangle \right) = 15\nu \left\langle \frac{\partial u_p}{\partial r} \frac{\partial u_p}{\partial r} \right\rangle \tag{5.38}$$

であることから，散逸率を使ったテイラーマイクロスケールはつぎのように書くことができる。

$$L_T = \sqrt{\frac{15\nu u^2}{\varepsilon}} \tag{5.39}$$

慣習的に一様等方性乱流や一様せん断乱流などではこの長さを用いたレイノルズ数

$$\mathrm{Re}_\lambda = \frac{\sqrt{2K/3} L_T}{\nu} \tag{5.40}$$

が頻繁に提示されることが多い。このレイノルズ数は乱流モデルなどで利用される乱流レイノルズ数 $\mathrm{Re}_T = K^2/(\nu\varepsilon)$ と，等方場であれば $\mathrm{Re}_\lambda = \sqrt{20\mathrm{Re}_T/3}$ の関係が成立する。一方，非常に大きなスケールを与える長さスケールは相関を積分して算出する。

$$L_I \equiv \int_0^\infty dr f(r) = 2 \int_0^\infty dr g(r) \tag{5.41}$$

この長さ $L_I$ は積分長と呼ばれる。これらの 2 量の相関から求まる長さスケールがどのようなものかを DNS（直接数値計算）による例として**図 5.4** に示した。

つぎに速度の 3 体相関に着目する。乱流場の等方性を仮定したもとでの 3 階テンソルの一般型は

$$Q_{ij,k}(\boldsymbol{r}, t) = B(r) \delta_{ij} \frac{r_k}{r} + C(r) \left( \delta_{jk} \frac{r_i}{r} + \delta_{ik} \frac{r_j}{r} \right) + D(r) \frac{r_i r_j r_k}{r^3} \tag{5.42}$$

と書ける。ここで，$B(r)$，$C(r)$，$D(r)$ は変数 $r$ に依存する任意の関数である。2 階テンソルの場合と同様，連続条件 (5.26) を適用し，3 体の縦速度相関

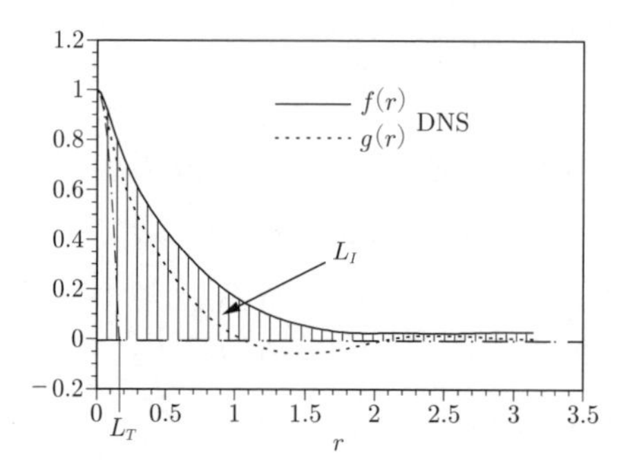


図 5.4　相関曲線に対する微分長と積分長

$$\langle u_p(\boldsymbol{x},t)\, u_p(\boldsymbol{x},t)\, u_p(\boldsymbol{x}+\boldsymbol{r},t)\rangle \equiv u^3 h(r) \tag{5.43}$$

を利用して式変形を実施すると速度 3 体相関は

$$Q_{ij,k}(\boldsymbol{r},t) = -\frac{u^3 h(r)}{2}\delta_{ij}\frac{r_k}{r} + \left(\frac{u^3 h(r)}{2} + \frac{r}{4}\frac{\partial u^3 h(r)}{\partial r}\right)\left(\delta_{jk}\frac{r_i}{r} + \delta_{ik}\frac{r_j}{r}\right) + \left(\frac{u^3 h(r)}{2} - \frac{r}{2}\frac{\partial u^3 h(r)}{\partial r}\right)\frac{r_i r_j r_k}{r^3} \tag{5.44}$$

となる。

一方，速度方程式から速度 2 体相関の輸送方程式は

$$\frac{\partial Q_{ij}(\boldsymbol{r},t)}{\partial t} = -\frac{\partial Q_{im,j}(\boldsymbol{r},t)}{\partial r_m} - \frac{\partial Q_{jm,i}(\boldsymbol{r},t)}{\partial r_m} + 2\nu\frac{\partial^2 Q_{ij}(\boldsymbol{r},t)}{\partial r_m \partial r_m} \tag{5.45}$$

となり，速度の 2 体相関式 (5.32) と 3 体相関式 (5.44) を代入すると

$$\frac{\partial u^2(t) f(r,t)}{\partial t} + \left(\frac{\partial}{\partial r} + \frac{4}{r}\right) u^3(t)\, h(r,t) - 2\nu\left(\frac{\partial^2}{\partial r^2} + \frac{4}{r}\frac{\partial}{\partial r}\right) u^2(t)\, f(r,t) = 0 \tag{5.46}$$

という Karman-Howarth 方程式が導出される。ここで，定常性と 1 点極限 $r \to 0$ を仮定すると 3 体相関関数 $h(r)$ の方程式

$$\left(\frac{\partial}{\partial r} + \frac{4}{r}\right) h(r) = \frac{2}{15}\frac{\varepsilon}{u^3} \tag{5.47}$$

が得られ，その解は

$$h(r) = \frac{2}{75}\frac{\varepsilon}{u^3} r \tag{5.48}$$

と求まる。よって，$h(r)$ は等方乱流場では $r$ の 1 乗に従う。速度差 $\Delta u_p = u_p(\boldsymbol{x}+\boldsymbol{r}) - u_p(\boldsymbol{x})$ によって定義される 3 次の構造関数 $\zeta_3$ を $\zeta_3 = \langle \Delta u_p^3 \rangle$ と定義すると，対

称性 (5.26) と 3 体相関関数 $h(r)$ を用いると式 (5.46) の解は

$$\zeta_3 = \frac{4}{5}\varepsilon r \tag{5.49}$$

となる。これは 3 次の構造関数が散逸率 $\varepsilon$ のみに依存する結果を示す。

## 5.4 ス ペ ク ト ル

乱流中の乱れの強度を特徴づける代表的な量である乱流エネルギー $K$ は一様等方性乱流であれば空間平均操作により

$$K = \frac{1}{2}\iiint d^3\boldsymbol{x} u_i(\boldsymbol{x},t)\, u_i(\boldsymbol{x},t) \Big/ \iiint d^3\boldsymbol{x} \tag{5.50}$$

で定義される。この表現にフーリエ変換則

$$\tilde{u}_i(\boldsymbol{k},t) = \frac{1}{(2\pi)^3}\iiint d^3\boldsymbol{x} u_i(\boldsymbol{x},t)\, e^{i\boldsymbol{k}\cdot\boldsymbol{x}}, \quad u_i(\boldsymbol{x},t) = \iiint d^3\boldsymbol{k}\tilde{u}_i(\boldsymbol{k},t)\, e^{-i\boldsymbol{k}\cdot\boldsymbol{x}}$$

を用いて，実空間での速度を波数空間速度に変換すると

$$\begin{aligned} K &= \frac{1}{2V}\iiint d^3\boldsymbol{x}\iiint d^3\boldsymbol{k}\tilde{u}_i(\boldsymbol{k},t)\, e^{-i\boldsymbol{k}\cdot\boldsymbol{x}}\iiint d^3\boldsymbol{k}'\tilde{u}_i(\boldsymbol{k}',t)\, e^{-i\boldsymbol{k}'\cdot\boldsymbol{x}} \\ &= \frac{1}{2}\iiint d^3\boldsymbol{k}\iiint d^3\boldsymbol{k}'\tilde{u}_i(\boldsymbol{k},t)\,\tilde{u}_i(\boldsymbol{k}',t)\,\frac{1}{V}\iiint d^3\boldsymbol{x} e^{-i(\boldsymbol{k}+\boldsymbol{k}')\cdot\boldsymbol{x}} \end{aligned} \tag{5.51}$$

ここで，$V$ は式 (5.50) の分母の空間積分値である。式 (5.51) の最後の部分はフーリエ変換の公式より

$$\frac{1}{V}\iiint d^3\boldsymbol{x} e^{-i(\boldsymbol{k}+\boldsymbol{k}')\cdot\boldsymbol{x}} = \delta(\boldsymbol{k}+\boldsymbol{k}') \tag{5.52}$$

でデルタ関数になり，次式のように変形できる。

$$\begin{aligned} K &= \frac{1}{2}\iiint d^3\boldsymbol{k}\iiint d^3\boldsymbol{k}'\tilde{u}_i(\boldsymbol{k},t)\,\tilde{u}_i(\boldsymbol{k}',t)\,\delta(\boldsymbol{k}+\boldsymbol{k}') \\ &= \frac{1}{2}\iiint d^3\boldsymbol{k}\tilde{u}_i(\boldsymbol{k},t)\,\tilde{u}_i(-\boldsymbol{k},t) \end{aligned} \tag{5.53}$$

乱流場に等方性を仮定すると，積分されているフーリエ変換された速度の 2 体量は

$$\tilde{u}_i(\boldsymbol{k},t)\,\tilde{u}_i(-\boldsymbol{k},t) = Q(k,t) \tag{5.54}$$

のように波数の大きさのみに依存し，波数空間を 3 次元極座標系に変換すると積分

オペレーターは場が等方であるため二つの方位角に依存しないので

$$\iiint d^3\boldsymbol{k} = \int dk 4\pi k^2 \tag{5.55}$$

と書ける。よって最終的には

$$K = \int dk 2\pi k^2 Q\,(k,t) \tag{5.56}$$

となって，エネルギースペクトル関数 $E$ は

$$E\,(k,t) = 2\pi k^2 Q\,(k,t) \tag{5.57}$$

と定義される。$E\,(k,t)$ は波数について積分すると乱流エネルギーとなる。

現代確率論の開祖ともいうべきコルモゴロフ（Kolmogorov）は乱流場の小さなスケールの運動に着目し，コルモゴロフ理論（1941）を構築した[25),26)]。この理論は以下に示す三つの仮説から成り立っている。

コルモゴロフの第 1 仮説では十分に大きなレイノルズ数の乱流場において，たとえ大きなスケールで非等方的であっても，小さなスケールの乱れの運動は等方的であるとする。そのため，小さなスケールの統計量には乱流場における普遍的な性質が現れる。

第 2 仮説では十分に大きなレイノルズ数の乱流場において，小さなスケールの統計量は平均エネルギー散逸率 $\varepsilon = \nu\overline{\partial u_i'/\partial x_j \partial u_i'/\partial x_j}$〔$\mathrm{L^2T^{-3}}$〕と分子粘性率 $\nu$〔$\mathrm{L^2T^{-1}}$〕に依存する。次元解析を用いると，これら 2 量による長さスケール $l_K$，波数スケール $k_K$，時間スケール $t_K$，速度スケール $v_K$ はそれぞれ

$$l_K = \nu^{3/4}\varepsilon^{-1/4},\ \ k_K = \nu^{-3/4}\varepsilon^{1/4},\ \ t_K = \nu^{1/2}\varepsilon^{-1/2},\ \ v_K = \nu^{1/4}\varepsilon^{1/4} \tag{5.58}$$

となり，特に $l_K$ はコルモゴロフ長，$k_K$ はコルモゴロフ波数，$t_K$ はコルモゴロフ時間と呼ばれる。この普遍領域でのエネルギースペクトル $E(k)$ はそれ自体の次元〔$\mathrm{L^3T^{-2}}$〕を考慮すると

$$E\,(k) = \nu^{5/4}\varepsilon^{1/4} f\,(k/k_K) \tag{5.59}$$

となる。ただし，関数 $f$ のタイプは次元解析では決定できない。

第 3 仮説では高レイノルズ数乱流においてコルモゴロフ長よりも大きなスケール，つまりコルモゴロフ波数よりも低波数帯において，統計量が $\nu$ には依存せず平均散

逸率 $\varepsilon$ のみによる領域が存在する。そのため，分子粘性率依存性が式 (5.59) から消えるためには，関数型は $f(x) \propto x^{-5/3}$ である必要があり，この領域のエネルギースペクトルは

$$E(k) = C_K \varepsilon^{2/3} k^{-5/3} \tag{5.60}$$

と定まる。このエネルギースペクトルはコルモゴロフスペクトルや −5/3 乗則と呼ばれ，$C_K$ はコルモゴロフ定数で実験などから 1.5 程度の値と報告されており，Kraichnan の乱流統計理論解析[29] によってもナビア–ストークス方程式から再現されている。これらの普遍領域はコルモゴロフ長よりも大きな側が慣性領域 (inertial range)，小さい側が散逸領域 (dissipation range) となり，エネルギースペクトルの概略図は**図 5.5** のようになっている。平均速度場や流れの境界条件，駆動外力などに強く依存するため，慣性領域より大きな長さスケールには普遍性が成立しないエネルギー保有または供給領域（energy containing range）が出現する。

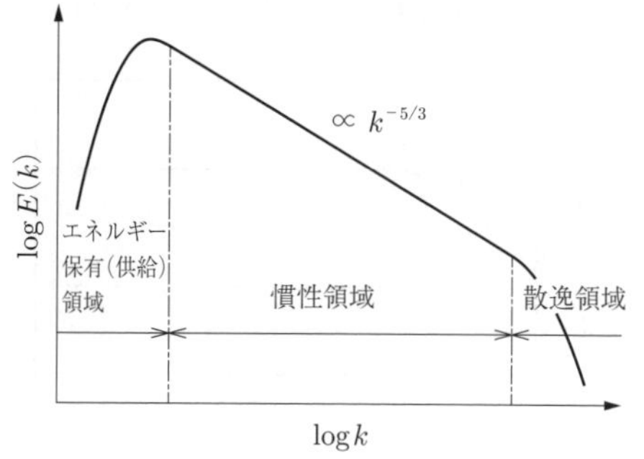


**図 5.5** 乱流場におけるエネルギースペクトルの概略図

速度の波数空間表現を利用し，同様な等方性を仮定するとエネルギースペクトルの輸送方程式はつぎのように求めることができる。

$$\frac{\partial E(k,t)}{\partial t} = \Pi(k,t) - T(k,t) \tag{5.61}$$

ここで，$\Pi$ は速度の 3 体相関により構成されるエネルギー伝達スペクトル関数，$T$ は散逸スペクトル関数であり，それらの定義式は

$$\begin{aligned}\int dk \Pi(k,t) = \frac{i}{2} \iiint d^3\boldsymbol{k} M_{ijm}(\boldsymbol{k}) \iiint d^3\boldsymbol{k}' \\ \times \left(\tilde{u}_i(\boldsymbol{k},t)\,\tilde{u}_j(\boldsymbol{k}',t)\,\tilde{u}_m(-\boldsymbol{k}-\boldsymbol{k}',t)\right. \\ \left.-\tilde{u}_i(-\boldsymbol{k},t)\,\tilde{u}_j(\boldsymbol{k}',t)\,\tilde{u}_m(\boldsymbol{k}-\boldsymbol{k}',t)\right)\end{aligned} \tag{5.62}$$

$$\int dk T(k,t) = \iiint d^3\boldsymbol{k} \nu k^2 \tilde{u}_i(\boldsymbol{k},t)\,\tilde{u}_i(-\boldsymbol{k},t) \tag{5.63}$$

となる。これらの関数に対して波数空間全体にわたる積分を実行するとそれぞれゼロと $\varepsilon$ となる。散逸スペクトルは慣性領域でコルモゴロフスペクトルを仮定すると

$$T(k,t) = 2\nu k^2 E(k,t) = 2\nu C_K \varepsilon^{1/3} k^{1/3} \tag{5.64}$$

となり，$k^{1/3}$ で高波数に行くほど高い値を示す。これは散逸領域付近でエネルギーの消散が活発になることを意味している。また，コルモゴロフ理論で普遍性を示す領域ではスペクトル関数 $T$ と $\Pi$ は釣合いを示す。一様減衰乱流の DNS（$512^3$）の結果である**図 5.6** においてもこの傾向が明瞭に確認できる。

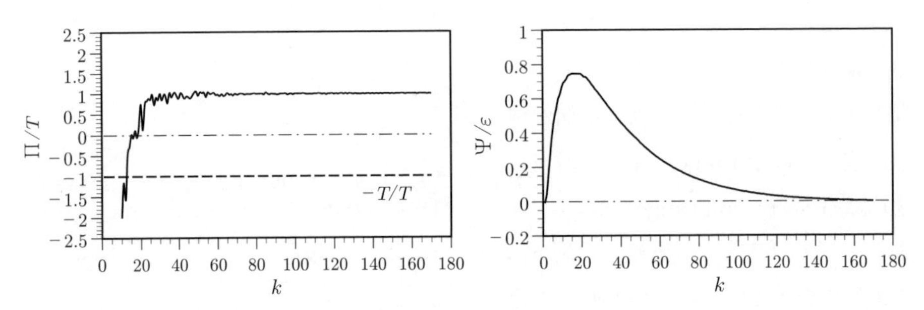


**図 5.6**　エネルギースペクトル収支とエネルギー流束スペクトル関数（一様等方性乱流）

伝達スペクトルを波数範囲 $k \sim \infty$ にわたって積分した関数をエネルギー流束スペクトル関数とし，次式で定義する。

$$\Psi(k,t) = \int_{\infty}^{k} dk' \Pi(k',t) \tag{5.65}$$

この関数は乱流エネルギーの収支項と同次元であり，慣性領域では関数値は散逸率 $\varepsilon$ となる。前述の DNS は十分には高レイノルズ数乱流ではないので，図 5.6 を見ると散逸率に達してはいないが，ややフラットな分布を示す波数帯は $k = 20$ 前後に確認できる。

## 5.5　間　　欠　　性

コルモゴロフの仮説はエネルギースペクトルに限って適用されるものではなく，5.4 節で見たように任意の次数の構造関数 $\zeta_n$ に対しても適用できる。$n$ 次の構造関数は $\zeta_n = \left\langle \Delta u_p^n \right\rangle$ で定義され，この量は速度の $n$ 乗であり，次元は〔$\mathrm{L}^n\mathrm{T}^{-n}$〕であ

ることから，平均散逸率 $\varepsilon$ と 2 点間距離 $r$ により

$$\zeta_n \propto \varepsilon^{n/3} r^{n/3} \tag{5.66}$$

と書ける。Karman-Howarth 方程式の解 (5.49) も $n=3$ においてコルモゴロフ理論を正当化している。しかし，近年の実験や DNS からはこの不整合性が確認されるようになってきた。例えば，一様等方性乱流の 8 次までの構造関数の結果が**図 5.7** である。このグラフでは $r$ のべき乗で規格化してあるのでフラットになっている部分がコルモゴロフ理論に従っていることを意味している。結果は，2 次や 3 次では広い範囲にわたってコルモゴロフ理論は成立しているようであるが，高次の構造関数になるとその範囲は極端に狭まってほとんどフラットな直線に沿う領域がなくなっている。このことは高次の統計量を評価すると，コルモゴロフ理論に従わなくなることを意味しており，このずれは間欠性（intermittency）として乱流における重要な要素である。この現象を説明するため，コルモゴロフは平均散逸率によって一様に寄与することに問題があるとして，散逸率の乱れを導入し対数正規分布による修正などを実施した[28]。

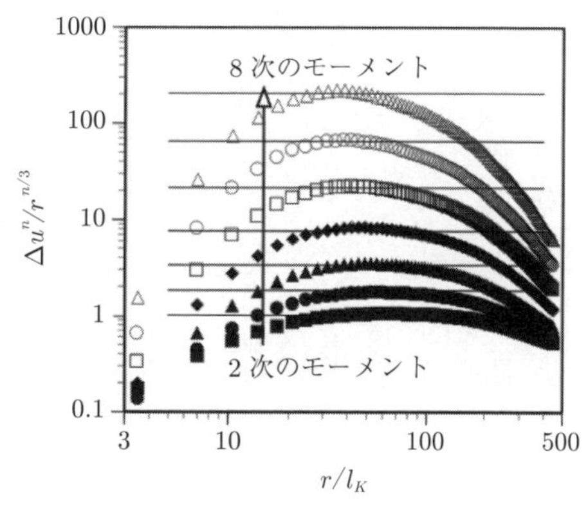


**図 5.7**　$n$ 次の構造関数（一様等方性乱流）

その後，さまざまな確率分布を導入するなどしていくつかのカスケードモデルが提案され，近年ではマルチフラクタルモデルにより現象論的には間欠性に対する説明も行えるようになってきた。しかし，カスケードモデルはナビア–ストークス方程式由来でなく，その点においても乱流における解明すべき問題が存在する。

また，間欠性は乱流現象が正規分布に従わないことからも評価される。我々の身の回りのランダムな現象は中心極限定理のお陰でその多くが正規分布に従っている。正規分布は平均 $\mu$ と分散 $\sigma^2$ によって確率密度関数が決定され，3 次の無次元化された統計量であるスキューネスはゼロ，4 次のフラットネスは 3 となる。しかし，乱流

場ではこのような単純さは成立せず，間欠性をしっかりと評価しなければならなくなっており，乱流を表現する確率密度関数の研究なども近年盛んになってきている。

## 章末問題

【1】 擾乱方程式 (5.3)～(5.6) を用いて，Orr-Sommerfeld 方程式 (5.7) を導出せよ。

【2】 式 (5.42) に連続条件 (5.26) を導入して，$C(r)$ と $D(r)$ を $B(r)$ を用いて表現せよ。

# 6 乱流数値解析

解析的にナビア–ストークス方程式を解くことができないので，乱流場に対する数値計算は有効であり，乱流数値解析法にはさまざまな方法が開発されてきた。例えば，直接数値計算，ラージ・エディ・シミュレーション，アンサンブル平均モデルシミュレーション（レイノルズ平均モデルシミュレーションと呼ぶ場合もある），渦法，粒子法，格子ボルツマン法などさまざまである。本書ではナビア–ストークス方程式から派生した方法である直接数値計算，ラージ・エディ・シミュレーション，アンサンブル平均モデルシミュレーションに限定して解説していく。

## 6.1 直接数値計算

直接数値計算（direct numerical simulation：DNS）はナビア–ストークス方程式 (4.1) と (4.2) をコンピューターにより数値的に解くことを意味している。乱流場は**図 6.1** のように大規模なエネルギー保有および供給領域スケールから，慣性領域を経て，分子粘性によるエネルギー散逸が行われている微小な散逸領域にわたって解像したシミュレーションが必要となる。テイラー（Taylor）によると大規模を特徴づける長さスケールを $L$ とする。一方，散逸スケールを特徴づける長さであるコルモゴロフスケール (5.58) との比率は

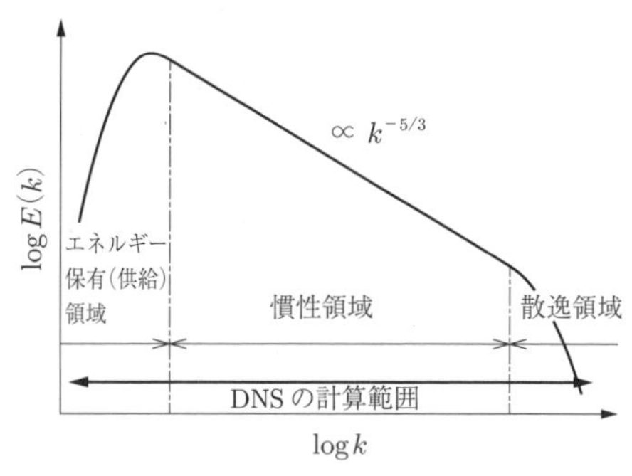

**図 6.1** エネルギースペクトルでのDNSの計算範囲

$$\frac{L}{l_K} = \frac{L}{\varepsilon^{-1/4}\nu^{3/4}} \tag{6.1}$$

となり，散逸率 $\varepsilon$〔$\mathrm{L^3T^{-2}}$〕を次元解析により代表長さ $L$〔L〕と代表速度 $U$〔$\mathrm{LT^{-1}}$〕を用いて，$\varepsilon = U^3L^{-1}$ と表し，比率 (6.1) に代入し，レイノルズ数 $\mathrm{Re} = UL/\nu$ を

考慮すると

$$\frac{L}{l_K} = \frac{L}{U^{-3/4}L^{1/4}\nu^{3/4}} = \mathrm{Re}^{3/4} \tag{6.2}$$

となる。乱流場は3次元計算が必要であるため，必要となる総格子点数 $N$ は $N \propto \mathrm{Re}^{9/4}$ となり，レイノルズ数を2倍にすると総格子点数は5倍近いものが必要となることを意味している。

また，微小スケールの運動を正しくとらえる必要があるが，一般的な数値計算では数値誤差はおもに小さなスケールに大きな影響を与えるため，DNSでは高精度の計算スキームが要求される。

これらの点から実用面でのDNSの利用は今日のかなり発達してきたコンピューターをもってしても不可能である。しかし，数値解が得られるDNSは学問的にはさまざまな乱流場の知見を与えてくれてきた。特に，大きな成果としては乱流のコヒーレント構造の評価が挙げられる。代表的な乱流構造に渦構造がある。渦構造というと既出の渦度ベクトルを対象としたり，その大きさの2乗量であるエンストロフィー $\eta = \omega_i\omega_i$ を対象に評価できないかと考えてしまう。しかし，渦度ベクトルや渦度テンソルは速度勾配の組合せで構成されており，**図6.2**のように速度歪であっても値を持ってしまい渦運動だけを純粋に抽出することは難しい。そこで，乱流渦構造の抽出方法としては速度勾配の第二不変量によるもの，歪テンソル方程式の固有値解析，圧力ヘシアンを評価する方法が提案されている。ここでは速度勾配の第二不変量による方法を説明する。

3行3列の行列 $\boldsymbol{A}$ に対するケーリー–ハミルトンの定理は

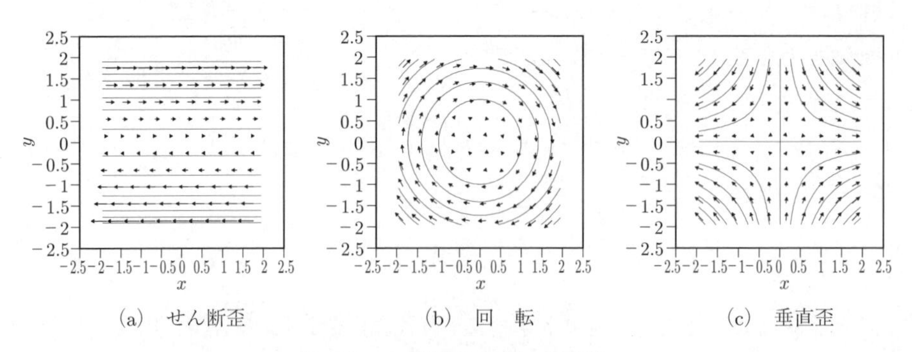


(a)　せん断歪　　(b)　回　転　　(c)　垂直歪

**図6.2**　せん断歪，回転，垂直歪

$$\boldsymbol{AAA} + Q_1\boldsymbol{AA} + Q_2\boldsymbol{A} + Q_3\boldsymbol{I} = \boldsymbol{0} \tag{6.3}$$

で与えられ，係数として現れている $Q_1$，$Q_2$，$Q_3$ は

$$Q_1 = -\mathrm{tr}\,[\boldsymbol{A}], \quad Q_2 = -\frac{1}{2}\left(\mathrm{tr}\,[\boldsymbol{AA}] - \mathrm{tr}\,[\boldsymbol{A}]^2\right)$$

$$Q_3 = -\frac{1}{6}\left(\mathrm{tr}\,[\boldsymbol{A}]^3 - 3\mathrm{tr}\,[\boldsymbol{A}]\,\mathrm{tr}\,[\boldsymbol{AA}] + 2\mathrm{tr}\,[\boldsymbol{AAA}]\right) \tag{6.4}$$

になる。ここで，tr は対角行列の和であるトレースを意味している。一般に座標変換は変換行列 $\boldsymbol{P}$ とその逆行列 $\boldsymbol{P}^{-1}$ を用いて

$$\boldsymbol{A}' = \boldsymbol{PAP}^{-1} \tag{6.5}$$

と書ける。そこで式 (6.3) の左側から $\boldsymbol{P}$ を，右側から $\boldsymbol{P}^{-1}$ をオペレートすると

$$\boldsymbol{PAAAP}^{-1} + \boldsymbol{P}Q_1\boldsymbol{AAP}^{-1} + \boldsymbol{P}Q_2\boldsymbol{AP}^{-1} + \boldsymbol{P}Q_3\boldsymbol{IP}^{-1} = \boldsymbol{0} \tag{6.6}$$

となる。$\boldsymbol{A}$ どうしの積の間に単位行列となる $\boldsymbol{P}^{-1}\boldsymbol{P}$ を挟むと，最終的に座標変換された行列 $\boldsymbol{A}'$ も係数が同一のケーリー–ハミルトンの定理

$$\boldsymbol{A}'\boldsymbol{A}'\boldsymbol{A}' + Q_1\boldsymbol{A}'\boldsymbol{A}' + Q_2\boldsymbol{A}' + Q_3\boldsymbol{I} = 0 \tag{6.7}$$

となる。よって，係数 $Q_1, Q_2, Q_3$ は座標変換に関して不変なので不変量 (invariance) であり，それぞれ順に第一，第二，第三不変量と呼ばれる。つぎのように速度勾配テンソルを 3 行 3 列の行列 $\boldsymbol{A}$ とみなす。

$$A_{ij} = \frac{\partial u_i}{\partial x_j} \tag{6.8}$$

この場合，非圧縮性乱流で連続方程式である速度の発散がゼロの条件は $\mathrm{tr}\,[\boldsymbol{A}] = 0$ となり，不変量は

$$Q_1{=}0, \quad Q_2 = -\frac{1}{2}\frac{\partial u_i}{\partial x_j}\frac{\partial u_j}{\partial x_i}, \quad Q_3 = -\frac{1}{3}\frac{\partial u_i}{\partial x_j}\frac{\partial u_j}{\partial x_m}\frac{\partial u_m}{\partial x_i} \tag{6.9}$$

で，第一不変量は存在しない。第二不変量と第三不変量は付録 A.1.2 項で後述する歪テンソル (A.29) と渦度テンソル (A.30) を用いて書き換えると

$$Q_2 = \frac{1}{2}\left(w_{ij}w_{ij} - s_{ij}s_{ij}\right), \quad Q_3 = \frac{1}{3}\left(3s_{ij}w_{im}w_{jm} - s_{ij}s_{im}s_{jm}\right) \tag{6.10}$$

になる。第二不変量は正定値である渦度テンソルと歪テンソルの2乗量間の差から成り立っており，正であれば渦度テンソルが支配的な渦運動を，負であれば歪による挙動が活発であることを意味している。この第二不変量の高い正値の領域を可視化すると渦構造が抽出できる。一様減衰乱流のDNS結果を利用して第二不変量をベースとして可視化したものが**図 6.3** である。細長いチューブ的な構造が多数発生していることが明瞭に見てとれる。

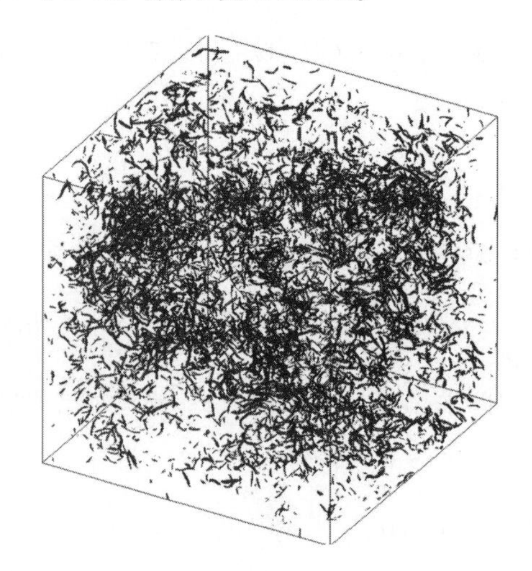

**図 6.3**　一様減衰乱流の渦構造

さらにナビア–ストークス方程式から第二不変量の輸送方程式を導出すると

$$\frac{DQ_2}{Dt} = -3Q_3 + \nu\frac{\partial^2 Q_2}{\partial x_m \partial x_m} + s_{ij}\frac{\partial^2 p}{\partial x_i \partial x_j} - \nu\frac{\partial w_{ij}}{\partial x_m}\frac{\partial w_{ij}}{\partial x_m} + \nu\frac{\partial s_{ij}}{\partial x_m}\frac{\partial s_{ij}}{\partial x_m} \quad (6.11)$$

と求まる。渦運動が支配的な領域$(Q_2 \gg 0)$では右辺第1項の寄与を見ると第三不変量が負であれば正の$Q_2$の生成として働くため，次時刻でも渦が安定に存在することになり，逆に$Q_3$が正であれば渦が消滅するように作用している。よって，第三不変量によって特定の渦構造の安定・不安定を議論することができる。

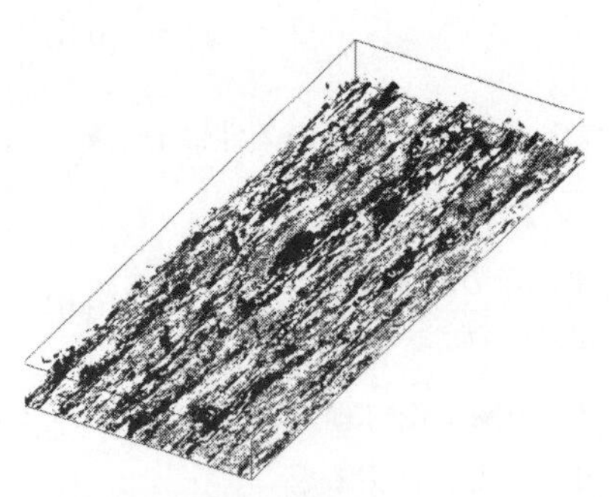

**図 6.4**　チャネル乱流の低速ストリーク構造（黒色領域）と渦構造（灰色領域）

また，壁乱流では渦構造以外にも主流方

向揺動速度の等値面が流れ方向に細長く伸びたストリーク構造が発生することが確認されている。ここでは，摩擦速度とチャネル半幅と分子粘性率で定義したレイノルズ数600の可視化結果を例として**図 6.4** に示す。ここでは平均主流方向速度よりも小さい速度である領域を低速ストリーク構造として可視化してある。近年では，さらに大規模構造や超大規模構造の存在も議論されている。

## 6.2 アンサンブル平均モデルシミュレーション

最も古くからの乱流場の解析法としてアンサンブル平均モデルシミュレーション (ensemble-averaged Navier-Stokes simulation)，またはレイノルズ平均モデルシミュレーション (Reynolds-averaged Navier-Stokes simulation：RANS) がある。この方法はまだ計算機の能力が低い頃から発達してきた方法であり，計算負荷を大幅に軽減できるという特徴を持っている。乱流は時間的かつ空間的に乱れて変動しており，その解明にはその解像が不可欠である。しかし，平均的に見ると，**図 6.5** の完全発達状態下でのチャネル乱流の計測結果が示しているように，時間的には定常で，その分布も滑らかなものであり細かな解像が不要になる。その性質を利用して平均場のみを計算するのが RANS である。

前に言及した名称にあるアンサンブル平均とレイノルズ平均は異なるものであり，物理量 $f$ に対して，前者では実験などを多数回実施して平均操作

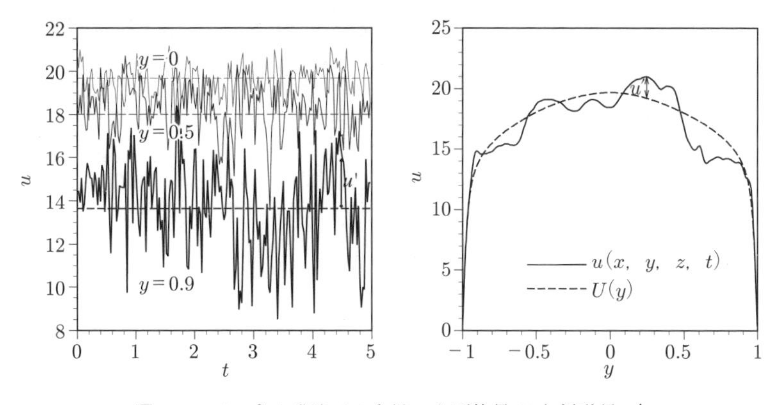


**図 6.5** チャネル乱流での全量 $u$ と平均量 $U$ と揺動量 $u'$

$$F\left(\boldsymbol{x},t\right)=\lim_{N\to\infty}\frac{1}{N}\sum_{a=1}^{N}f_a\left(\boldsymbol{x},t\right) \tag{6.12}$$

によって平均量 $F$ を算出する。ここで，添字 $a$ は $a$ 番目の実験値を意味している。一方，後者は物理学における統計力学では長時間平均と呼ばれるもので

$$F\left(\boldsymbol{x}\right)=\lim_{T\to\infty}\frac{1}{T}\int_0^T dt f\left(\boldsymbol{x},t\right) \tag{6.13}$$

となる。この平均量はエルゴード（ergodic）定理が成立する場合，平均量の定常性が仮定できれば一致する。後者を採用する場合，平均非定常乱流には RANS を適用できないという方もいる。本書では前者で議論していく。この平均操作ではつぎの関係式が成立する。

$$f=F+f',\quad \langle f\rangle=F \tag{6.14}$$

$$\langle F\rangle=F,\quad \langle f'\rangle=0 \tag{6.15}$$

$$\langle Fg'\rangle=F\langle g'\rangle=0,\quad \langle f'g'\rangle\neq 0 \tag{6.16}$$

$$\left\langle\frac{\partial f}{\partial t}\right\rangle=\frac{\partial\langle f\rangle}{\partial t}=\frac{\partial F}{\partial t},\quad \left\langle\frac{\partial f}{\partial x_i}\right\rangle=\frac{\partial\langle f\rangle}{\partial x_i}=\frac{\partial F}{\partial x_i} \tag{6.17}$$

ここで，大文字またはブラケット <> は平均量を表す。式 (6.14) は全量が平均量と揺動量の和で表されることを意味している。式 (6.15) では平均量に対する平均操作は何も変化させることはなく，揺動量の平均量はゼロとなる。また，式 (6.16) のように揺動量の 2 体量の平均量はゼロにならない。さらに，式 (6.17) は微分演算子と平均操作の間の可換性を示している。これらのルールに基づいてナビア–ストークス方程式 (4.1) と (4.2) に平均操作を施すと

$$\frac{\partial U_i}{\partial t}+\frac{\partial\langle u_i u_j\rangle}{\partial x_j}=-\frac{1}{\rho}\frac{\partial P}{\partial x_i}+\nu\frac{\partial^2 U_i}{\partial x_j\partial x_j} \tag{6.18}$$

$$\frac{\partial U_j}{\partial x_j}=0 \tag{6.19}$$

となる。運動方程式 (6.18) 中の速度の 2 体量の平均量は，全量の分解 (6.14) を用いると

$$\langle u_i u_j\rangle=\left\langle\left(U_i+u_i'\right)\left(U_j+u_j'\right)\right\rangle=U_iU_j+\left\langle u_i'u_j'\right\rangle \tag{6.20}$$

となる。この変換式を代入すると運動方程式 (6.18) は

$$\frac{\partial U_i}{\partial t} + \frac{\partial U_i U_j}{\partial x_j} = -\frac{1}{\rho}\frac{\partial P}{\partial x_i} + \nu\frac{\partial^2 U_i}{\partial x_j \partial x_j} - \frac{\partial \left\langle u'_i u'_j \right\rangle}{\partial x_j} \tag{6.21}$$

と書き換えられる。この方程式はナビア–ストークス方程式 (4.1), (4.2) と大文字・小文字の違いを無視すると両式の差異は $\left\langle u'_i u'_j \right\rangle$ の存在のみである。この $\left\langle u'_i u'_j \right\rangle$ はレイノルズ応力（Reynolds stress）と呼ばれ，対称性を考慮してつぎのように六つのレイノルズ応力成分が存在する。

$$\left\langle u'_i u'_j \right\rangle = \begin{pmatrix} \langle u'u' \rangle & \langle u'v' \rangle & \langle w'u' \rangle \\ \langle u'v' \rangle & \langle v'v' \rangle & \langle v'w' \rangle \\ \langle w'u' \rangle & \langle v'w' \rangle & \langle w'w' \rangle \end{pmatrix} \tag{6.22}$$

層流と比較した際の乱流の強抵抗性や強拡散性の原因はレイノルズ応力に起因している。平均場の方程式 (6.19) と (6.21) を解析するためにはレイノルズ応力をモデル化する必要がある。

全量の方程式から平均場の方程式を引くと，揺動場の方程式は

$$\frac{\partial u'_i}{\partial t} + \frac{\partial u'_i U_j}{\partial x_j} + \frac{\partial U_i u'_j}{\partial x_j} + \frac{\partial u'_i u'_j}{\partial x_j} - \frac{\partial \left\langle u'_i u'_j \right\rangle}{\partial x_j} = -\frac{1}{\rho}\frac{\partial p'}{\partial x_i} + \nu\frac{\partial^2 u'_i}{\partial x_j \partial x_j} \tag{6.23}$$

$$\frac{\partial u'_m}{\partial x_m} = 0 \tag{6.24}$$

となり，式 (6.23) に $u'_j$ をかけ，さらにテンソルの足の $i$ と $j$ を入れ替えてその両式を足し合わせて平均をとると，レイノルズ応力の輸送方程式は

$$\begin{aligned} \frac{\partial \left\langle u'_i u'_j \right\rangle}{\partial t} + U_m \frac{\partial \left\langle u'_i u'_j \right\rangle}{\partial x_m} &= -\left( \left\langle u'_j u'_m \right\rangle \frac{\partial U_i}{\partial x_m} + \langle u'_i u'_m \rangle \frac{\partial U_j}{\partial x_m} \right) \\ &\quad - 2\nu \left\langle \frac{\partial u'_i}{\partial x_m}\frac{\partial u'_j}{\partial x_m} \right\rangle + \left\langle \frac{p'}{\rho}\left( \frac{\partial u'_i}{\partial x_j} + \frac{\partial u'_j}{\partial x_i} \right) \right\rangle \\ &\quad - \frac{\partial}{\partial x_m}\left\{ \left\langle u'_i u'_j u'_m \right\rangle + \left\langle \frac{p'}{\rho}\left( u'_j \delta_{im} + u'_i \delta_{jm} \right) \right\rangle - \nu \frac{\partial \left\langle u'_i u'_j \right\rangle}{\partial x_m} \right\} \end{aligned} \tag{6.25}$$

となる。他の項も未知量となっているが，揺動速度の 2 体量であるレイノルズ応力をその輸送方程式から求めるには右辺第 4 項の先頭に現れているように揺動速度の 3 体量を知る必要が出てくる。明記しないが，3 体量の方程式には 4 体量が未知量

として出現し，これは無限次まで方程式系が閉じることはない。このことは乱流における完結問題（closure problem）と呼ばれる難問である。このため，実際に平均量を計算するため，どのレベルかで方程式系を閉じる処理，例えば近似やモデルを導入する必要がある。

このレベルを考慮して，RANS で必要となる乱流モデルは渦粘性型モデル，応力方程式モデル，代数応力モデルの三つに大別できる。渦粘性型モデルはレイノルズ応力そのものを直接モデル化するものである。それに対して，応力方程式モデルはレイノルズ応力の輸送方程式 (6.25) をモデル化し，その方程式を数値的に解くことにより計算を進めていく方法である。代数応力モデルは，応力方程式モデルがレイノルズ応力に関する偏微分方程式を計算する計算負荷が増えるのを避ける目的から，代数方程式に移行する近似法を導入してレイノルズ応力の代数方程式を解いて計算を進める方法である。

### 6.2.1　渦粘性型モデル

レイノルズ応力を平均速度勾配を用いて近似する渦粘性表現は

$$\overline{u_i'u_j'} = \frac{2}{3}K\delta_{ij} - \nu_T\left(\frac{\partial U_i}{\partial x_j} + \frac{\partial U_j}{\partial x_i}\right) \tag{6.26}$$

となる。ここで，$K$ は乱流エネルギー，$\nu_T$ は渦粘性率（eddy viscosity）である。この近似はブジネスク（Boussinesq）近似とも呼ばれる。ミクロに見ると分子のランダムな集団運動がマクロな視点では分子粘性率となることとのアナロジーから，このモデル表現は乱流場のさまざまなスケールのランダムな渦運動から生じる有効粘性率であるという解釈ができる。また，2 スケール直接相関近似理論などの乱流統計理論からもこの表現は導出でき，理論的な意味合いからすると第 1 近似表現になっており，この表現では表現不可能な乱流も存在する。また，このモデル表現を平均速度方程式 (6.19) に導入すると分子粘性率 $\nu$ に渦粘性率 $\nu_T$ が付加されるので，拡散効果が強化され数値計算安定性は向上する。

渦粘性型モデルは渦粘性率を評価する際に必要となる追加の物理量の輸送方程式の本数によってさらに分類される。平均速度方程式のみで解析していくものを 0 方程式型モデル，平均速度以外に，乱流エネルギーや渦粘性率の方程式を 1 本追加して解くものを 1 方程式型モデル，二つの物理量の輸送方程式を解く 2 方程式型モデル，三つの物理量を解析する 3 方程式型モデルなどがある。特に，2 方程式型モデルは，工学分野で盛んに利用されているものとしては，乱流エネルギーとその散逸率を用いる $K-\varepsilon$ モデルや $K-\omega$ モデルなどがあり，気象分野では $K-Kl$ モデルが利用されている。

**〔1〕 0 方程式型モデル**　　プラントルの混合距離理論は 0 方程式型モデルに対応するものである。このモデルにおいて自由乱流では渦粘性率は

$$\nu_T = \alpha \hat{U} \hat{L} \tag{6.27}$$

で与えられる。ここで，$\alpha$ はモデル定数，$\hat{U}$ は代表速度，$\hat{L}$ は代表長さである。このモデルの 2 次元自由せん断乱流での適用を考えていく。まず，2 次元平均場方程式は

$$\frac{\partial U}{\partial t} + U\frac{\partial U}{\partial x} + V\frac{\partial U}{\partial y} + \frac{\partial \langle u'u' \rangle}{\partial x} + \frac{\partial \langle u'v' \rangle}{\partial y} = -\frac{1}{\rho}\frac{\partial P}{\partial x} + \nu\frac{\partial^2 U}{\partial x^2} + \nu\frac{\partial^2 U}{\partial y^2} \tag{6.28}$$

$$\frac{\partial V}{\partial t} + U\frac{\partial V}{\partial x} + V\frac{\partial V}{\partial y} + \frac{\partial \langle u'v' \rangle}{\partial x} + \frac{\partial \langle v'v' \rangle}{\partial y} = -\frac{1}{\rho}\frac{\partial P}{\partial y} + \nu\frac{\partial^2 V}{\partial x^2} + \nu\frac{\partial^2 V}{\partial y^2} \tag{6.29}$$

$$\frac{\partial U}{\partial x} + \frac{\partial V}{\partial y} = 0 \tag{6.30}$$

と書ける。この方程式に対して薄層近似

$$\left|\frac{\partial F}{\partial x}\right| \ll \left|\frac{\partial F}{\partial y}\right|, \quad |V| \ll |U| \tag{6.31}$$

を導入すると，運動方程式は

$$\frac{\partial U}{\partial t} + U\frac{\partial U}{\partial x} + V\frac{\partial U}{\partial y} + \frac{\partial \langle u'v' \rangle}{\partial y} = -\frac{1}{\rho}\frac{\partial P}{\partial x} + \nu\frac{\partial^2 U}{\partial y^2} \tag{6.32}$$

$$\frac{\partial \langle v'v' \rangle}{\partial y} = -\frac{1}{\rho}\frac{\partial P}{\partial y} \tag{6.33}$$

と簡単化される。この方程式は薄層近似方程式と呼ばれるものであり，自由乱流と境界層乱流においてしばしば利用されている。流れ方向の圧力勾配を無視し，高レイノルズ数乱流モデルであるプラントルの混合距離理論を導入すると解析対象の方程式

$$\frac{\partial U}{\partial t} + U\frac{\partial U}{\partial x} + V\frac{\partial U}{\partial y} - \frac{\partial}{\partial y}\left(\alpha \hat{L} \hat{U} \frac{\partial U}{\partial y}\right) = 0 \tag{6.34}$$

と連続方程式をリンクして解くこととなる。

上部において $\hat{U}$，下部において $-\hat{U}$ で流れている図 4.8(a) のような時間発展型混合層乱流を考えると，$x$ 方向に一様性が仮定できるので，連続方程式から $V=0$ となり，式 (6.34) は

$$\frac{\partial U}{\partial t}-\frac{\partial}{\partial y}\left(\alpha\hat{L}\hat{U}\frac{\partial U}{\partial y}\right)=0 \tag{6.35}$$

に帰着する。この混合層が自己保存的（self preservation）状態になっている場合を考えていく。自己保存性とは代表速度と代表長さで無次元化すると平均物理量の分布が時間に依存せず変化しないことを意味している。ただし，当然代表速度や代表長さは時間に依存する。ここで，$y$ 方向への広がりを特徴づける混合層厚さを時間のみの関数 $\hat{L}(t)$ とおく。この長さスケールと外端での速度 $\hat{U}$ によりつぎのように無次元化する。

$$U(y,t)=\hat{U}f\left(\frac{y}{\hat{L}(t)}\right)=\hat{U}f(\eta) \tag{6.36}$$

無次元関数 $f(\eta)$ の境界条件は $f(\pm\infty)=\pm1$ である。この表現を式 (6.35) に代入すると次式となる。

$$\eta\frac{d\hat{L}}{dt}\frac{df(\eta)}{d\eta}+\alpha\hat{U}\frac{d^2f(\eta)}{d\eta^2}=0 \tag{6.37}$$

この方程式が変数 $\eta$ のみに依存するとき自己保存状態が達せられる。この条件を満足するのは $\hat{L}$ が時間に線形関数 $\hat{L}(t)=\beta t$ であるときであり，これを代入すると方程式は

$$\frac{\beta}{\alpha\hat{U}}\eta\frac{df(\eta)}{d\eta}+\frac{d^2f(\eta)}{d\eta^2}=0 \tag{6.38}$$

となり，この解は誤差関数 erf で表され，速度の解は

$$U(y,t)=\hat{U}\mathrm{erf}\left(\frac{1}{\sqrt{2\alpha\beta\hat{U}}}\frac{y}{t}\right) \tag{6.39}$$

となる。また，式 (4.64) で定義される運動量厚さ $\theta$ を導出すると

$$\theta(t)=0.5637\sqrt{\alpha\beta\hat{U}t} \tag{6.40}$$

となり，解 (6.39) から時間を消去すると

$$\frac{U(y,t)}{\hat{U}} = \mathrm{erf}\left(0.39895\frac{y}{\theta(t)}\right) \tag{6.41}$$

と導出される。ここでの数値は誤差関数に関する数値積分により評価している。この自己保存解を DNS 結果と比較すると，**図 6.6** のようにこのモデルはよく再現できている。

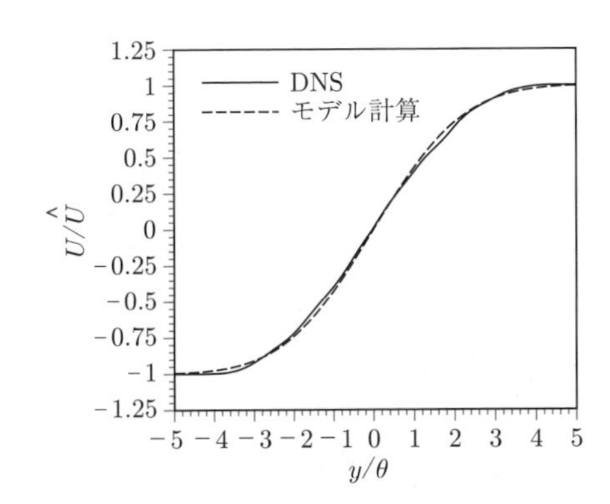


**図 6.6** 混合層乱流におけるプラントル混合距離理論の予測結果

また，このモデルは壁乱流の場合，渦粘性率はせん断率の逆数の時間スケールとカルマン定数 $\kappa$ と壁からの距離の積で与えられる長さスケールを用いて

$$\nu_T = \frac{l_m^2}{t_0}, \quad t_0 = \left|\frac{\partial U}{\partial y}\right|^{-1}, \quad l_m = \kappa y \tag{6.42}$$

となる。しかし，このモデルは流れ場全体を単純な長さおよび時間スケールで表現するため，一般的な流れ場ではその予測能力は低いものである。

最後に比較的航空分野の方がよく利用する 0 方程式型モデルの Baldwin-Lomax モデル[13)]（1978）をつぎに紹介しておく。

$$\mu_T = \begin{cases} \rho l^2 |\Omega| & y \leq y_{crossover} \\ C_{BL}C_{CL}\rho F_{wake}F_{kleb}(y) & y > y_{crossover} \end{cases} \tag{6.43}$$

$y_{crossover}$ は境界層内層と境界層外層の境目を意味し，上下のモデルが同一になる値から定める。ここで使われている長さスケールなどは

$$l = 0.4y\left(1 - e^{-y^+/A}\right), \quad |\Omega| = \sqrt{W_{ij}W_{ij}}, \quad W_{ij} = \frac{1}{2}\left(\frac{\partial U_j}{\partial x_i} - \frac{\partial U_i}{\partial x_j}\right)$$

$$F_{wake} = \min\left(y_{\max}F_{\max}, \frac{y_{\max}\left(\sqrt{u_i'u_i'}_{\max} - \sqrt{u_i'u_i'}_{\min}\right)^2}{4F_{\max}}\right)$$

$$F = y\,|\Omega|\left(1 - e^{-y^+/A}\right), \quad F_{kleb}(y) = \left\{1 + 5.5\left(\frac{0.3y}{y_{\max}}\right)^6\right\}^{-1}$$

である。モデル定数は $A = 26$，$C_{BL} = 1.6$，$C_{CL} = 0.0168$ である。このモデルは圧縮性乱流に対してよく使われ，付着境界層などで良好な予測を示すが，剥離現象の予測は十分ではないといわれている。渦粘性率が平均渦度の大きさ $\Omega$ によって表現されている点は系回転流れなどにおいて物理的には問題のあるモデル表現ではある。

**〔2〕 1 方程式型モデル**　　平均速度の 2 体量で表される平均運動エネルギー $K_G = U_iU_i/2$ は平均速度方程式 (6.19) から

$$\frac{\partial K_G}{\partial t} + \frac{\partial U_j K_G}{\partial x_j} = \langle u_i'u_j'\rangle \frac{\partial U_i}{\partial x_j} - \nu\frac{\partial U_i}{\partial x_j}\frac{\partial U_i}{\partial x_j} - \frac{\partial}{\partial x_j}\left(\frac{PU_j}{\rho} + U_i\langle u_i'u_j'\rangle - \nu\frac{\partial K_G}{\partial x_j}\right) \tag{6.44}$$

と導ける。また，レイノルズ応力の輸送方程式 (6.25) でテンソルの足をそろえて縮約をとると，揺動速度に関する運動エネルギーである乱流エネルギー $K = \overline{u_i'u_i'}/2$ の方程式がつぎのように求まる。

$$\frac{\partial K}{\partial t} + \frac{\partial U_j K}{\partial x_j} = -\langle u_i'u_j'\rangle \frac{\partial U_i}{\partial x_j} - \nu\left\langle\frac{\partial u_i'}{\partial x_j}\frac{\partial u_i'}{\partial x_j}\right\rangle - \frac{\partial}{\partial x_j}\left(\frac{\langle p'u_j'\rangle}{\rho} + \frac{1}{2}\langle u_i'u_i'u_j'\rangle - \nu\frac{\partial K}{\partial x_j}\right) \tag{6.45}$$

レイノルズ応力のモデルの一つの役割としては平均速度運動エネルギーから揺動速度運動エネルギーへの変換を意味している。これら両式を足し合わせると全運動エネルギー方程式が導出でき，分子粘性率ゼロの条件では系外からのエネルギー注入機構がなければエネルギー保存則を示している。また，レイノルズ応力はそれぞれの式の右辺第 1 項に現れており，平均速度を介して平均運動エネルギーと乱流エネルギーのやり取りを意味しており，RANS では乱流エネルギーの生成を意味している。このようにレイノルズ応力と乱流エネルギーには密接な関連性があり，コルモゴロフ[28)]（1942）やプラントル[46)]（1945）はこの量を用いて渦粘性率をつぎのように表現するモデルを提案している。

$$\nu_T = K^{1/2} l_m \tag{6.46}$$

ここで，長さスケール $l_m$ は前述の 0 方程式型モデルと同様に与える。また，$K$ の輸送方程式 (6.45) では右辺第 2 項の散逸項（通常，エネルギー散逸率 $\varepsilon$ を用いて $-\varepsilon$ と表記する）と第 3 項の拡散項のモデル化が必要となり，モデル方程式としては

$$\frac{\partial K}{\partial t} + \frac{\partial U_m K}{\partial x_m} = -\left\langle u'_j u'_m \right\rangle \frac{\partial U_j}{\partial x_m} - 0.08 \frac{K^{3/2}}{l_m} + \frac{\partial}{\partial x_m}\left\{ (\nu + \nu_T) \frac{\partial K}{\partial x_m} \right\} \tag{6.47}$$

と表現される。このモデルも，0 方程式型モデル同様，さまざまな領域を有する乱流場に対して特定の長さスケール表現を設定するため，一般的な流れに対する高い予測性能は期待しにくいモデルである。

近年，1 方程式型モデルとしては乱流エネルギーの方程式ではなく，渦粘性率に関するモデル方程式を導入するものがいくつか提案されている。その一つのモデルとして Spalart-Allmaras モデル[49]（1994）をつぎに紹介する。渦粘性率は

$$\nu_T = \frac{\tilde{\nu}^4}{\tilde{\nu}^3 + C_{v1}^3 \nu^3} \tag{6.48}$$

で，そのモデル方程式は

$$\begin{aligned} \frac{\partial \tilde{\nu}}{\partial t} + U_m \frac{\partial \tilde{\nu}}{\partial x_m} =& C_{b1}(1 - f_{t2}) \tilde{S} \tilde{\nu} - \left( C_{w1} f_w - \frac{C_{b1}}{\kappa^2} f_{t2} \right) \frac{\tilde{\nu}^2}{d^2} \\ &+ \frac{1}{\sigma} \left[ \frac{\partial}{\partial x_m} \left\{ (\nu + \tilde{\nu}) \frac{\partial \tilde{\nu}}{\partial x_m} \right\} + C_{b2} \frac{\partial \tilde{\nu}}{\partial x_m} \frac{\partial \tilde{\nu}}{\partial x_m} \right] \end{aligned} \tag{6.49}$$

となっている。モデル表現に現れているモデル関数や各因子は

$$\tilde{S} = \sqrt{2 W_{ij} W_{ij}} + \frac{\tilde{\nu}}{\kappa^2 d^2} f_{v2}, \quad f_{v2} = \frac{1 - \dfrac{\tilde{\nu}}{\nu} + C_{v1}^{-3} \dfrac{\tilde{\nu}^3}{\nu^3}}{1 + C_{v1}^{-3} \dfrac{\tilde{\nu}^3}{\nu^3} + C_{v1}^{-3} \dfrac{\tilde{\nu}^4}{\nu^4}}$$

$$f_{t2} = C_{t3} \exp\left( -C_{t4} \frac{\tilde{\nu}^2}{\nu^2} \right), \quad f_w = \left( \frac{1 + C_{w3}^6}{1 + C_{w3}^6 g^{-6}} \right)^{1/6}$$

$$g = r + C_{w2}\left( r^6 - r \right), \quad r = \min\left[ \frac{\tilde{\nu}}{\tilde{S} \kappa^2 d^2}, 10 \right]$$

で表され，モデル定数は $\sigma = 2/3$，$C_{b1} = 0.1355$，$C_{b2} = 0.622$，$\kappa = 0.41$，$C_{w1} = C_{b1}/\kappa^2 + (1 + C_{b2})/\sigma$，$C_{w2} = 0.3$，$C_{w3} = 2$，$C_{v1} = 7.1$，$C_{t3} = 1.2$，$C_{t4} = 0.5$ となる。渦粘性率は乱流エネルギーのような物理量とは言いにくいので流入境界条件のデータを与えるなどで難しさはあるが，遷移や衝撃波の干渉などに対しても良好な予測を示すことが知られている。

**〔3〕 2方程式型モデル**　　現在，実用分野で最も盛んに利用されているRANSの乱流モデルは2方程式型モデルである。多くの2方程式型モデルが乱流エネルギー$K$ともう一つの物理量のモデル方程式を解析するものとなっている。もう一つの量としては単位時間当りの$K$の消散量を意味する散逸率$\varepsilon$，長さスケール$l$，時間スケール$\tau$，渦度と同じ時間スケールの逆数$\omega$などが選択される。1方程式型モデルのモデル方程式(6.47)では$\varepsilon$のモデル化において流れ場全体を特徴づける長さスケールを設定しているので，$\varepsilon$のモデル方程式を導入する$K-\varepsilon$タイプのモデルは最も自然な改良といえるであろう。

また，これは2方程式型モデルだけに該当することではないが，RANSは壁面の取扱いにより二つに分類することができる。一つは高レイノルズ数型モデルで，**図6.7**のようにこれは壁面まで計算格子を設定せず，壁から離れた点に境界条件を設定するモデルである。それに対して，低レイノルズ数型モデルも存在し，このモデルでは壁面境界条件を使って計算を進めるものである。前者はかなり計算負荷を軽減できるが，壁に直接関連するような現象を伴う流れに対しては不整合性を生じる場合も起こりうる。一方，後者は壁に境界条件を設定するため，壁近傍での高解像度を必要とするので計算負荷は高くなる。しかし，剥離流れなどでも自然な境界条件を設定でき，熱伝達などにも対応可能である。誤解しないように強調しておくが，それぞれのモデルはレイノルズ数に応じて使い分けるといったものではない。以降，2方程式型モデルの説明では両方のモデルをとりあげていく。

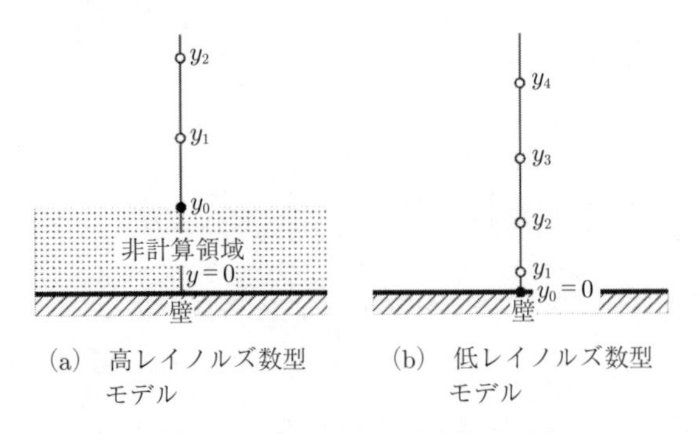


**図6.7**　壁乱流における境界条件の設定

**（a） 高レイノルズ数型モデル**　　Launder-Spalding[32] (1974) は最も有名な標準$K-\varepsilon$モデルを発案しており，このモデルでの渦粘性率は

$$\nu_T = C_\mu \frac{K^2}{\varepsilon} \tag{6.50}$$

で与えられる。乱流エネルギーと散逸率のモデル方程式は

$$\frac{\partial K}{\partial t} + \frac{\partial K U_j}{\partial x_j} = P_K - \varepsilon + \frac{\partial}{\partial x_j}\left(\frac{\nu_T}{\sigma_K}\frac{\partial K}{\partial x_j}\right) \tag{6.51}$$

$$\frac{\partial \varepsilon}{\partial t} + \frac{\partial \varepsilon U_j}{\partial x_j} = C_{\varepsilon 1}\frac{\varepsilon}{K}P_K - C_{\varepsilon 2}\frac{\varepsilon^2}{K} + \frac{\partial}{\partial x_j}\left(\frac{\nu_T}{\sigma_\varepsilon}\frac{\partial \varepsilon}{\partial x_j}\right) \tag{6.52}$$

となる。ここで，$P_K$ は乱流エネルギーの生成項で

$$P_K = -\left\langle u_i' u_j' \right\rangle \frac{\partial U_i}{\partial x_j} \tag{6.53}$$

となり，モデル定数は $C_\mu = 0.09$，$C_{\varepsilon 1} = 1.44$，$C_{\varepsilon 2} = 1.92$，$\sigma_K = 1.0$，$\sigma_\varepsilon = 1.3$ となる。高レイノルズ数型モデルでは渦粘性率が分子粘性率よりもはるかに大きく，分子粘性率が働く壁近傍を解かないため，通常はそれを省略する。このモデルは高レイノルズ数型モデルであるため基本的には壁での細かな解像度を必要としないので，計算負荷が軽く，最も広く利用されている。それは，バルク流量などの低次の統計量についての予測が実用的に十分である場合が多いことによっている。このモデルはバックステップ乱流などの剥離現象を伴う流れの予測能力で問題がある。しかし，自由乱流に対しては比較的よい予測が行えるようである。

もう一つの代表的な高レイノルズ数型 2 方程式モデルには Wilcox の提案した $K-\omega$ モデル[55) ]がある。このモデルは物理量である渦度ベクトルの大きさを導入しているわけではなく，渦度と同じ次元の時間の逆数を $\omega = \varepsilon/(C_\mu K)$ で与えたものであり，渦粘性率は

$$\nu_T = \frac{K}{\omega} \tag{6.54}$$

となる。これは変換式を考慮すると標準 $K-\varepsilon$ モデルと同一である。$K$ と $\omega$ のモデル方程式は

$$\frac{\partial K}{\partial t} + \frac{\partial K U_j}{\partial x_j} = P_K - 0.09K\omega + \frac{\partial}{\partial x_j}\left(\frac{\nu_T}{2}\frac{\partial K}{\partial x_j}\right) \tag{6.55}$$

$$\frac{\partial \omega}{\partial t} + \frac{\partial \omega U_j}{\partial x_j} = \frac{5}{9}\frac{\omega}{K}P_K - \frac{3}{40}\omega^2 + \frac{\partial}{\partial x_j}\left(\frac{\nu_T}{2}\frac{\partial \omega}{\partial x_j}\right) \tag{6.56}$$

であり，$\omega$ 方程式の生成項と散逸項のモデル定数は変換式で見積もられるものにかなり近い。また，この変数 $\omega$ は壁面では無限大の値をとる。しかし，高レイノルズ数型モデルであることから壁まで適用しないのでこの発散問題は回避できる。標準 $K-\varepsilon$ モデルに比べ剥離流れの予測能力は向上している。

高レイノルズ数型モデルにおける壁面近傍での境界上の値は次式によって与えられる。

$$U_0 = \frac{u_\tau}{\kappa}\log\left(E\frac{u_\tau y_0}{\nu}\right), \quad K_0 = \frac{u_\tau^2}{\sqrt{C_\mu}}, \quad \varepsilon_0 = \frac{u_\tau^3}{\kappa y_0}, \quad \omega_0 = \frac{u_\tau}{\sqrt{C_\mu}\kappa y_0} \tag{6.57}$$

ここで，$\kappa$ はカルマン定数 0.42，$E$ は壁乱流における平均速度の対数則を再現するための値 9.0 である。これらの境界条件の値を設定するには，摩擦速度 $u_\tau$ を決定しなければならない。この決定方法は，初期値を $u_\tau^{(0)} = C_\mu^{0.25}\sqrt{K_0^{pre}}$ で与え，繰返し計算の方程式

$$u_\tau^{(i+1)} = \sqrt{\frac{\kappa U_0^{pre} u_\tau^{(i)}}{\log\left(E\dfrac{u_\tau^{(i)} y_0}{\nu}\right)}} \tag{6.58}$$

を計算して収束させながら，そのつど境界条件を更新していく。この繰返し計算は**図 6.8** にあるように 10 数回で十分に収束するので計算負荷の増加にはつながらない。また，明らかに壁法則が成立しないような状況の流れ場にも実際には適用し，再現性の是非は別として計算を実行することができる。

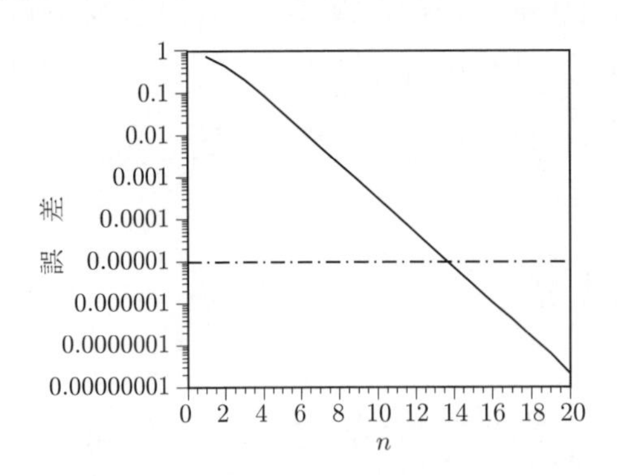


**図 6.8**　高レイノルズ数型モデルでの摩擦速度の収束性

（**b**）　**低レイノルズ数型モデル**　　低レイノルズ数型モデルでは壁では速度ゼロのノンスリップ条件が成り立つので，実際には速度や乱流エネルギーには明確な境

界条件を設定できる。そのため，壁近くでの解像を必要とする点はあるにしろ，プログラミングの点では高レイノルズ数型モデルよりも複雑ではない。しかし，壁まで計算で解いていくためにはモデル表現に改良を加える必要がある。その際には，乱流レイノルズ数，壁座標単位での壁からの距離などを利用するモデルが提案されている。ここでは，三つの低レイノルズ数型 $K-\varepsilon$ モデルを紹介する。

Launder-Sharma モデル[31)]（1974）では渦粘性率は

$$\nu_T = C_\mu f_\mu (R_T) \frac{K^2}{\tilde{\varepsilon}} \tag{6.59}$$

で与えられ，ここで $\tilde{\varepsilon}$ は等方性散逸率で，散逸率 $\varepsilon$ との関係は

$$\varepsilon = \tilde{\varepsilon} + 2\nu \frac{\partial \sqrt{K}}{\partial x_j} \frac{\partial \sqrt{K}}{\partial x_j} \tag{6.60}$$

となる。この等方性散逸率は壁から離れた位置ではほとんど散逸率と一致しており，壁近傍でのみ右辺第 2 項が働き大きくずれる。特に，壁での境界条件としてゼロを与えられる点は利用しやすい量である。また，モデル関数 $f_\mu (R_T)$ は乱流レイノルズ数 $R_T = K^2/\nu\tilde{\varepsilon}$ のみに依存し

$$f_\mu (R_T) = \exp\left\{ \frac{-3.4}{(1 + R_T/50)^2} \right\} \tag{6.61}$$

となる。乱流エネルギーと等方性散逸率のモデル方程式は

$$\frac{\partial K}{\partial t} + \frac{\partial U_j K}{\partial x_j} = P_K - \varepsilon + \frac{\partial}{\partial x_j} \left\{ \left( \nu + \frac{\nu_T}{\sigma_K} \right) \frac{\partial K}{\partial x_j} \right\} \tag{6.62}$$

$$\begin{aligned}\frac{\partial \tilde{\varepsilon}}{\partial t} + \frac{\partial U_j \tilde{\varepsilon}}{\partial x_j} =& C_{\varepsilon 1} \frac{\tilde{\varepsilon}}{K} P_K - C_{\varepsilon 2} f_\varepsilon (R_T) \frac{\tilde{\varepsilon}^2}{K} + C_{\varepsilon 3} \nu \nu_T \frac{\partial^2 U_i}{\partial x_j \partial x_m} \frac{\partial^2 U_i}{\partial x_j \partial x_m} \\ &+ \frac{\partial}{\partial x_j} \left\{ \left( \nu + \frac{\nu_T}{\sigma_\varepsilon} \right) \frac{\partial \tilde{\varepsilon}}{\partial x_j} \right\}\end{aligned} \tag{6.63}$$

となる。低レイノルズ数型モデルでは分子粘性率を省略してはならない。モデル関数 $f_\varepsilon (R_T)$ は低レイノルズ数の一様減衰乱流の再現性を向上させるため

$$f_\varepsilon (R_T) = 1 - 0.3 \exp\left(-R_T^2\right) \tag{6.64}$$

を導入している。モデル定数は $C_\mu = 0.09$，$C_{\varepsilon 1} = 1.44$，$C_{\varepsilon 2} = 1.92$，$C_{\varepsilon 3} = 2.0$，$\sigma_K = 1.0$，$\sigma_\varepsilon = 1.3$ である。このモデルの特徴は流路の幾何形状情報と密接に関連

している壁からの距離を取り扱うことなく計算できる点にある。壁近傍での乱流エネルギーのピークを過小予測するが，非常に簡便で扱いやすいモデルである。この過小予測を改善したモデルに Cotton-Kirwin モデル[16)]（1995）が提案されている。

また，多くの低レイノルズ数型 $K-\varepsilon$ モデルでは壁からの距離を導入している。その一つである Nagano-Hishida モデル[41)]（1987）は Launder-Sharma モデルの $f_\mu(R_T)$ の代わりに，壁座標単位の壁面距離 $y^+$ を用いたモデル関数 $f_\mu\left(y^+\right)$ を導入し，等方性散逸率モデル方程式を使用したモデルである。モデル関数 $f_\mu\left(y^+\right)$ は

$$f_\mu\left(y^+\right) = \left\{1 - \exp\left(-y^+/26.5\right)\right\}^2 \tag{6.65}$$

であり，6.3.2 項〔1〕で後述する LES のスマゴリンスキーモデル[48)]（1963）での Van-Driest[54)] の壁関数と同系統のものである。モデル定数は $C_\mu = 0.09$，$C_{\varepsilon 1} = 1.45$，$C_{\varepsilon 2} = 1.9$，$C_{\varepsilon 3} = 2.0$，$\sigma_K = 1.0$，$\sigma_\varepsilon = 1.3$ である。

別の長さスケールを用いたモデルとして Abe-Kondoh-Nagano モデル[11)]（1993）を紹介する。このモデルは散逸領域を特徴づけるコルモゴロフ長さスケール $l_K = \nu^{3/4}\varepsilon^{-1/4}$ を導入したモデルである。渦粘性率

$$\nu_T = C_\mu f_\mu\left(R_{T*}, y_\eta\right)\frac{K^2}{\varepsilon} \tag{6.66}$$

に導入するモデル関数 $f_\mu\left(R_{T*}, y_\eta\right)$ は

$$f_\mu\left(R_{T*}, y_\eta\right) = \left\{1 - \exp\left(-\frac{y_\eta}{14}\right)\right\}^2\left[1 + \frac{5}{R_{T*}^{0.75}}\exp\left\{-\left(\frac{R_{T*}}{200}\right)^2\right\}\right] \tag{6.67}$$

で，無次元化された壁面距離 $y_\eta$ は $y/l_K$ で定義している。細かな点であるが，$R_{T*}$ は等方性散逸率ではなく散逸率を用いた乱流レイノルズ数である。このモデルでは散逸率を使用しており，そのモデル方程式はつぎのように書ける。

$$\frac{\partial \varepsilon}{\partial t} + \frac{\partial U_j \varepsilon}{\partial x_j} = C_{\varepsilon 1}\frac{\varepsilon}{K}P_K - C_{\varepsilon 2} f_\varepsilon\left(R_T, y_\eta\right)\frac{\varepsilon^2}{K} + \frac{\partial}{\partial x_j}\left\{\left(\nu + \frac{\nu_T}{\sigma_\varepsilon}\right)\frac{\partial \varepsilon}{\partial x_j}\right\} \tag{6.68}$$

モデル定数は $C_\mu = 0.09$，$C_{\varepsilon 1} = 1.5$，$C_{\varepsilon 2} = 1.9$，$\sigma_K = 1.4$，$\sigma_\varepsilon = 1.4$ で，散逸項にあるモデル関数は

$$f_\varepsilon\left(R_T, y_\eta\right) = \left\{1 - \exp\left(-\frac{y_\eta}{3.1}\right)\right\}^2\left[1 - 0.3\exp\left\{-\left(\frac{R_T}{6.5}\right)^2\right\}\right] \tag{6.69}$$

となる。乱流を特徴づける最も小さな長さスケールに着目している点が特徴的なモデルである。このほかにも膨大な数の2方程式型モデルが提案されている。

最後に最近よく利用されている2方程式型モデルとしてMenter[39] (1994) により提案されたSST (shear stress transport) モデルを紹介する。このモデルは $K-\varepsilon$ モデルと $K-\omega$ モデルの融合モデルで，前者を壁から離れた位置で，後者を壁近傍で適用するようにできている。

$$\nu_T = \frac{a_1 K}{\max\left(a_1\omega, SF_2\right)} \tag{6.70}$$

$$\frac{\partial K}{\partial t} + \frac{\partial KU_j}{\partial x_j} = -\min\left(\overline{u_i' u_j'}\frac{\partial U_i}{\partial x_j}, 10\beta^* K\omega\right) - \beta^* K\omega + \frac{\partial}{\partial x_j}\left\{\left(\nu + \sigma_K \nu_T\right)\frac{\partial K}{\partial x_j}\right\} \tag{6.71}$$

$$\frac{\partial \omega}{\partial t} + \frac{\partial \omega U_j}{\partial x_j} = \alpha S^2 - \beta\omega^2 + \frac{\partial}{\partial x_j}\left\{\left(\nu + \sigma_\omega \nu_T\right)\frac{\partial \omega}{\partial x_j}\right\} + \frac{2\left(1-F_1\right)\sigma_{\omega 2}}{\omega}\frac{\partial K}{\partial x_j}\frac{\partial \omega}{\partial x_j} \tag{6.72}$$

$$F_1 = \tanh\left\{\left(\min\left(A, \frac{4\sigma_{\omega 2}K}{y^2 \max\left(\dfrac{2\sigma_{\omega 2}}{\omega}\dfrac{\partial K}{\partial x_j}\dfrac{\partial \omega}{\partial x_j}, 10^{-10}\right)}\right)\right)^4\right\}$$

$$F_2 = \tanh\left(A^2\right), \quad A = \max\left(\frac{\sqrt{K}}{\beta^*\omega y}, \frac{500\nu}{y^2\omega}\right), \quad \beta^* = 0.09$$

$$\varphi = \varphi_1 F_1 + \varphi_2\left(1-F_1\right), \quad \alpha_1 = \frac{5}{9}, \quad \alpha_2 = 0.44, \quad \beta_1 = \frac{3}{40}$$

$$\beta_2 = 0.0828, \quad \sigma_{K1} = 0.85, \quad \sigma_{K2} = 1\sigma_{\omega 1} = 0.5, \quad \sigma_{\omega 2} = 0.856$$

モデル定数の下付き添字1は標準的な $K-\omega$ モデルのものであることを意味している。渦粘性率の表現からは $K-\omega$ モデルへの単純移行は明確にわかるが，$K-\varepsilon$ モデルへの変形は困難である。DNSデータを利用したアプリオリテストからは，バッファー層を挟んでそれぞれのモデルに沿うようにモデル関数 $F_2$ が作用することは確認できる。このモデルはかなり複雑な表現をとっている。

**〔4〕 非線形渦粘性モデル**　　これまで紹介してきた線形渦粘性モデルはレイノルズ応力の非等方性が重要となる乱流流れには対応できない。その例として有名な流れは正方形ダクト内流れである。正方形ダクト内を流れる層流流れはすでに4章において紹介したが，ダクトの軸方向の流れしか発生しない。しかし，乱流になると図 **6.9** のように軸方向と垂直な断面内に平均流が発生する。この平均流はプラントルの第2種二次流れと呼ばれ，レイノルズ応力の非等方性がこの発生の原因で，線形渦粘性近似では解析的にゼロになるため決して再現できない。この二次流れの大きさは主流平均速度に比べておよそ3%程度であるため，一部この欠陥を無視する場合もあるが，土木分野などでは川底の変形などが非常に重要な因子であるため，RANS によるその再現が求められる。そこで，より高次の効果を導入した非線形渦粘性モデル[56] が提案されてきた。2次の非線形渦粘性表現では

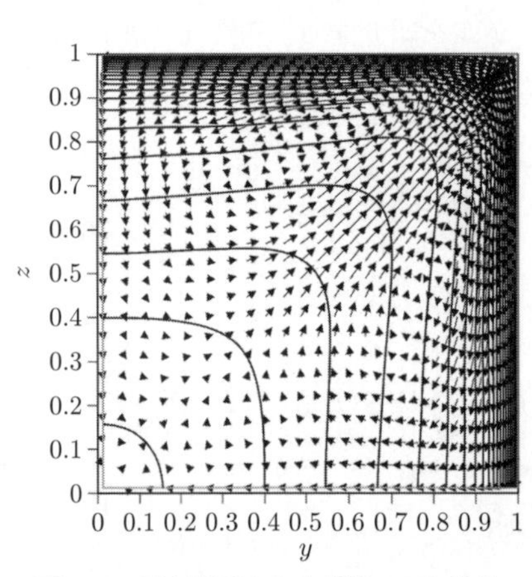


**図 6.9**　正方形ダクト内乱流 DNS 結果（等高線は主流方向平均速度分布，ベクトル図は平均二次流れ）

$$
\begin{aligned}
\langle u_i' u_j' \rangle =& \frac{2}{3} K \delta_{ij} - 2\nu_T S_{ij} + \gamma_1 \left( S_{im} S_{mj} - \frac{1}{3} S_{mn} S_{nm} \delta_{ij} \right) \\
&+ \gamma_2 \left( S_{im} W_{mj} + S_{jm} W_{mi} \right) \\
&+ \gamma_3 \left( W_{im} W_{mj} - \frac{1}{3} W_{mn} W_{nm} \delta_{ij} \right)
\end{aligned}
\tag{6.73}
$$

となり，モデル定数 $\gamma_n$ に関していくつかのモデルが提案されている。ただし，物質客観性（material frame indefference）によれば渦度テンソルの積の項は生じてはならないが，その項を使ったモデルも存在している。さらに，速度勾配テンソルのみの利用に限定すればケーリー–ハミルトンの定理から3次の項が上限で，つぎのような渦粘性項を追加したモデル[42] もある。

$$
\begin{aligned}
\text{式 (6.73)} &+ \gamma_4 S_{ij} S_{mn} S_{nm} + \gamma_5 \left( S_{im} S_{mn} W_{nj} + S_{jm} S_{mn} W_{ni} \right) \\
&+ \gamma_6 \left( S_{im} W_{mn} W_{nj} + S_{jm} W_{mn} W_{ni} - \frac{2}{3} S_{lm} W_{mn} W_{nl} \delta_{ij} \right) \\
&+ \gamma_7 S_{ij} W_{mn} W_{nm}
\end{aligned}
\tag{6.74}
$$

ちなみに $K-\varepsilon$ モデル型であれば，モデル関数の寄与を無視すれば，2 次項のモデル係数は $K^3/\varepsilon^2$ の，3 次項のものは $K^4/\varepsilon^3$ の定数倍で表される。

### 6.2.2 応力方程式モデル

応力方程式モデルは渦粘性モデルとは異なり，レイノルズ応力を直接モデル化することなく，レイノルズ応力の輸送方程式を解いてレイノルズ応力を求めながら計算を進めていく。レイノルズ応力の輸送方程式 (6.25) はつぎのように整理できる。

$$\frac{\partial \langle u_i' u_j' \rangle}{\partial t} + U_m \frac{\partial \langle u_i' u_j' \rangle}{\partial x_m} = P_{ij} - \varepsilon_{ij} + \Phi_{ij} + \frac{\partial T_{ijm}}{\partial x_m} \tag{6.75}$$

左辺はラグランジェ微分項で移流効果を考慮したうえでのレイノルズ応力の時間変化を意味している。また，右辺は第 1〜4 項までそれぞれ生成項，散逸項，圧力歪相関項，拡散項を表し，それぞれ次式で定義される。

$$P_{ij} = -\langle u_i' u_m' \rangle \frac{\partial U_j}{\partial x_m} - \langle u_j' u_m' \rangle \frac{\partial U_i}{\partial x_m} \tag{6.76}$$

$$\varepsilon_{ij} = 2\nu \left\langle \frac{\partial u_i'}{\partial x_m} \frac{\partial u_j'}{\partial x_m} \right\rangle \tag{6.77}$$

$$\Phi_{ij} = \frac{1}{\rho} \left\langle p' \left( \frac{\partial u_i'}{\partial x_j} + \frac{\partial u_j'}{\partial x_i} \right) \right\rangle \tag{6.78}$$

$$T_{ijm} = -\frac{1}{\rho} \left( \langle p' u_i' \rangle \delta_{jm} + \langle p' u_j' \rangle \delta_{im} \right) - \langle u_i' u_j' u_m' \rangle + \nu \frac{\partial \langle u_i' u_j' \rangle}{\partial x_m} \tag{6.79}$$

式 (6.76) では，生成項 $P_{ij}$ はレイノルズ応力と平均速度勾配の積で構成されており，レイノルズ応力は RANS 計算を実行しながら取り扱えるので厳密に取り扱うことが可能である。レイノルズ応力を生成するメカニズムが正確に取り扱える点は応力方程式の強みである。それに対して，未知量である散逸項 $\varepsilon_{ij}$，圧力歪相関項 $\Phi_{ij}$，拡散項 $T_{ijm}$ をモデル化する必要がある。

散逸項 $\varepsilon_{ij}$ は，乱流エネルギー $K$ 方程式の散逸率 $\varepsilon$ と同様，レイノルズ応力の消散を司る項であり，小さなスケールに関連する量である。そこで，散逸項のモデル化としては局所等方性仮説などから，等方モデル

$$\varepsilon_{ij} = \frac{2}{3} \varepsilon \delta_{ij} \tag{6.80}$$

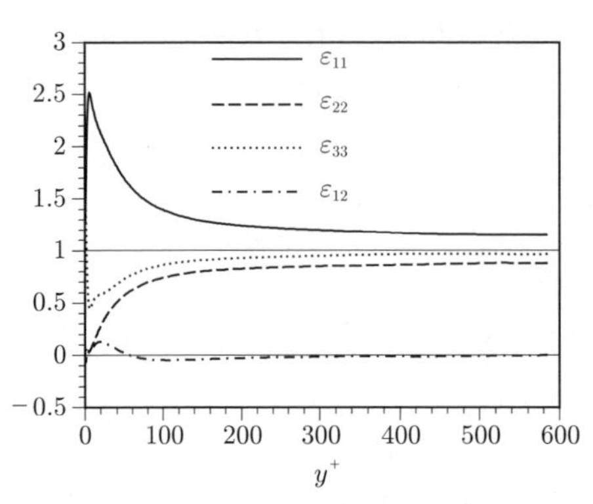


**図 6.10**　チャネル乱流（Re = 600）での散逸率テンソル成分分布（$2\varepsilon/3$ で規格化を施している）

が利用されている。せん断成分 $i \neq j$ は多くのDNSデータからもほとんどゼロに近い値をとっていることがわかっており，このモデル表現は有効である。それに対して，**図 6.10** のように垂直成分 $i = j$ は壁近傍で非等方性を示すが，後述の圧力歪相関項にこの効果が組み込まれていると解釈することもできる。

拡散項 $T_{ijm}$ のモデル化としては揺動速度の 3 体相関項を中心にモデリングが検討されてきたが，他の項に比べてモデリングの重要性は比較的低い項である。分子粘性率に関連した部分以外において，これまでに等方的渦粘性モデル，Daly-Harlow モデル[17)]，Mellor-Herring モデル[38)]，Hanjalic-Launder モデル[21)] がそれぞれつぎのように提案されてきた。

$$T_{ijm} = \left(\nu + \frac{\nu_T}{\sigma_K}\right)\frac{\partial \left\langle u'_i u'_j \right\rangle}{\partial x_m} \tag{6.81}$$

$$T_{ijm} = C_s \frac{K}{\varepsilon}\left\langle u'_m u'_l \right\rangle \frac{\partial \left\langle u'_i u'_j \right\rangle}{\partial x_l} + \nu \frac{\partial \left\langle u'_i u'_j \right\rangle}{\partial x_m} \tag{6.82}$$

$$T_{ijm} = \frac{\nu_T}{\sigma'_K}\left(\frac{\partial \left\langle u'_i u'_j \right\rangle}{\partial x_m} + \frac{\partial \left\langle u'_j u'_m \right\rangle}{\partial x_i} + \frac{\partial \left\langle u'_m u'_i \right\rangle}{\partial x_j}\right) + \nu \frac{\partial \left\langle u'_i u'_j \right\rangle}{\partial x_m} \tag{6.83}$$

$$T_{ijm} = C'_s \frac{K}{\varepsilon}\left(\left\langle u'_m u'_l \right\rangle \frac{\partial \left\langle u'_i u'_j \right\rangle}{\partial x_l} + \left\langle u'_i u'_l \right\rangle \frac{\partial \left\langle u'_j u'_m \right\rangle}{\partial x_l} + \left\langle u'_j u'_l \right\rangle \frac{\partial \left\langle u'_m u'_i \right\rangle}{\partial x_l}\right) + \nu \frac{\partial \left\langle u'_i u'_j \right\rangle}{\partial x_m} \tag{6.84}$$

等方的渦粘性モデルが最も単純で，Hanjalic-Launder モデルが非常に多数の項から構成されるモデルである。特に，$C_s = 0.22$ とした Daly-Harlow モデルがよく利用されている。

圧力歪相関項 $\Phi_{ij}$ はテンソルの縮約をとれば，連続方程式からゼロとなる項である。つまり，**図 6.11** のように乱流エネルギー $K$ を構成するレイノルズ垂直応力 $\langle u'u' \rangle$，$\langle v'v' \rangle$，$\langle w'w' \rangle$ 間のやり取りを意味し，特に，壁乱流では最も大きな $\langle u'u' \rangle$ からそれに比べれば小さな $\langle v'v' \rangle$ と $\langle w'w' \rangle$ へと圧力歪相関項により変換され，わずかではあるが $\langle w'w' \rangle$ から最も小さな壁垂直方向揺動速度で構成される $\langle v'v' \rangle$ への変換が行われている。このように応力方程式モデルにおけるモデリングで圧力歪相関項は最も重要であり，再分配項とも呼ばれる。

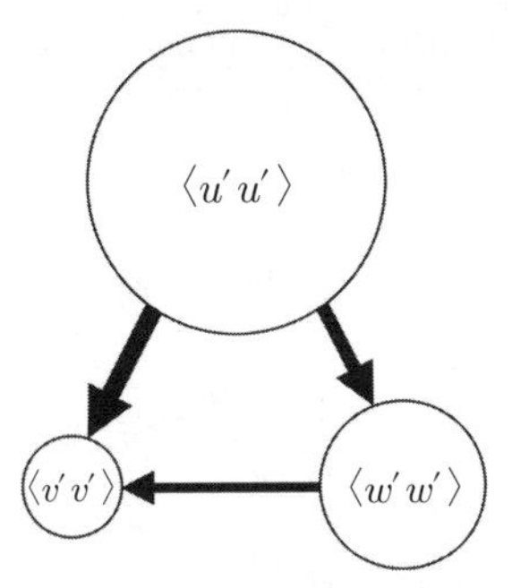


**図 6.11** レイノルズ垂直応力における再分配

圧力歪相関項のモデリングの概略を考えてみる。揺動速度方程式 (6.23) に微分演算子 $\partial/\partial x_i$ をオペレートすると圧力ポアソン方程式

$$\frac{1}{\rho}\frac{\partial^2 p'}{\partial x_i \partial x_i} = -2\frac{\partial U_i}{\partial x_j}\frac{\partial u'_j}{\partial x_i} - \frac{\partial u'_i}{\partial x_j}\frac{\partial u'_j}{\partial x_i} + \frac{\partial^2 \langle u'_i u'_j \rangle}{\partial x_i \partial x_j} \tag{6.85}$$

が導出される。ラプラシアンの逆演算子を形式的に $\Delta^{-1}$ とおくと揺動圧力の形式解は

$$\frac{p'}{\rho} = -2\Delta^{-1}\frac{\partial U_i}{\partial x_j}\frac{\partial u'_j}{\partial x_i} - \Delta^{-1}\frac{\partial u'_i}{\partial x_j}\frac{\partial u'_j}{\partial x_i} + \Delta^{-1}\frac{\partial^2 \langle u'_i u'_j \rangle}{\partial x_i \partial x_j} \tag{6.86}$$

となる。この式に揺動歪テンソルをかけて平均をとったものが圧力歪相関項であることから，平均量のみの第 3 項はゼロとなり，平均速度勾配に関連した項と揺動速度勾配の 3 体相関項から構成されている。平均速度勾配に関連したモデル項はラピッド項，平均速度勾配と直接関連せず揺動速度のみにより構成されるモデル項はスロー項と呼ばれる。以降では代表的な応力方程式モデルとして LRR モデルと SSG モデルを紹介する。

LRR モデルは Launder-Reece-Rodi（1975）により発案されたもので[30)]，圧力歪相関項のモデル表現は

$$\Phi_{ij} = \phi_{ij,1} + \phi_{ij,2} + \phi_{ij,w1} + \phi_{ij,w2} \tag{6.87}$$

となる。$\phi_{ij,1}$ はスロー項，$\phi_{ij,2}$ はラピッド項，$\phi_{ij,w1}$ は壁面反射効果のスロー項，$\phi_{ij,w2}$ は壁面反射効果のラピッド項であり，つぎのようになる。

$$\phi_{ij,1} = -C_1\varepsilon\left(\frac{\langle u_i' u_j'\rangle}{K} - \frac{2}{3}\delta_{ij}\right), \quad \phi_{ij,2} = -C_2\left(P_{ij} - \frac{1}{3}P_{mm}\delta_{ij}\right),$$

$$\phi_{ij,w1} = C_1'\frac{\varepsilon}{K}\left(\langle u_m' u_l'\rangle n_m n_l \delta_{ij} - \frac{3}{2}\langle u_m' u_i'\rangle n_m n_j - \frac{3}{2}\langle u_m' u_j'\rangle n_m n_i\right)\frac{C_\mu^{0.75}K^{1.5}}{\kappa\varepsilon x_n},$$

$$\phi_{ij,w2} = C_2'\frac{\varepsilon}{K}\left(\phi_{ml,2} n_m n_l \delta_{ij} - \frac{3}{2}\phi_{mi,2} n_m n_j - \frac{3}{2}\phi_{mj,2} n_m n_i\right)\frac{C_\mu^{0.75}K^{1.5}}{\kappa\varepsilon x_n} \tag{6.88}$$

ここで，$x_n$ は壁面からの距離，$n_i$ は壁面法線ベクトルで，モデル定数は $C_1 = 1.8$，$C_2 = 0.6$，$C_1' = 0.5$，$C_2' = 0.18$ となる。LRR モデルでは拡散項に対して Daly-Harlow モデルを採用している。さらに計算を実行する際に必要となる散逸率のモデル方程式は

$$\frac{\partial\varepsilon}{\partial t} + \frac{\partial U_j\varepsilon}{\partial x_j} = \frac{C_{\varepsilon1}}{2}\frac{\varepsilon}{K}P_{mm} - C_{\varepsilon2}\frac{\varepsilon^2}{K} + \frac{\partial}{\partial x_m}\left(C_\varepsilon\frac{K}{\varepsilon}\langle u_m' u_j'\rangle\frac{\partial\varepsilon}{\partial x_j}\right) \tag{6.89}$$

で，$C_{\varepsilon1} = 1.45$，$C_{\varepsilon2} = 1.90$，$C_\varepsilon = 0.18$ である。

LRR モデルより高次の応力方程式モデルである SSG モデルは Speziale-Sarker-Gatski（1990）により開発された[50)]。このモデルでの圧力歪相関項は

$$\begin{aligned}\Phi_{ij} = &-\left(C_1\varepsilon + \frac{C_1^*}{2}P_{mm}\right)b_{ij} + C_2\varepsilon\left(b_{im}b_{mj} - \frac{1}{3}b_{lm}b_{ml}\delta_{ij}\right)\\ &+\left(C_3 - C_3^*\sqrt{b_{lm}b_{ml}}\right)KS_{ij} + C_4K\left(b_{im}S_{mj} + b_{jm}S_{mi} - \frac{2}{3}b_{lm}S_{ml}\delta_{ij}\right)\\ &+C_5K\left(b_{im}W_{mj} + b_{jm}W_{mi}\right)\end{aligned} \tag{6.90}$$

とモデル化される。ここで，レイノルズ応力の非等方テンソル $b_{ij}$ は

$$b_{ij} = \frac{\overline{u_i' u_j'}}{2K} - \frac{1}{3}\delta_{ij} \tag{6.91}$$

で定義され，モデル定数は $C_1 = 3.4$，$C_2 = 4.2$，$C_1^* = 1.8$，$C_3 = 0.8$，$C_3^* = 1.3$，$C_4 = 1.25$，$C_5 = 0.4$ となる。拡散項モデリングは Daly-Harlow モデルで，散逸率方程式は LRR モデルと同様に式 (6.89) である。ただし，そのモデル定数は $C_{\varepsilon2} = 1.83$，$C_{\varepsilon1} = 1.44$，$C_\varepsilon = 0.183$ となる。これらのモデルはモデル定数などで若干異なる表現のものも存在する。

応力方程式モデルは一般的には，渦粘性型モデルに比べて非常に高い予測能力を

有している。しかし，平均速度方程式レベルでの数値安定性の点から考えると，必ずしも拡散効果を強化するわけではないので渦粘性型モデルよりも不安定になる場合がある。また，$K-\varepsilon$ モデルよりも最大で 5 本の微分方程式を増やして解析する必要があり，計算負荷は高いものである。

### 6.2.3　代数応力モデル

応力方程式モデルはレイノルズ応力の輸送方程式の生成項を直接取り扱うことができるため，渦粘性型モデルに比べて予測性能が高いものとなる。しかし，応力方程式モデルはレイノルズ応力各成分の偏微分方程式を解く必要があるため，平均場が 3 次元性を有する場合，平均連続および運動方程式 (6.18) と (6.19) の 4 本の方程式に，レイノルズ応力 6 成分の 6 本の方程式と散逸率輸送方程式の 1 本，合計 11 本の偏微分方程式を計算しなければならない。これは $K-\varepsilon$ モデルが 6 本の方程式で計算を遂行できるのに比べて，ほぼ倍近い計算負荷が加わることになる。この負担を軽減する目的で Rodi（1976）により提案されたものが代数応力モデル（algebraic stress model：ASM）である[47)]。ここでは，その概略を紹介する。レイノルズ応力のモデル方程式では，レイノルズ応力の微分は時間微分項，移流項，拡散項に存在する。これらの項の存在がレイノルズ応力のモデル方程式を平均速度同様の偏微分方程式にしている。しかし，もしこれらの項を微分を使わない代数表現に近似できれば微分方程式ではなく，代数方程式化することができ，計算負荷を大幅に減らすことができる。そこで，まずレイノルズ応力のモデル方程式の前述 3 項を，乱流エネルギーのそれらの項に，レイノルズ応力を乱流エネルギーで除したものをかけた量でつぎのように近似できるとする。

$$\frac{\partial \langle u_i' u_j' \rangle}{\partial t} + U_m \frac{\partial \langle u_i' u_j' \rangle}{\partial x_m} - \frac{\partial T_{ijm}}{\partial x_m} \approx \frac{\langle u_i' u_j' \rangle}{K} \left( \frac{\partial K}{\partial t} + U_m \frac{\partial K}{\partial x_m} - \frac{\partial T_{K,m}}{\partial x_m} \right) \quad (6.92)$$

この近似が成立する場合，レイノルズ応力と乱流エネルギーの輸送方程式の残りの項どうしも釣り合うため

$$P_{ij} - \varepsilon_{ij} + \Phi_{ij} = \frac{\langle u_i' u_j' \rangle}{K} (P_K - \varepsilon) \quad (6.93)$$

という方程式を得ることができる。ここで，散逸項と圧力歪相関項には応力方程式モデルのモデル表現を導入するとレイノルズ応力に関する代数方程式として利用で

きる。

壁面効果を無視したLRRモデルを導入したモデルを用いると，具体的なレイノルズ応力の代数方程式は

$$(1-C_1)\varepsilon\left(\frac{\langle u_i'u_j'\rangle}{K}-\frac{2}{3}\delta_{ij}\right)-(1-C_2)\left(\langle u_i'u_m'\rangle\frac{\partial U_j}{\partial x_m}+\langle u_j'u_m'\rangle\frac{\partial U_i}{\partial x_m}\right)$$
$$+\langle u_n'u_m'\rangle\frac{\partial U_n}{\partial x_m}\left(\frac{\langle u_i'u_j'\rangle}{K}-\frac{2}{3}C_2\delta_{ij}\right)=0 \tag{6.94}$$

となる。このモデルは渦粘性モデルよりも応力方程式モデルに近い性質を示す。しかし，平均速度勾配に関して摂動展開を施して，レイノルズ応力を解析すると

$$\begin{aligned}\langle u_i'u_j'\rangle=&\frac{2}{3}K\delta_{ij}+\frac{2(1-C_2)}{3(1-C_1)}\frac{K^2}{\varepsilon}\left(\frac{\partial U_i}{\partial x_j}+\frac{\partial U_j}{\partial x_i}\right)\\&+\frac{2(1-C_2)^2}{3(1-C_1)^2}\frac{K^3}{\varepsilon^2}\left(\frac{\partial U_i}{\partial x_m}\frac{\partial U_m}{\partial x_j}+\frac{\partial U_m}{\partial x_i}\frac{\partial U_j}{\partial x_m}-\frac{2}{3}\frac{\partial U_m}{\partial x_n}\frac{\partial U_n}{\partial x_m}\delta_{ij}\right)\\&+\frac{4(1-C_2)^2}{3(1-C_1)^2}\frac{K^3}{\varepsilon^2}\left(\frac{\partial U_i}{\partial x_m}\frac{\partial U_j}{\partial x_m}-\frac{1}{3}\frac{\partial U_n}{\partial x_m}\frac{\partial U_n}{\partial x_m}\delta_{ij}\right)+\cdots\end{aligned} \tag{6.95}$$

のような非線形渦粘性表現が導出できるので，このモデルは非線形渦粘性表現の一つとみなすことも可能である。ただし，Rodiの仮定自体が局所平衡の概念が成立しない場合は破綻することが知られているので，つねに妥当性のあるよい予測性能を示すとは限らない。

### 6.2.4　RANSの結果の例

ここで紹介した低レイノルズ数型 $K-\varepsilon$ モデルであるLaunder-Sharmaモデル（LSモデル），Nagano-Hishidaモデル（NHモデル），Abe-Kondoh-Naganoモデル（AKNモデル）を用いてチャネル乱流の数値予測を実行した。摩擦速度とチャネル半幅でのレイノルズ数600に対して，格子依存性が消えるよう格子点数200を使用した計算を実行した。図**6.12**のように平均速度 $U^+$ の結果はNHモデルだけがわずかに大きいが，ほぼすべてのモデルともにDNSを再現できている。また，乱流エネルギー $K^+$ の結果ではLSモデルはピークを過小に予測することがよく知られており，その傾向が顕著に見られる。また，NHおよびAKNモデルではやや過小であるがよく再現できている。それに対して，散逸率 $\varepsilon^+$ では粘性底層ではどのモ

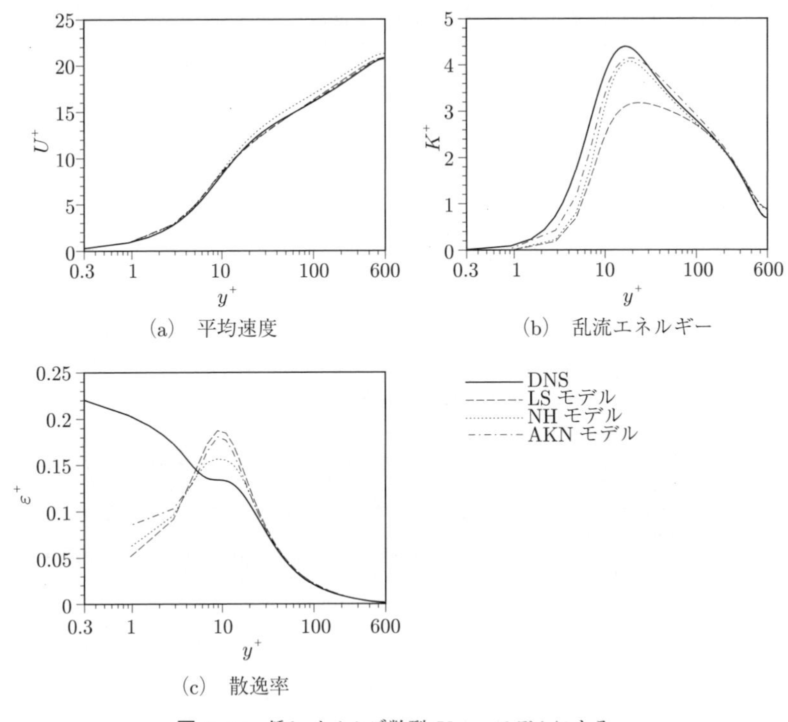


**図 6.12** 低レイノルズ数型 $K-\varepsilon$ モデルによるチャネル乱流の数値予測

デルも DNS のような分布にはなっていない。また，位置 $y^+ = 10$ あたりでの DNS での肩を形成する領域で，モデルはみなピークを形成しており，NH モデルが最も近い値になっており，LS モデルが最も強い散逸を示している。このように平均速度分布を評価するうえではこれらのモデルは高い再現性が確認できる。

つぎに，高レイノルズ数型モデルである標準 $K-\varepsilon$ モデルと $K-\omega$ モデルでの数値予測結果を**図 6.13** に示す。この計算は第 1 格子点を $y^+ = 100$ に設定し，格子点数 21 で実行でき，低レイノルズ数型モデルに比べて非常に計算負荷が軽いものとなっている。平均速度分布では対数則をよく再現できているが，$K-\omega$ モデルのほうがわずかではあるがよい一致を示している。乱流エネルギーは流路中央部でのみ DNS に近い値を示している。

つぎに，応力方程式モデルの予測性能の高さを示す例として，平均速度が一定勾配 $S$ によって $U = Sy$ と記述できる一様せん断乱流の DNS に対して，LS モデル，

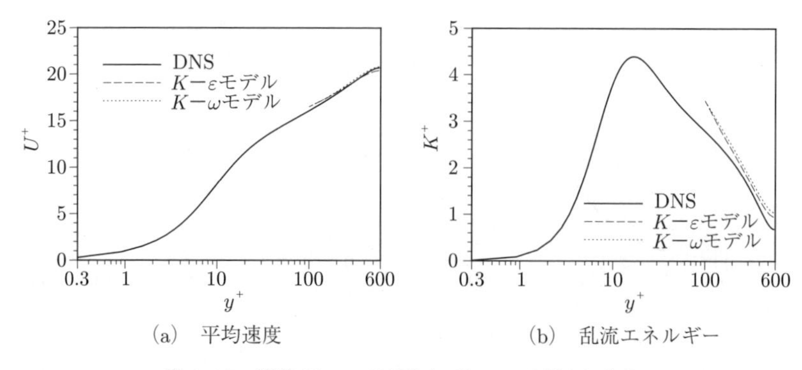


**図 6.13**　標準 $K-\varepsilon$ モデルと $K-\omega$ モデルによるチャネル乱流の数値予測

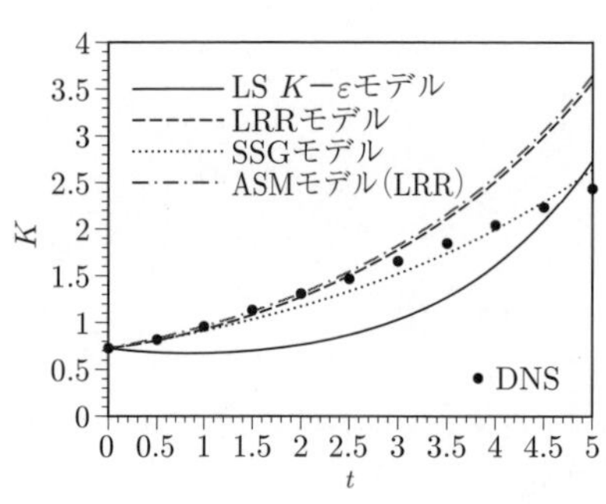


**図 6.14**　一様せん断乱流の数値予測

応力方程式モデル（LRR モデル，SSG モデル），代数応力モデル（LRR モデルからのもの）を適用させた結果が図 **6.14** である。渦粘性型モデルである LS モデルは計算開始直後から十分な乱流エネルギーの生成が再現できていないが，かなり時間が経過すると今度は逆に急上昇を示す結果となった。応力方程式モデルである SSG モデルが最もよい再現性を示している。また，同じ LRR モデルをベースとする代数応力モデルは LRR モデル自体とほとんど一致する結果を示している。

## 6.3　ラージ・エディ・シミュレーション

ラージ・エディ・シミュレーション（large eddy simulation：LES）は，RANS のように平均場のみを取り扱うのではなく，揺動場も取り扱う 3 次元非定常流れにおける計算方法である。そのため，計算負荷は高いものであるが，近年実用的にもかなり利用されるようになってきた。LES ではフィルター操作によりあるスケールより大きな運動に関しては直接的に数値計算を実行し，それより小さなスケールの運動はモデル化することによりシミュレーションする。この分離操作であるフィルター操作の数学的表現は次式で与えられる。

$$\bar{u}_i(\boldsymbol{x},t)=\iiint_V d^3\boldsymbol{x}'G(\boldsymbol{x}-\boldsymbol{x}';\Delta)\,u_i(\boldsymbol{x}',t) \tag{6.96}$$

$$u_i''(\boldsymbol{x},t)=u_i(\boldsymbol{x},t)-\bar{u}_i(\boldsymbol{x},t) \tag{6.97}$$

ここで，$V$ は計算領域，$G$ はフィルター関数，$\bar{u}_i$ はグリッドスケール（grid scale：GS）速度，$u_i''$ はサブグリッドスケール（subgrid scale：SGS）速度である。LES では GS 量は数値計算する量であり，SGS 量は計算実行中には直接取り扱わない。フィルター関数の説明は 6.3.1 項で後述するが，この関数にはフィルター代表長さ $\Delta$ が導入されていて，この長さスケールが GS と SGS 量の分離を司っている。この処理は，漁師が網で魚を捕まえることを考えると，編み目にかかるほどの大きさの魚（GS 量）は捕まえるが，それよりも小さな魚（SGS 量）は逃れることができ，漁師は捕まえたい魚の種類を念頭に置いて網を選択することが可能であるといったイメージである。つまり，乱流場を粗視化していることに対応しており，$\Delta$ をコルモゴロフ長さスケールよりも小さくとれば乱流場としての情報をすべて取り扱った LES となるので DNS に自然に移行する。また，粗すぎると SGS 量が大きくなり，SGS 量に関連したモデル化すべき量の重要性が非常に大きくなることを意味する。LES では一般的には慣性小領域または乱流の基礎構造を解像できるレベルの $\Delta$ を設定することが望ましいとされている。

このフィルター操作をナビア–ストークス方程式 (4.1) と (4.2) に導入していく。時間微分項はフィルター操作を空間のみとした場合，時間微分とフィルター操作作用素の可換性から

$$\begin{aligned}&\iiint_V d^3\boldsymbol{x}'G(\boldsymbol{x}-\boldsymbol{x}')\frac{\partial u_i(\boldsymbol{x}',t)}{\partial t}\\&=\frac{\partial}{\partial t}\iiint_V d^3\boldsymbol{x}'G(\boldsymbol{x}-\boldsymbol{x}')\,u_i(\boldsymbol{x}',t)=\frac{\partial\bar{u}_i(\boldsymbol{x},t)}{\partial t}\end{aligned}$$

となり，単純に GS 速度の時間微分になる。また，線形項の空間 1 階微分項は部分積分の公式から

$$\begin{aligned}&\iiint_V d^3\boldsymbol{x}'G(\boldsymbol{x}-\boldsymbol{x}')\frac{\partial a(\boldsymbol{x}',t)}{\partial x_i'}\\&=\left[G(\boldsymbol{x}-\boldsymbol{x}')\,a(\boldsymbol{x}',t)\right]_{\partial V}-\iiint_V d^3\boldsymbol{x}'\frac{\partial G(\boldsymbol{x}-\boldsymbol{x}')}{\partial x_i'}a(\boldsymbol{x}',t)\end{aligned} \tag{6.98}$$

となる。ここで，フィルター関数のコンパクト性と対称性を

$$G(\boldsymbol{x}-\boldsymbol{x'})|_{\partial V}=0, \quad \frac{\partial G(\boldsymbol{x}-\boldsymbol{x'})}{\partial x'_i}=-\frac{\partial G(\boldsymbol{x}-\boldsymbol{x'})}{\partial x_i} \tag{6.99}$$

と仮定する。前者は考慮している位置から遠く離れたところからの影響を取り込まないことを意味しており，後者は考慮点の前後を同等に取り扱うということで，フィルター関数に課す条件としては不自然なものではない。これにより

$$\begin{aligned}\text{式 (6.98)}&=\iiint d^3\boldsymbol{x'}\frac{\partial G(\boldsymbol{x}-\boldsymbol{x'})}{\partial x_i}a(\boldsymbol{x'},t)\\&=\frac{\partial}{\partial x_i}\iiint d^3\boldsymbol{x'}G(\boldsymbol{x}-\boldsymbol{x'})a(\boldsymbol{x'},t)=\frac{\partial \bar{a}(\boldsymbol{x},t)}{\partial x_i}\end{aligned} \tag{6.100}$$

となり，空間微分とフィルター操作も可換である。これは 2 階微分でも同様な処理を 2 回行えばよいだけで，最終的な GS の支配方程式は

$$\frac{\partial \bar{u}_i}{\partial t}+\frac{\partial \bar{u}_i\bar{u}_j}{\partial x_j}=-\frac{\partial \bar{p}}{\partial x_i}+\nu\frac{\partial^2 \bar{u}_i}{\partial x_j\partial x_j}-\frac{\partial \tau_{ij}}{\partial x_j} \tag{6.101}$$

$$\frac{\partial \bar{u}_j}{\partial x_j}=0 \tag{6.102}$$

となる。ここで，右辺第 3 項に SGS 応力 $\tau_{ij}$ と呼ばれる量が出現する。SGS 応力は

$$\tau_{ij}=\overline{u_iu_j}-\bar{u}_i\bar{u}_j \tag{6.103}$$

であり，全速度の 2 体量の GS 量から GS 速度の 2 体量を引いたものである。全速度が GS 速度と SGS 速度の和であることを考慮すると，つぎのように書き換えることができる。

$$\tau_{ij}=\overline{\bar{u}_i\bar{u}_j}-\bar{u}_i\bar{u}_j+\overline{\bar{u}_iu''_j}+\overline{u''_i\bar{u}_j}+\overline{u''_iu''_j} \tag{6.104}$$

これらの項はレナード項 $L_{ij}$，クロス項 $C_{ij}$，SGS レイノルズ応力項 $R_{ij}$ に区別され，それぞれつぎのように定義される。

$$L_{ij}=\overline{\bar{u}_i\bar{u}_j}-\bar{u}_i\bar{u}_j, \quad C_{ij}=\overline{\bar{u}_iu''_j}+\overline{u''_i\bar{u}_j}, \quad R_{ij}=\overline{u''_iu''_j} \tag{6.105}$$

$L_{ij}$ と $C_{ij}$ はフィルター操作が 2 重となっており，フィルター干渉項と呼ばれるものである。また，$L_{ij}$ は GS 速度のみで記述されており，フィルター操作を行えば

モデル化を必要としない項である。一方，$C_{ij}$ と $R_{ij}$ はSGS速度を含んでいるのでモデル化が必要な項である。しかし，ガリレイ変換を満足させることを考慮すると $L_{ij}$ と $C_{ij}$ は一括してモデル化する必要がある。また，この分類にはより有効な修正したバージョンも近年提案されている。

一方，全速度方程式からGS速度方程式を引いたものより導出されるSGS速度方程式は

$$\frac{\partial u_i''}{\partial t} + \frac{\partial \bar{u}_i u_j''}{\partial x_j} + \frac{\partial u_i'' \bar{u}_j}{\partial x_j} + \frac{\partial u_i'' u_j''}{\partial x_j} - \frac{\partial \tau_{ij}}{\partial x_j} = -\frac{\partial p''}{\partial x_i} + \nu \frac{\partial^2 u_i''}{\partial x_j \partial x_j} \tag{6.106}$$

$$\frac{\partial u_j''}{\partial x_j} = 0 \tag{6.107}$$

と導出される。この方程式はLESでは計算実行中は陽には利用されないものであるが，SGS応力の役割を考えるうえで必要となるのでここに記載している。

### 6.3.1 フィルター関数

LESの基礎方程式の説明において導入したフィルター関数について紹介する。通常利用されているフィルター関数には前述のように遠くの影響を取り込まないコンパクト性と評価点に関しての対称性

$$G(x) \xrightarrow[\text{Large } x]{} 0, \quad G(x) = G(-x) \tag{6.108}$$

が課されており，さらに規格化条件

$$\int_{-\infty}^{\infty} dx G(x) = 1 \tag{6.109}$$

を満足する必要がある。規格化条件は，すべての情報がフィルターにかかる物理量があった場合，フィルター操作後その物理量は変化しないことを満足するために必要な条件である。これらの条件は確率密度関数（probability density function：PDF）においても満足する場合が多く確率論の知見も利用できる。フィルター関数を物理量にかけて積分するという数学的処理は，確率変数に対してPDFをかけて積分すると統計量が得られることと非常によく似ている。特にPDFではそれ自体のフーリエ変換された関数は特性関数（characteristic function）と呼ばれ，理論的な解析においてだけでなくモーメントの導出などにおいても有効に活用できる。フィルター

関数のフーリエ変換された関数は

$$\tilde{G}(k) = \frac{1}{2\pi}\int_{-\infty}^{\infty} dx G(x) \exp(-ikx) \tag{6.110}$$

で与えられる。この関数 $\tilde{G}$ が既知であれば，GS 量の波数空間量 $\widetilde{\bar{u}}$ はフーリエ変換における重畳定理より

$$\widetilde{\bar{u}}_i(k) = 2\pi\tilde{G}(k)\,\tilde{u}_i(k) \tag{6.111}$$

で求められる。波数空間では物理空間とは異なり単純にフーリエ変換されたフィルター関数と積をとれば GS 量が算出でき，高計算精度を確保するうえで非常に便利なものである。

LES のフィルター関数の具体例としてガウシアンフィルター，トップハットフィルター，スペクトルシャープカットオフフィルターの 3 種類をとりあげる。ガウシアンフィルターは PDF での正規分布に対応するもので，その関数と波数空間表現はそれぞれ

$$G_G(x) = \sqrt{\frac{6}{\pi\Delta^2}}\exp\left(-6\frac{x^2}{\Delta^2}\right), \quad \tilde{G}_G(k) = \frac{1}{2\pi}\exp\left(-\frac{\Delta^2 k^2}{24}\right) \tag{6.112}$$

と書ける。ここで，$\Delta$ はフィルター代表長さである。このフィルター関数は実空間も波数空間でも関数のタイプが変化しないフィルターである。図 **6.15** のように実空間では $x = 0$ でやや高めの寄与を取り込むが，離れた点では速やかにゼロに漸近している。波数空間ではシャープなカットではなく，やや小さめの波数から減少していく。このフィルター関数は実際の LES において実および波数空間両方での利用

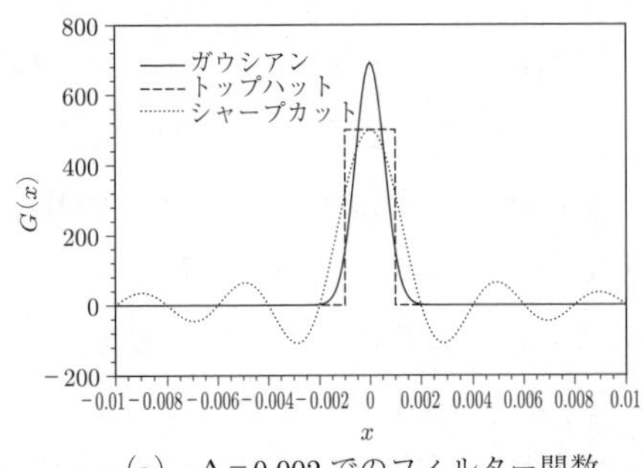

(a)　Δ = 0.002 でのフィルター関数

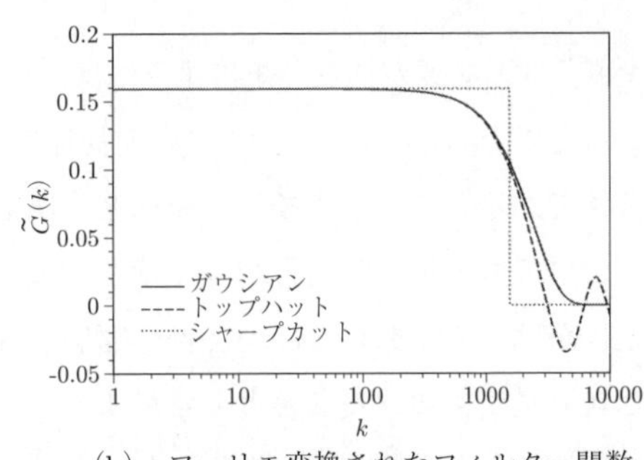

(b)　フーリエ変換されたフィルター関数

図 **6.15**　フィルター代表長さ

が簡便な方法となっている。

つぎに，フィルター代表長さでの空間平均をかけていることと対応するトップハットフィルターは

$$G_T(x) = \frac{1}{\Delta} H\left(\frac{\Delta}{2} - |x|\right), \quad \tilde{G}_T(k) = \frac{1}{\pi \Delta k} \sin \frac{\Delta k}{2} \tag{6.113}$$

となる。ここで，$H$ はヘビサイド階段関数であり，引数が正値で 1 となる。この関数は PDF における一様分布になる。図 6.15 のように，実空間ではシャープにカットし，近距離の影響のみを取り扱う関数となっている。波数空間では，カットオフ波数 $\pi/\Delta$ 付近まではガウシアンフィルターとよく一致しているが，より高波数領域の影響を負値の重みをかけて取り扱わなければならない点はガウシアンフィルターと大きく異なる。このフィルター関数は実空間での利用が簡便である。

ある特定の波数においてフィルターをかけるフィルター関数はシャープカットオフフィルターで，その関数表現は

$$G_S(x) = \frac{1}{\pi x} \sin\left(\frac{\pi x}{\Delta}\right), \quad \tilde{G}_S(k) = \frac{1}{2\pi} H\left(\frac{\pi}{\Delta} - |k|\right) \tag{6.114}$$

で与えられる。この関数はスペクトルにおける説明の際によく用いられている関数であり，基本的に波数空間で使用されるものである。図 6.15 を見ればわかるように，実空間ではこれまで示してきた二つのフィルター関数よりも長距離からの寄与を取り込んだものとなっている。

これらのフィルター関数による GS 量の抽出がどのように行われるかの例として与える。2 次元乱流の DNS（$2048^2$）に対して DNS の格子幅の 16 倍のフィルター代表長さのフィルター操作を施した計算結果として，乱流エネルギーを**図 6.16**，渦度を**図 6.17** に示す。乱流エネルギーを見る限り，この量が比較的大きなスケールを代表する物理量であることから，DNS の分布と GS 分布はほとんど一致しており，フィルター関数の差異も非常に小さいものである。しかし，1 階微分量で与えられる渦度の結果では，DNS に見られたような多数の非常に細かい線状の構造が，フィルターをかけると大幅に減少する様子が確認できる。フィルター関数により違いはあるが，シャープカットオフフィルターの GS 渦度がその他の GS 渦度よりもやや細かな分布が出現しているようである。より高階微分量になると GS 量は全量と大きく異なり，フィルター関数の影響も顕著になる可能性がある。

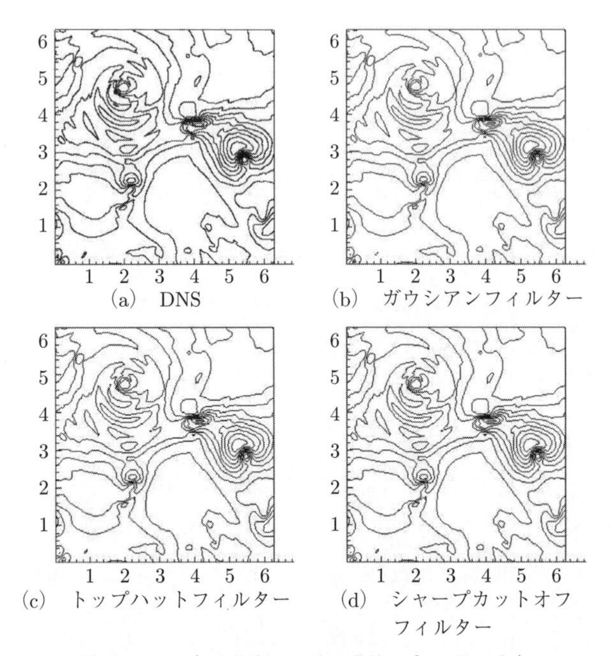

(a)　DNS　(b)　ガウシアンフィルター

(c)　トップハットフィルター　(d)　シャープカットオフフィルター

**図 6.16**　2 次元乱流における乱流エネルギー分布

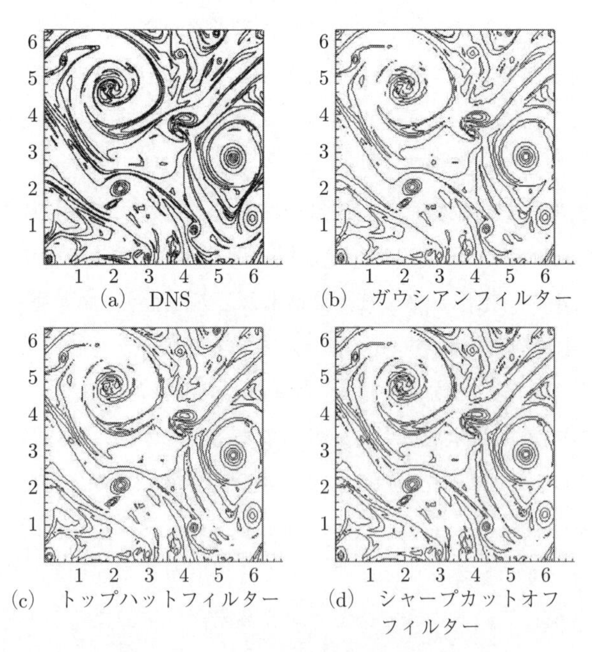

(a)　DNS　(b)　ガウシアンフィルター

(c)　トップハットフィルター　(d)　シャープカットオフフィルター

**図 6.17**　2 次元乱流における渦度分布

### 6.3.2 SGS モデル

GS 速度方程式 (6.101) に GS 速度 $\bar{u}_i$ をかけると

$$\bar{u}_i \frac{\partial \bar{u}_i}{\partial t} + \bar{u}_i \frac{\partial \bar{u}_i \bar{u}_j}{\partial x_j} = -\bar{u}_i \frac{\partial \bar{p}}{\partial x_i} + \nu \bar{u}_i \frac{\partial^2 \bar{u}_i}{\partial x_j \partial x_j} - \bar{u}_i \frac{\partial \tau_{ij}}{\partial x_j} \tag{6.115}$$

となり，GS エネルギーを $K_{GS} \equiv \bar{u}_i \bar{u}_i/2$ と定義すると，式 (6.115) からその輸送方程式は

$$\frac{\partial K_{GS}}{\partial t} + \bar{u}_j \frac{\partial K_{GS}}{\partial x_j} = -\nu \frac{\partial \bar{u}_i}{\partial x_j} \frac{\partial \bar{u}_i}{\partial x_j} - \frac{\partial}{\partial x_j}\left(\bar{u}_j \bar{p} + \bar{u}_i \tau_{ij} - \nu \frac{\partial K_{GS}}{\partial x_j}\right) + \tau_{ij} \frac{\partial \bar{u}_i}{\partial x_j} \tag{6.116}$$

となる。左辺は非定常移流項，右辺第 1 項は粘性散逸項，第 2 項は拡散項，第 3 項は SGS モデルに依存する項である。一方，SGS エネルギーを SGS 速度の 2 体量にフィルター操作を適用した GS 量で $K_{SGS} = \overline{u_i'' u_i''}/2$ と定義する。式 (6.106) に SGS 速度 $u_i''$ をかけてフィルター操作を施すと SGS エネルギーの輸送方程式は

$$\begin{aligned}&\frac{\partial K_{SGS}}{\partial t} + \overline{u_i'' u_j'' \frac{\partial \bar{u}_i}{\partial x_j}} + \frac{1}{2} \overline{\bar{u}_j \frac{\partial u_i'' u_i''}{\partial x_j}} + \frac{1}{2} \frac{\partial \overline{u_i'' u_i'' u_j''}}{\partial x_j} - \frac{\partial \overline{u_i'' \tau_{ij}}}{\partial x_j} + \overline{\tau_{ij} \frac{\partial u_i''}{\partial x_j}} \\ &= -\frac{\partial \overline{u_i'' p''}}{\partial x_i} + \nu \frac{\partial^2 K_{SGS}}{\partial x_j \partial x_j} - \nu \overline{\frac{\partial u_i''}{\partial x_j} \frac{\partial u_i''}{\partial x_j}}\end{aligned} \tag{6.117}$$

と導出される。RANS とは異なり 2 段のフィルター操作の量は簡単な形に表記することができないので，かなり複雑なものとなっている。しかし，ここでは議論を単純化するためフィルター干渉項をつぎのように無視する。

$$\overline{f'' \bar{g}} \approx 0, \quad \overline{f'' h'' \bar{g}} \approx \overline{f'' h''} \bar{g} \tag{6.118}$$

SGS エネルギー方程式は

$$\begin{aligned}&\frac{\partial K_{SGS}}{\partial t} + \bar{u}_j \frac{\partial K_{SGS}}{\partial x_j} \\ &= -\nu \overline{\frac{\partial u_i''}{\partial x_j} \frac{\partial u_i''}{\partial x_j}} - \frac{\partial}{\partial x_j}\left(\overline{u_j'' p''} + \frac{1}{2}\overline{u_i'' u_i'' u_j''} - \nu \frac{\partial K_{SGS}}{\partial x_j}\right) - \tau_{ij} \frac{\partial \bar{u}_i}{\partial x_j}\end{aligned} \tag{6.119}$$

と求まる。各項は GS エネルギー方程式 (6.116) 同様の役割を持っているが，右辺の第 3 項である SGS モデルの寄与項のみ正負の符号が反転している。これは，$\tau_{ij}(\partial \bar{u}_i / \partial x_j)$ が正であれば GS エネルギーが SGS エネルギーに，負であれば逆に

SGS エネルギーから GS エネルギーへと変換される。このように SGS モデルはフィルターを導入することで生じたカットオフスケールでのエネルギーの輸送を再現する必要がある。一般的には 3 次元乱流場では非線形項の大きな渦が小さい渦へと崩壊していくカスケードが主要であり，通常は GS エネルギーから SGS エネルギーへの移行が主である。さらに図 **6.18** のようにコルモゴロフ長さスケールで特徴づけられる散逸の活発な領域がフィルター操作により除去されているので，散逸効果を補填する意味からもエネルギー消散の効果を SGS モデルに負わせる必要がある。

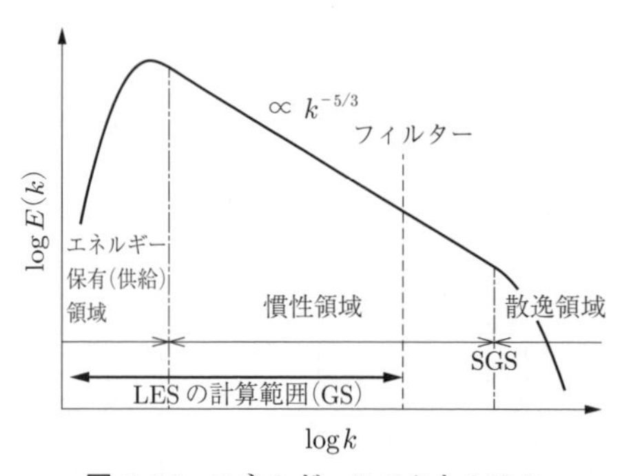


図 **6.18**　エネルギースペクトルでの LES の計算範囲

**〔1〕 スマゴリンスキーモデル**　　RANS でのプラントル混合距離理論に対応する最も単純な SGS モデルには Smagorinsky (1963) により提案されたスマゴリンスキーモデルがある[48)]。このモデルでは SGS レイノルズ応力項のみを渦粘性近似で

$$R_{ij} = \frac{2}{3}K_{SGS}\delta_{ij} - 2\nu_{SGS}\bar{s}_{ij}, \quad L_{ij} = C_{ij} = 0, \quad \nu_{SGS} = (C_S\Delta)^2\,\bar{s} \qquad (6.120)$$

とモデル化する。ここで，GS 歪テンソル $\bar{s}_{ij}$ とその大きさ $\bar{s}$ は

$$\bar{s}_{ij} = \frac{1}{2}\left(\frac{\partial \bar{u}_i}{\partial x_j} + \frac{\partial \bar{u}_j}{\partial x_i}\right), \quad \bar{s} = \sqrt{2\bar{s}_{ij}\bar{s}_{ij}} \qquad (6.121)$$

である。このモデル定数 $C_S$ は推奨値として，一様等方性乱流では $C_S = 0.2$，混合層乱流などでは $C_S = 0.13 \sim 0.16$，チャネル乱流では $C_S = 0.1$ が与えられている。また，壁乱流では壁に近づくにつれて SGS 渦粘性率はゼロへと漸近しなければならないのだが，このモデル表現ではゼロにはならないため，このまま LES に適用することはできず，つぎのような壁関数を組み込んだ形で利用される。

$$\nu_{SGS} = (C_S\Delta f)^2\,\bar{s} \qquad (6.122)$$

ここで，$f$ は Van-Driest の壁関数と呼ばれるもので

$$f = 1 - \exp\left(-\frac{y^+}{25}\right) \qquad (6.123)$$

となる。ここで，壁座標単位での壁からの距離は $y^+ = yu_\tau/\nu$ となる。

GS 方程式 (6.101) にスマゴリンスキーモデルに代表される渦粘性型 SGS モデル表現 (6.120) を導入すると，その方程式は

$$\frac{\partial \bar{u}_i}{\partial t} + \frac{\partial \bar{u}_i \bar{u}_j}{\partial x_j} = -\frac{\partial \bar{p}_{new}}{\partial x_i} + \frac{\partial}{\partial x_j}\left\{(\nu + \nu_{SGS})\left(\frac{\partial \bar{u}_i}{\partial x_j} + \frac{\partial \bar{u}_j}{\partial x_i}\right)\right\} \quad (6.124)$$

と書き換えることができる。ここで，$\bar{p}_{new}$ は SGS エネルギーをつぎのように組み込んで再定義し直した圧力 $\bar{p}_{new} = \bar{p} + 2K_{SGS}/3$ である。この式 (6.124) はもとのナビア–ストークス方程式の粘性拡散項を変更しただけの表現となっており，粘性係数が大きくなった分より数値安定性が高くなることが期待できる。

このモデルは非常に簡便かつ安定なものとなるため広く利用されているが，モデル定数を流れ場やその状態に応じて最適化させる必要がある点と壁からの距離を複雑幾何形状の境界からいかにして求めるかなど改善すべき点がある。

**〔2〕 一方程式型 SGS モデル**　0 方程式型モデルに対応するスマゴリンスキーモデルの改良としてさまざまな研究者から提案されたモデルに一方程式型 SGS モデルがある。このモデルは SGS エネルギーの輸送方程式をモデル化して解くことで計算を進めていく。ここでは著者による 2 スケール直接相関近似理論をベースに作られたモデル表現を紹介する。SGS 応力はスマゴリンスキーモデルと同様な渦粘性近似 (6.120) で，その SGS 渦粘性率は

$$\nu_{SGS} = C_\nu \Delta K_{SGS}^{1/2} \quad (6.125)$$

となる。SGS エネルギーの輸送方程式は

$$\frac{DK_{SGS}}{Dt} = -\tau_{ij}\bar{s}_{ij} - \varepsilon_{SGS} + D_{SGS} \quad (6.126)$$

であり，SGS 散逸率 $\varepsilon_{SGS}$ と拡散項 $D_{SGS}$ はつぎのようにモデル化する。

$$\varepsilon_{SGS} = C_\varepsilon \frac{K_{SGS}^{3/2}}{\Delta} + 2\nu \frac{\partial \sqrt{K_{SGS}}}{\partial x_j}\frac{\partial \sqrt{K_{SGS}}}{\partial x_j} \quad (6.127)$$

$$D_{SGS} = \frac{\partial}{\partial x_j}\left\{\left(\nu + C_d \Delta K_{SGS}^{1/2}\right)\frac{\partial K_{SGS}}{\partial x_j}\right\} \quad (6.128)$$

このモデルでは散逸率と拡散項に現れるモデル定数はそれぞれ $C_\varepsilon = 0.835$ と $C_d = 0.1$ と理論値により固定している。ただし，スマゴリンスキーモデル同様，モデル

定数 $C_\nu$ は一様等方性乱流では 0.112，混合層乱流では 0.0694，チャネル乱流では 0.05 が有効であることが確かめられている。また，壁関数も必要である。さらに高次渦粘性項の寄与による改良などもある。

このモデルでは小さなスケールの量である SGS エネルギーの輸送方程式 (6.126) においてコルモゴロフ仮説の平衡状態が成立し，レイノルズ数が高いとして陽な分子粘性率の寄与を消去すると

$$0 = 2C_\nu \Delta K_{SGS}^{1/2} \bar{s}_{ij}\bar{s}_{ij} - C_\varepsilon \frac{K_{SGS}^{3/2}}{\Delta} \tag{6.129}$$

という近似式が得られる。この式を SGS エネルギーに関して解くと

$$K_{SGS} = \frac{C_\nu}{C_\varepsilon}\Delta^2 \bar{s}^2 \tag{6.130}$$

が導出される。この表現を渦粘性率 (6.125) に導入するとスマゴリンスキーモデルが導ける。よって，一方程式型 SGS モデルはスマゴリンスキーモデルよりも有効に非平衡状態を記述できる可能性がある。

〔**3**〕 **Bardina モデル**　　これまで説明してきた渦粘性型モデルとは異なるモデル化として提案された SGS モデルに Bardina モデル[14)]（1980）がある。このモデルではスケール相似という概念に立脚してモデルを構築している。具体的にはスケール相似の近似式は

$$u_i'' = u_i - \bar{u}_i \approx \bar{u}_i - \overline{\bar{u}_i} \tag{6.131}$$

で与えられる。これは 1 段のフィルター操作から得られる量と 2 重のフィルター操作から得られる量が近いものになるという近似で，実際にガウシアンフィルター関数による 2 重フィルター操作を施して得られている図 **6.19** の結果でも非常によい対応関係が現れている。この近似をレナード項，クロス項，SGS レイノルズ応力項の SGS 速度に対して導入すると Bardina モデルはつぎのようになる。

$$L_{ij} = \overline{\bar{u}_i\bar{u}_j} - \bar{u}_i\bar{u}_j, \quad C_{ij} = \overline{\bar{u}_i}\left(\bar{u}_j - \overline{\bar{u}_j}\right) + \left(\bar{u}_i - \overline{\bar{u}_i}\right)\overline{\bar{u}_j},$$

$$R_{ij} = \left(\bar{u}_i - \overline{\bar{u}_i}\right)\left(\bar{u}_j - \overline{\bar{u}_j}\right), \quad \tau_{ij} = \overline{\bar{u}_i\bar{u}_j} - \overline{\bar{u}_i}\,\overline{\bar{u}_j} \tag{6.132}$$

このモデルを利用するにはフィルター関数の選択が必要であり，さらに LES 実行中にフィルター操作をかける必要がある。このモデルは DNS の数値解を利用して，

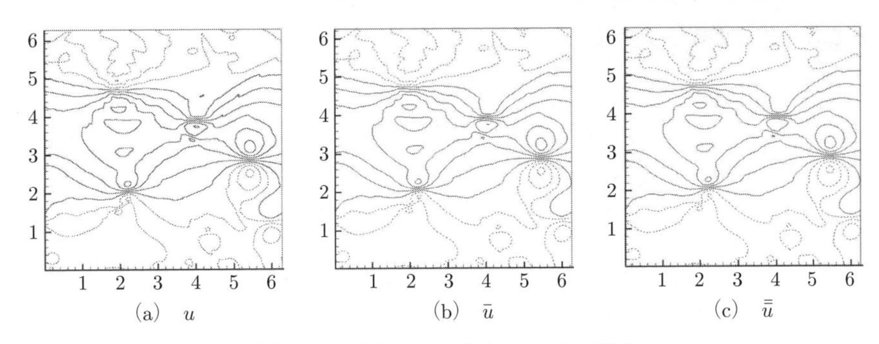


**図 6.19** 速度 $u$ での多重フィルター操作

アプリオリテストによりSGS応力のモデル表現の是非を検討すると，スマゴリンスキーモデルよりもDNSとのはるかに高い相関性（DNSデータにフィルター操作を施して得られたSGS応力とSGSモデルから得られたSGS応力の一致度）を示すことがよく知られている。しかし，実際のLESとしてこのモデルを導入すると強い計算不安定性を示し，計算が発散する。これはこのモデルが必ずしも散逸効果を強化せず，SGSからGSへのエネルギー輸送である逆カスケードを再現してしまうことに起因している。しかし，DNSとの高い相関性は有効であることから，渦粘性型SGSモデルと式(6.132)を定数倍したモデルを組み合わせて利用されることがある。

**〔4〕 コヒーレント構造型スマゴリンスキーモデル**　　コヒーレント構造型スマゴリンスキーモデルはKobayashi（2005）により乱流の基礎構造である渦構造に着目した最近のモデルである[24)]。このモデルはスマゴリンスキーモデルの問題点であるモデル定数の最適化と壁関数の必要性を解消し，さらに次項で述べるダイナミック手法によるモデルよりも簡便に利用できるモデルである。SGS応力のモデル表現は渦粘性近似(6.120)で，そのSGS渦粘性率は

$$\nu_{SGS} = C_1 \left| \frac{Q}{E} \right|^{3/2} \Delta^2 \bar{s} \tag{6.133}$$

で与えられる。ここで，$Q$ はGS速度勾配による第二不変量で，$E$ はGS速度勾配の大きさでそれぞれつぎのように定義される。

$$Q = \frac{1}{2}\left(\bar{w}_{ij}\bar{w}_{ij} - \bar{s}_{ij}\bar{s}_{ij}\right), \quad E = \frac{1}{2}\left(\bar{w}_{ij}\bar{w}_{ij} + \bar{s}_{ij}\bar{s}_{ij}\right) \tag{6.134}$$

ここで，モデル定数は $C_1 = 0.05$ となり，非常に簡便でかつ有用なモデルである。

### 6.3.3 ダイナミック手法

スマゴリンスキーモデルの問題点の改良として Germano（1993）や Lilly（1992）により提案されたダイナミック手法について説明する[19),36)]。この方法では，つぎのようなフィルター代表長さの違うグリッドスケール（GS）フィルターとテストスケール（TS）フィルターの操作を考える。

$$\bar{u}_i(\boldsymbol{x},t)=\iiint d^3\boldsymbol{x'}G(\boldsymbol{x}-\boldsymbol{x'})\,u_i(\boldsymbol{x'},t) \tag{6.135}$$

$$\hat{u}_i(\boldsymbol{x},t)=\iiint d^3\boldsymbol{x'}G_T(\boldsymbol{x}-\boldsymbol{x'})\,u_i(\boldsymbol{x'},t) \tag{6.136}$$

**図 6.20** に与えた概略図のように，TS フィルターの代表長さ $\hat{\bar{\Delta}}$ は GS フィルターの代表長さ $\bar{\Delta}$ よりも大きなものを選択する。また，GS 量に対して TS フィルターをかける操作は

$$\hat{\bar{u}}_i(\boldsymbol{x},t)=\iiint d^3\boldsymbol{x'}G_T(\boldsymbol{x}-\boldsymbol{x'})\,\bar{u}_i(\boldsymbol{x'},t) \tag{6.137}$$

となる。GS 方程式 (6.101) と (6.102) にこのフィルター操作を施すと，方程式は

$$\frac{\partial\hat{\bar{u}}_i}{\partial t}+\frac{\partial\hat{\bar{u}}_i\hat{\bar{u}}_j}{\partial x_j}=-\frac{\partial\hat{\bar{p}}}{\partial x_i}+\nu\frac{\partial^2\hat{\bar{u}}_i}{\partial x_j\partial x_j}-\frac{\partial\left(\widehat{\bar{u}_i\bar{u}_j}+\hat{\tau}_{ij}-\hat{\bar{u}}_i\hat{\bar{u}}_j\right)}{\partial x_j} \tag{6.138}$$

$$\frac{\partial\hat{\bar{u}}_j}{\partial x_j}=0 \tag{6.139}$$

となる。ここで応力 $\hat{\tau}_{ij}$ は

$$\hat{\tau}_{ij}=\widehat{\overline{u_iu_j}}-\widehat{\bar{u}_i\bar{u}_j} \tag{6.140}$$

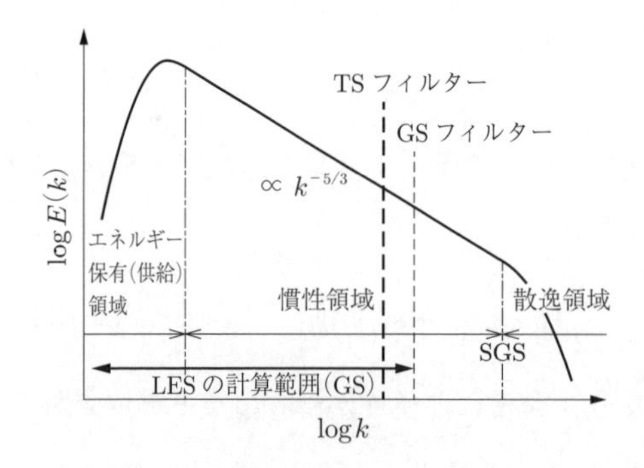


**図 6.20**　エネルギースペクトルでのダイナミック LES の計算範囲

となる。同一の方程式は GS と TS を融合したフィルター操作を全量にオペレートしても得ることができる。この融合フィルター操作は

$$\widehat{u}_i(\boldsymbol{x},t) = \iiint d^3\boldsymbol{x}'' \left\{ \iiint d^3\boldsymbol{x}' G_T(\boldsymbol{x}-\boldsymbol{x}') G(\boldsymbol{x}'-\boldsymbol{x}'') \right\} u_i(\boldsymbol{x}'',t) \tag{6.141}$$

となる。中括弧内部が融合フィルター関数を意味している。このフィルター操作をナビア–ストークス方程式 (4.1) にオペレートすると

$$\frac{\partial \widehat{\overline{u}}_i}{\partial t} + \frac{\partial \widehat{\overline{u}}_i \widehat{\overline{u}}_j}{\partial x_j} = -\frac{\partial \widehat{\overline{p}}}{\partial x_i} + \nu \frac{\partial^2 \widehat{\overline{u}}_i}{\partial x_j \partial x_j} - \frac{\partial \mathrm{T}_{ij}}{\partial x_j} \tag{6.142}$$

と導出される。ここで，応力 $\mathrm{T}_{ij}$ は

$$\mathrm{T}_{ij} = \widehat{\overline{u_i u_j}} - \widehat{\overline{u}}_i \widehat{\overline{u}}_j \tag{6.143}$$

となる。式 (6.138) と (6.142) は同一であることから，つぎの恒等式が成立する。

$$\mathrm{T}_{ij} = \hat{\tau}_{ij} + \widehat{\overline{u}_i \overline{u}_j} - \widehat{\overline{u}}_i \widehat{\overline{u}}_j \tag{6.144}$$

この恒等式中で，$\hat{\tau}_{ij}$ と $\mathrm{T}_{ij}$ は全量が把握できなければ見積もることができない。しかし，その差で構成される量

$$L_{ij} = \mathrm{T}_{ij} - \hat{\tau}_{ij} = \widehat{\overline{u}_i \overline{u}_j} - \widehat{\overline{u}}_i \widehat{\overline{u}}_j \tag{6.145}$$

は，最終的な式を見る限り GS 速度に TS フィルターをオペレートすることで評価できる。つまり，LES を実行中にいかなる値であるかがわかる量である。一方，応力 $\hat{\tau}_{ij}$ と $\mathrm{T}_{ij}$ はそれぞれ未知であることから，この量から SGS 応力に関連した情報を引き出すことができる可能性を秘めている。そこで，応力に対する SGS モデルとして，スマゴリンスキーモデルを導入する。それぞれの応力は

$$\hat{\tau}_{ij} = \frac{1}{3}\hat{\tau}_{kk}\delta_{ij} - 2C_S^2 \widehat{\overline{\Delta}^2 |\overline{s}| \overline{s}_{ij}}, \quad \mathrm{T}_{ij} = \frac{1}{3}\mathrm{T}_{kk}\delta_{ij} - 2C_S^2 \widehat{\overline{\Delta}}^2 \left|\widehat{\overline{s}}\right| \widehat{\overline{s}}_{ij}$$

となり，式 (6.145) に代入すると

$$L_{ij} = \frac{1}{3}L_{kk}\delta_{ij} + 2C_S^2 M_{ij} \tag{6.146}$$

と求まる。$M_{ij}$ はスマゴリンスキーモデル定数を除いたファクターであり

$$M_{ij} = \widehat{\bar{\Delta}^2 |\bar{s}| \bar{s}_{ij}} - \widehat{\bar{\Delta}}^2 |\widehat{\bar{s}}| \widehat{\bar{s}}_{ij} \tag{6.147}$$

となる。$L_{ij}$ も $M_{ij}$ も LES 実行中に算出可能な量であることから，モデル定数 $C_S$ を導く式として利用できる。しかし，テンソル式 (6.146) は成分に関する対称性を考慮すると 6 本の方程式から構成されており，1 個のモデル定数を決定するには多すぎる。そこで，式 (6.146) からモデル定数の導出方法が二つ提案されている。一つは Germano により提案された方法で，式 (6.146) に GS 歪テンソル $\bar{s}_{ij}$ をかけてスカラー化して決定する。その決定式は

$$C_S^2 = \frac{1}{2}\frac{L_{ij}\bar{s}_{ij}}{M_{kl}\bar{s}_{kl}} \tag{6.148}$$

となる。一方，Lilly は式 (6.146) に $\bar{s}_{ij}$ の代わりに $M_{ij}$ をかけて得られるスカラー方程式

$$C_S^2 = \frac{1}{2}\frac{L_{ij}M_{ij}}{M_{kl}M_{kl}} \tag{6.149}$$

により決定する方法を提案した。Lilly の方法は式 (6.146) に対して最小 2 乗法を適用し，平方誤差が最も小さくなる条件でモデル定数 $C_S^2$ を決めていることに対応している。しかし，これらの決定方法は数値不安定性を引き起こすことも知られている。式 (6.149) の分母は 2 乗量であることから非負であるが，分子は異なるものどうしの積であることから必ずしも正値にはならない。SGS 渦粘性率が負値をとり，それと分子粘性率の和である拡散係数自体が負値になると逆拡散問題になり，ただちに計算は発散する。この問題を回避する方法として，式 (6.149) の分母と分子に対してここに平均をかけて，決定式

$$C_S^2 = \frac{1}{2}\frac{\langle L_{ij}M_{ij}\rangle}{\langle M_{kl}M_{kl}\rangle} \tag{6.150}$$

から，モデル定数を評価することが広く利用されている。平均操作は一様方向での空間平均やラグランジェ的に流跡線に沿った平均などが利用されている。この手法は計算を安定に進めるうえで有効であるが，SGS モデルの局所性の観点からは乖離（かい）している。

このダイナミック手法は大きなメリットがある。一つはスマゴリンスキーモデルなどで必要となっていた壁関数を導入することなく計算が実行できる点である。いま一つは流れ場が変わっても自動的にモデル定数が決定できるため，モデル定数の

最適化が不要なことである。さらに，TS フィルターは GS フィルターの代表長さよりも大きいので計算負荷はほとんど増加することなく，LES が実行できる。また，隠れたパラメーターとも考えられる両フィルターの代表長さは 2 倍程度 $\hat{\bar{\Delta}} \approx 2\bar{\Delta}$ が経験的に推奨されている。

この手法の妥当性を検証する一例として低波数帯にのみランダム外力を導入した一様等方性乱流の DNS（$256^3$）を用いた結果を示す。図 **6.21**(a) は DNS の解像度の 8 倍の長さを GS フィルター代表長さとして選択し，式 (6.149) で見積もった $C_S^2$ の断面瞬間分布である。正値は実線で，負値は点線で示している。明らかに負値を示す領域が発生していて，小さな SGS スケールから大きな GS スケールへのエネルギー輸送である逆カスケードが生じている。この寄与は計算不安定性を引き起こすことが予想される。これに対して，空間平均操作を課した算出式 (6.150) を利用すると $C_S$ 値は正値で求まることが図 (b) の結果より確認できる。また，DNS が低レイノルズ数乱流であるため，LES の解像度がある程度細かいとモデル定数はかなり小さくなり，SGS モデルの寄与がなくなることもこの結果は示している。粗い解像度ではスマゴリンスキーモデルの高レイノルズ数一様等方性乱流の推奨値 $C_S = 0.2$ に比べれば小さいものの，チャネル乱流の推奨値である $C_S = 0.1$ よりは大きな値であり通常のスマゴリンスキーモデルの値が再現できていると考えられる。

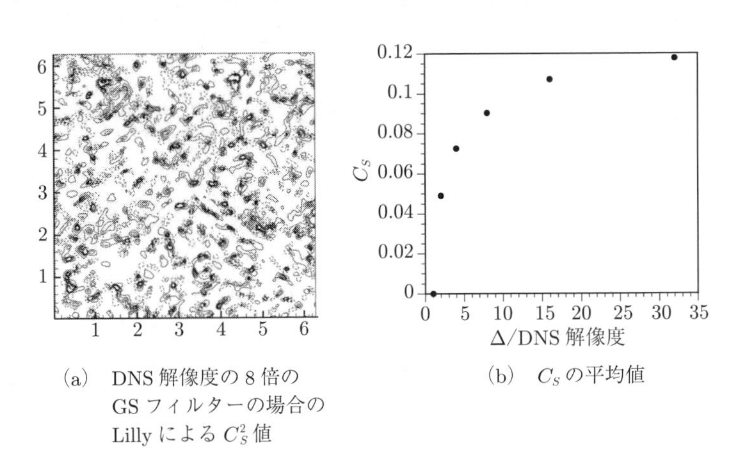


(a) DNS 解像度の 8 倍の GS フィルターの場合の Lilly による $C_S^2$ 値

(b) $C_S$ の平均値

図 **6.21** 一様等方性乱流でのダイナミック手法のテスト結果

### 6.3.4 LES で必要となる数値計算処理

ダイナミック手法や Bardina モデルを適用して LES を実行するには計算中に実際にフィルター操作 (6.96) を実行する必要がある。擬スペクトル法により波数空間で計算を進めている場合は式 (6.111) でフィルター操作が実行できるので何の問題もない。しかし，実空間でフィルター操作を施す必要がある場合，計算領域全体で積分を実行すれば 3 次元の乱流場にも関わらず，実際には 6 次元計算が必要となり，とてもシミュレーションは遂行できない。そこで，フィルター関数の寄与がほとんどなくなる範囲で積分領域を設定し，区分求積法，台形積分法，シンプソン法などの数値積分法によるフィルター操作を施す方法が考えられる。しかし，数値積分法は 8.2 節で説明する有限差分法のような高次精度を導入することが困難である。ここでは，テイラー展開をベースとする方法を 1 次元フィルター操作を例にとり解説する。物理量 $\Phi$ の GS 量は変数変換を導入すると

$$\bar{\Phi}(x) = \int_{-\infty}^{\infty} d\xi G(x-\xi)\Phi(\xi) = \int_{-\infty}^{\infty} d\zeta G(\zeta)\Phi(x-\zeta) \tag{6.151}$$

となる。この式の最終部分に出現している物理量はテイラー展開により

$$\begin{aligned}\Phi(x-\zeta) =& \Phi(x) - \zeta\frac{\partial\Phi(x)}{\partial x} + \frac{\zeta^2}{2}\frac{\partial^2\Phi(x)}{\partial x^2} - \frac{\zeta^3}{6}\frac{\partial^3\Phi(x)}{\partial x^3}\\ &+\frac{\zeta^4}{24}\frac{\partial^4\Phi(x)}{\partial x^4} - \frac{\zeta^5}{120}\frac{\partial^5\Phi(x)}{\partial x^5} + \frac{\zeta^6}{720}\frac{\partial^6\Phi(x)}{\partial x^6} + \cdots\end{aligned} \tag{6.152}$$

となる。この式表現を式 (6.151) に代入すると

$$\begin{aligned}\bar{\Phi}(x) =& \Phi(x)\int_{-\infty}^{\infty} d\zeta G(\zeta) - \frac{\partial\Phi(x)}{\partial x}\int_{-\infty}^{\infty} d\zeta G(\zeta)\zeta + \frac{\partial^2\Phi(x)}{\partial x^2}\int_{-\infty}^{\infty} d\zeta G(\zeta)\frac{\zeta^2}{2}\\ &-\frac{\partial^3\Phi(x)}{\partial x^3}\int_{-\infty}^{\infty} d\zeta G(\zeta)\frac{\zeta^3}{6} + \frac{\partial^4\Phi(x)}{\partial x^4}\int_{-\infty}^{\infty} d\zeta G(\zeta)\frac{\zeta^4}{24}\\ &-\frac{\partial^5\Phi(x)}{\partial x^5}\int_{-\infty}^{\infty} d\zeta G(\zeta)\frac{\zeta^5}{120} + \frac{\partial^6\Phi(x)}{\partial x^6}\int_{-\infty}^{\infty} d\zeta G(\zeta)\frac{\zeta^6}{720} + \cdots\end{aligned} \tag{6.153}$$

となるが，$G$ が $\zeta = 0$ において対称な偶関数であることを考慮すると

$$\bar{\Phi}(x) = a_0\Phi(x) + \frac{a_2}{2}\frac{\partial^2\Phi(x)}{\partial x^2} + \frac{a_4}{24}\frac{\partial^4\Phi(x)}{\partial x^4} + \frac{a_6}{720}\frac{\partial^6\Phi(x)}{\partial x^6} + \cdots \tag{6.154}$$

と整理できる。ここで，各係数 $a_n$ はフィルター関数に関する積分値である。

$$a_0 = \int_{-\infty}^{\infty} d\zeta G(\zeta), \quad a_2 = \int_{-\infty}^{\infty} d\zeta G(\zeta)\zeta^2,$$

$$a_4=\int_{-\infty}^{\infty} d\zeta G(\zeta)\zeta^4, \quad a_6=\int_{-\infty}^{\infty} d\zeta G(\zeta)\zeta^6 \tag{6.155}$$

これはフィルター関数がPDFと同じ性質を有するとき，0周りのモーメントを意味している。よって，どのようなフィルター関数を用いるかはこの係数に反映される。ガウシアンフィルターであれば，係数は

$$a_0=1, \quad a_2=\frac{\Delta^2}{12}, \quad a_4=\frac{\Delta^4}{48}, \quad a_6=\frac{5\Delta^6}{576} \tag{6.156}$$

となり，トップハットフィルターであれば

$$a_0=1, \quad a_2=\frac{\Delta^2}{12}, \quad a_4=\frac{\Delta^4}{80}, \quad a_6=\frac{\Delta^6}{448} \tag{6.157}$$

となる。2次までの係数には両者のフィルターの差異は現れない。

GS量の評価式(6.154)には前述の係数と偶数階の導関数から構成されている。簡単な例を示すため等間隔格子系 $\delta x$ を仮定すると，8.2節の有限差分表現で3点を利用して表現できるものは2次精度の2階微分

$$\frac{\partial^2\Phi}{\partial x^2}=\frac{\Phi_{i+1}-2\Phi_i+\Phi_{i-1}}{\delta x^2} \tag{6.158}$$

だけで，5点を利用すると4次精度の2階微分と2次精度の4階微分表現が

$$\begin{aligned}
\frac{\partial^2\Phi}{\partial x^2}&=\frac{-\Phi_{i+2}+16\Phi_{i+1}-30\Phi_i+16\Phi_{i-1}-\Phi_{i-2}}{12\delta x^2},\\
\frac{\partial^4\Phi}{\partial x^4}&=\frac{\Phi_{i+2}-4\Phi_{i+1}+6\Phi_i-4\Phi_{i-1}+\Phi_{i-2}}{\delta x^4}
\end{aligned} \tag{6.159}$$

と求まり，7点利用すれば6階微分までの表現がそれぞれ得られる。

$$\begin{aligned}
\frac{\partial^2\Phi}{\partial x^2}&=\frac{2\Phi_{i+3}-27\Phi_{i+2}+270\Phi_{i+1}-490\Phi_i+270\Phi_{i-1}-27\Phi_{i-2}+2\Phi_{i-3}}{180\delta x^2},\\
\frac{\partial^4\Phi}{\partial x^4}&=\frac{-\Phi_{i+3}+12\Phi_{i+2}-39\Phi_{i+1}+56\Phi_i-39\Phi_{i-1}+12\Phi_{i-2}-\Phi_{i-3}}{6\delta x^4},\\
\frac{\partial^6\Phi}{\partial x^6}&=\frac{\Phi_{i+3}-6\Phi_{i+2}+15\Phi_{i+1}-20\Phi_i+15\Phi_{i-1}-6\Phi_{i-2}+\Phi_{i-3}}{\delta x^6}
\end{aligned} \tag{6.160}$$

これらの結果からガウシアンフィルター操作は

$$\bar{\Phi}(x)=\left(1-\frac{\Delta^2}{12\delta x^2}\right)\Phi_i+\frac{\Delta^2}{24\delta x^2}\left(\Phi_{i+1}+\Phi_{i-1}\right) \tag{6.161}$$

$$\bar{\Phi}(x)=\left(1-\frac{5\Delta^2}{48\delta x^2}+\frac{\Delta^4}{192\delta x^4}\right)\Phi_i+\left(\frac{\Delta^2}{18\delta x^2}-\frac{\Delta^4}{288\delta x^4}\right)(\Phi_{i+1}+\Phi_{i-1})$$
$$+\left(-\frac{\Delta^2}{288\delta x^2}+\frac{\Delta^4}{1152\delta x^4}\right)(\Phi_{i+2}+\Phi_{i-2}) \tag{6.162}$$

$$\bar{\Phi}(x)=\left(1-\frac{49\Delta^2}{432\delta x^2}+\frac{7\Delta^4}{864\delta x^4}-\frac{5\Delta^6}{20736\delta x^6}\right)\Phi_i$$
$$+\left(\frac{\Delta^2}{16\delta x^2}-\frac{13\Delta^4}{2304\delta x^4}+\frac{5\Delta^6}{27648\delta x^6}\right)(\Phi_{i+1}+\Phi_{i-1})$$
$$+\left(-\frac{\Delta^2}{160\delta x^2}+\frac{\Delta^4}{576\delta x^4}-\frac{\Delta^6}{13824\delta x^6}\right)(\Phi_{i+2}+\Phi_{i-2})$$
$$+\left(\frac{\Delta^2}{2160\delta x^2}-\frac{\Delta^4}{6912\delta x^4}+\frac{\Delta^6}{82944\delta x^6}\right)(\Phi_{i+3}+\Phi_{i-3}) \tag{6.163}$$

となり，トップハットフィルター操作は，3 点利用はガウシアンフィルターの結果 (6.161) と同様なので省略するが，つぎのように与えられる。

$$\bar{\Phi}(x)=\left(1-\frac{5\Delta^2}{48\delta x^2}+\frac{\Delta^4}{320\delta x^4}\right)\Phi_i+\left(\frac{\Delta^2}{18\delta x^2}-\frac{\Delta^4}{480\delta x^4}\right)(\Phi_{i+1}+\Phi_{i-1})$$
$$+\left(-\frac{\Delta^2}{288\delta x^2}+\frac{\Delta^4}{1920\delta x^4}\right)(\Phi_{i+2}+\Phi_{i-2}) \tag{6.164}$$

$$\bar{\Phi}(x)=\left(1-\frac{49\Delta^2}{432\delta x^2}+\frac{7\Delta^4}{1440\delta x^4}-\frac{\Delta^6}{16128\delta x^6}\right)\Phi_i$$
$$+\left(\frac{\Delta^2}{16\delta x^2}-\frac{13\Delta^4}{3840\delta x^4}+\frac{\Delta^6}{21504\delta x^6}\right)(\Phi_{i+1}+\Phi_{i-1})$$
$$+\left(-\frac{\Delta^2}{160\delta x^2}+\frac{\Delta^4}{960\delta x^4}-\frac{\Delta^6}{53760\delta x^6}\right)(\Phi_{i+2}+\Phi_{i-2})$$
$$+\left(\frac{\Delta^2}{2160\delta x^2}-\frac{\Delta^4}{11520\delta x^4}+\frac{\Delta^6}{322560\delta x^6}\right)(\Phi_{i+3}+\Phi_{i-3}) \tag{6.165}$$

これらのフィルター操作の表現を検証してみる。チェックするための既知関数を

$$\Phi(x)=\sin\left(\frac{\pi x}{L}\right)+a\sin\left(\pi\frac{x}{l}\right) \tag{6.166}$$

とおく。ここで二つの波長とフィルター代表長さには $L \gg \Delta > l$ の関係を設定する。トップハットフィルターを検証対象とすると，正確な GS 量は

$$\bar{\Phi}(x)=\frac{2}{\pi\Delta}\left\{L\sin\left(\frac{\pi x}{L}\right)\sin\left(\frac{\pi\Delta}{2L}\right)+al\sin\left(\frac{\pi x}{l}\right)\sin\left(\frac{\pi\Delta}{2l}\right)\right\} \tag{6.167}$$

と求まる。全量とGS量の違いは図**6.22**(a)でわかるように細かな振動はフィルター操作によりきれいに除去されている。また，3点利用の評価式(6.161)と5点利用の評価式(6.164)で算出された結果と厳密なGS量は図(b)でもわかるようによく一致している。誤差は非常に小さいが5点利用がより正確である。

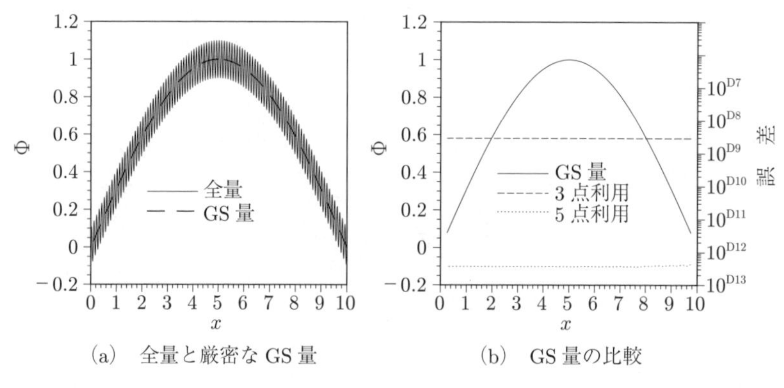


図 **6.22** フィルター操作のテスト

最後に不等間隔格子のガウシアンフィルターの例の一部として3点利用の結果のみつぎに与える。

$$\begin{aligned}\bar{\Phi}(x)=&\frac{\Delta^2}{12\delta x_+(\delta x_- + \delta x_+)}\Phi_{i+1}+\left(1-\frac{\Delta^2}{12\delta x_-\delta x_+}\right)\Phi_i\\&+\frac{\Delta^2}{12\delta x_-(\delta x_- + \delta x_+)}\Phi_{i-1}\end{aligned} \tag{6.168}$$

当然ながら不等間隔の影響で各点の情報にかかる重みファクターが変化する。

また，実際のフィルター操作は3次元乱流場であることから3次元的にフィルターをかける必要がある。このときのフィルター代表長さの設定もどの方向にも同じ長さでかけるのかなどの選択肢が現れる。チャネル乱流などの経験からは等方的にかけることが有効なようである。

### 6.3.5 LESにおける追加事項

コンピューターの性能向上は実用面でのLESの利用が現在可能となりつつある。化学反応，燃焼，音響などの分野との融合もより複雑な問題は生じるがLESを利用して，その進展が目指されている。そのため，LESはこれからの乱流と関連する仕事につくかもしれない学生諸氏には重要である。

また，LESでの有効な予測性能を確保するには壁乱流ではストリーク構造の解像が必要との知見もあり，RANSに比べるとまだ3次元非定常流れの解析を必要とする点からもLESは計算負荷が高いものとなっている。そこで近年，壁の側ではRANS，壁から離れた領域ではLESを実行するVLESやDESが開発されている。これにより，より高効率な高レイノルズ数乱流の実用計算が模索されている。一方，さらにより厳密なSGSモデルとして，実用的ではないがスペクトルLESなども発展してきており，LESは今後多岐にわたって大きな進展が期待される。

## 章 末 問 題

【1】 レイノルズ応力の輸送方程式 (6.25) を導出せよ。

【2】 式 (6.111) を証明せよ。

【3】 GSフィルターの代表長さを $\delta x$ とし，TSフィルター代表長さがダイナミック手法の推奨値 $\Delta = 2\delta x$ であるとき，フィルターの種類をガウシアンフィルターとすると，評価式 (6.161) から (6.163) はどのようになるか。

【4】 GSフィルターの代表長さを $\delta x$ とし，TSフィルター代表長さがダイナミック手法の推奨値 $\Delta = 2\delta x$ であるとき，フィルターの種類をトップハットフィルターとすると，評価式 (6.164) から (6.165) はどのようになるか。

# 7 数値スキーム：時間解析

ナビア–ストークス方程式は時間微分と空間微分によって構成されている。そのため，数値計算によりこの方程式またはその派生方程式やモデル方程式を解く場合には，これらの数学的微分表現をコンピューターで取り扱える四則演算で計算できるように変換する必要があり，それには数値スキームの理解が不可欠である。そこで，本章では時間解析，さらに 8 章では空間解析について解説していく。数値スキーム自体は流れの数値計算以外にも利用可能である。

## 7.1 時間発展法とは

流れの解析では頻繁に時間に関する 1 階微分の取扱いが重要になるので，簡略化したつぎの方程式を採用して話を進めていく。

$$\frac{\partial u(t)}{\partial t} = f(t, u) \tag{7.1}$$

ここで，物理量 $u$ は解くべき関数で，$f$ はその時間変化率を意味する時間 $t$ と $u$ によって表現される既知関数である。もし 2 階以上の時間微分方程式を対象とする場合はこの 1 階微分の処理を複数回実行すればよい。この方程式を数値計算により計算していくとしよう。時間発展では，過去の情報は利用できるが未来の情報は因果律から利用不可能である。**図 7.1** のようにいま解いている時刻を $t_{n+1}$ とし，それよりも下付き添字の小さな値は過去の時刻を意味し，時間間隔は等間隔で時間幅 $\Delta t$ とする。さらにこの離散化に対応する関数 $u$ は上付き添字で表現する。この方程式 (7.1) を時刻 $t_n$ から $t_{n+1}$ の時間帯で積分を実行すると

$$u^{n+1} - u^n = \int_{t_n}^{t_{n+1}} dt f(t, u) \tag{7.2}$$

となる。ここで右辺をどのように表現していくかで時間発展法は大きく 3 タイプに分類することができる。一つは，一つないし複数の過去時刻 $t_n, t_{n-1}, \cdots$ の情報のみを利用して右辺を算出する手法である Adams-Bashforth タイプの陽解法，もう

一つは解くべき現時点 $t_{n+1}$ といくつかの過去時刻の情報を組み合わせて求めていく Adams-Moulton タイプの陰および半陰解法，さらに一つ前の過去時刻 $t_n$ の情報のみを利用して現時点との間に複数段階の処理を挿入し陽的または陰的に計算を進める Runge-Kutta 法である。

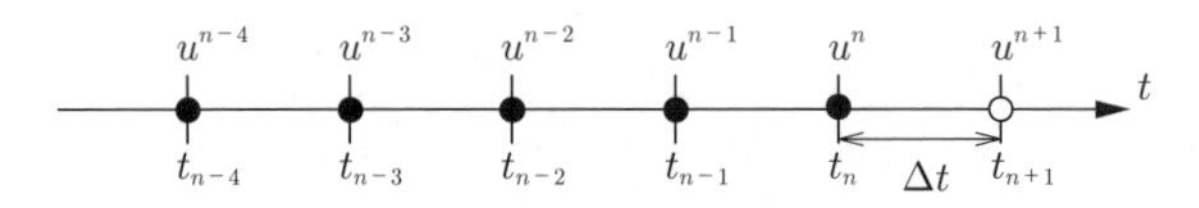


図 **7.1**　時間発展法概念図

## 7.2　時間発展法の 3 タイプ

### 7.2.1　Adams-Bashforth タイプ陽解法

まず，過去のみ利用して時間発展させる Adams-Bashforth タイプ陽解法について説明する。式 (7.2) における既知関数 $f(t,u)$ をテイラー展開により時刻 $t$ でつぎのように展開する。

$$f(t,u(t)) = \sum_{m=0}^{\infty} a_m t^m \tag{7.3}$$

これを式 (7.2) に代入すると，陽には時間に依存しない展開係数 $a_m$ により

$$\begin{aligned} u^{n+1} - u^n &= \int_{t_n}^{t_{n+1}} dt \sum_{m=0}^{\infty} a_m t^m = \sum_{m=0}^{\infty} \frac{a_m}{m+1} \left[t^{m+1}\right]_{t_n}^{t_{n+1}} \\ &= \sum_{m=0}^{\infty} \frac{a_m}{m+1} \left(t_{n+1}^{m+1} - t_n^{m+1}\right) \end{aligned} \tag{7.4}$$

となる。ここで，差分法の精度は打ち切り次数を決めることにより決定される。例えば，時間帯 $t_n \sim t_{n+1}$ において時間変化がない，つまり一定として時間の 0 乗でつぎのように近似すると

$$f(t,u) \approx a_0 \tag{7.5}$$

のように 0 次の係数 $a_0$ を決定することで差分表現が得られる。この係数を 1 時刻前の時刻 $t_n$ のみの情報を用いて

$$a_0 = f(t_n, u^n) \tag{7.6}$$

と決める。この結果を式 (7.4) に代入すると，時間間隔 $\Delta t = t_{n+1} - t_n$ を用いて

$$u^{n+1} = u^n + \Delta t f(t_n, u^n) \tag{7.7}$$

が得られる。これが "1 次精度オイラー陽解法" と呼ばれる方法である。時刻 $t_{n+1}$ の量を時刻 $t_n$ の量でテイラー展開すると

$$\begin{aligned}\hat{u}^{n+1} =& u^n + \Delta t \left.\frac{\partial u}{\partial t}\right|_{t=t_n} + \frac{\Delta t^2}{2} \left.\frac{\partial^2 u}{\partial t^2}\right|_{t=t_n} + \frac{\Delta t^3}{6} \left.\frac{\partial^3 u}{\partial t^3}\right|_{t=t_n} \\ &+ \frac{\Delta t^4}{24} \left.\frac{\partial^4 u}{\partial t^4}\right|_{t=t_n} + \cdots\end{aligned} \tag{7.8}$$

となる。ここでは，時刻 $t_{n+1}$ の物理量 $u$ の真値を意味するものとして計算している近似値 $u^{n+1}$ と区別するため，$\hat{u}^{n+1}$ と表記する。式 (7.7) の値との差を時間間隔 $\Delta t$ で除したものは

$$\frac{u^{n+1} - \hat{u}^{n+1}}{\Delta t} = f(t_n, u^n) - \left.\frac{\partial u}{\partial t}\right|_{t=t_n} - \frac{\Delta t}{2} \left.\frac{\partial^2 u}{\partial t^2}\right|_{t=t_n} + \cdots \tag{7.9}$$

となり，右辺第 1 項と第 2 項は時刻 $t_n$ における式 (7.1) そのものであることからゼロとなり，残る差分誤差は

$$\frac{u^{n+1} - \hat{u}^{n+1}}{\Delta t} = -\frac{1}{2}\Delta t \left.\frac{\partial^2 u}{\partial t^2}\right|_{t=t_n} + \cdots \tag{7.10}$$

であり，最低次は時間間隔 $\Delta t$ の 1 乗に比例することから 1 次精度の方法となっている。この方法は非常に単純であるが，精度的には低いものである。

2 次精度の表現を得るために，式 (7.3) を線形関数で

$$f(t, u) \approx a_0 + a_1 t \tag{7.11}$$

と近似する。この二つの展開係数は，過去 2 時刻 $t_n$ と $t_{n-1}$ の情報により構成される連立方程式

$$a_0 + a_1 t_n = f(t_n, u^n), \quad a_0 + a_1 t_{n-1} = f\left(t_{n-1}, u^{n-1}\right) \tag{7.12}$$

を解くことで

$$a_0 = -\frac{t_{n-1}}{\Delta t} f(u^n, t_n) + \frac{t_n}{\Delta t} f\left(u^{n-1}, t_{n-1}\right) \tag{7.13}$$

$$a_1 = \frac{1}{\Delta t} f\left(u^n, t_n\right) - \frac{1}{\Delta t} f\left(u^{n-1}, t_{n-1}\right) \tag{7.14}$$

と求まる。最終的な 2 次精度の Adams-Bashforth 陽解法の表現は

$$u^{n+1} = u^n + \frac{3}{2}\Delta t f\left(t_n, u^n\right) - \frac{1}{2}\Delta t f\left(t_{n-1}, u^{n-1}\right) \tag{7.15}$$

となる。前述と同様な解析により差分誤差は

$$\frac{u^{n+1} - \hat{u}^{n+1}}{\Delta t} = -\frac{2}{3}\Delta t^2 \left.\frac{\partial^3 u}{\partial t^3}\right|_{t=t_n} + \cdots \tag{7.16}$$

と求まる。この方法は通常 “Adams-Bashforth 法” と呼ばれる方法で，LES の時間発展法としてよく利用される方法である。さらなる高次表現（3 次と 4 次精度）を以下に明記しておく。

$$\begin{aligned} u^{n+1} = u^n &+ \frac{23}{12}\Delta t f\left(t_n, u^n\right) - \frac{16}{12}\Delta t f\left(t_{n-1}, u^{n-1}\right) \\ &+ \frac{5}{12}\Delta t f\left(t_{n-2}, u^{n-2}\right) \end{aligned} \tag{7.17}$$

$$\begin{aligned} u^{n+1} = u^n &+ \frac{55}{24}\Delta t f\left(t_n, u^n\right) - \frac{59}{24}\Delta t f\left(t_{n-1}, u^{n-1}\right) \\ &+ \frac{37}{24}\Delta t f\left(t_{n-2}, u^{n-2}\right) - \frac{9}{24}\Delta t f\left(t_{n-3}, u^{n-3}\right) \end{aligned} \tag{7.18}$$

この方法における大きなメリットとしては，既知の過去情報のみで時間発展させることができることから単純な代入計算ですみ，実際にプログラムを作成すると非常に簡便である。精度を上げるには，より多くの過去情報を必要とするため，必要となる記憶容量が増大化する。また，過去から現在を導出するため，1 ステップの時間間隔をそれほど大きくとることができないといった特徴もある。

### 7.2.2 Adams-Moulton タイプ半陰解法

つぎに，必ず算出すべき時刻 $t_{n+1}$ の物理量 $u^{n+1}$ を用いる Adams-Moulton タイプ半陰解法を見ていく。1 次精度オイラー陰解法は式 (7.5) の仮定のもとで係数 $a_0$ を時刻 $t_{n+1}$ のみの情報で

$$a_0 = f\left(t_{n+1}, u^{n+1}\right) \tag{7.19}$$

と定めると

$$u^{n+1} - \Delta t f\left(t_{n+1}, u^{n+1}\right) = u^n \tag{7.20}$$

という式が得られる。これは時間変化率に関して一切過去の情報を用いていないので“完全陰解法”とも呼ばれる。差分誤差は時刻 $t_n$ において

$$\frac{u^{n+1} - \hat{u}^{n+1}}{\Delta t} = \frac{1}{2}\Delta t \left.\frac{\partial^2 u}{\partial t^2}\right|_{t=t_n} + \cdots \tag{7.21}$$

となり，1次精度の時間発展法になっていることがわかる。また，誤差の寄与は1次精度オイラー陽解法と正負が逆転しており，陽解法が不安定な場合，陰解法では安定に作用することが期待できる。

さらに，線形近似 (7.11) を導入して時刻 $t_{n+1}$ と $t_n$ で係数 $a_0$ と $a_1$ をつぎの連立方程式で決定する。

$$a_0 + a_1 t_{n+1} = f\left(t_{n+1}, u^{n+1}\right), \quad a_0 + a_1 t_n = f\left(t_n, u^n\right) \tag{7.22}$$

この解は

$$a_0 = -\frac{t_n}{\Delta t} f\left(t_{n+1}, u^{n+1}\right) + \frac{t_{n+1}}{\Delta t} f\left(t_n, u^n\right) \tag{7.23}$$

$$a_1 = \frac{1}{\Delta t} f\left(t_{n+1}, u^{n+1}\right) - \frac{1}{\Delta t} f\left(t_n, u^n\right) \tag{7.24}$$

であり，時間発展法の具体的な式は

$$u^{n+1} - \frac{1}{2}\Delta t f\left(t_{n+1}, u^{n+1}\right) = u^n + \frac{1}{2}\Delta t f\left(t_n, u^n\right) \tag{7.25}$$

になる。この方法は通常“2次精度 Crank-Nicolson 法”と呼ばれるもので過去時刻の情報を一つ使っていることから半陰解法である。差分誤差は

$$\frac{u^{n+1} - \hat{u}^{n+1}}{\Delta t} = \frac{1}{12}\Delta t^2 \left.\frac{\partial^3 u}{\partial t^3}\right|_{t=t_n} + \cdots \tag{7.26}$$

となる。この方法も流体解析分野では比較的盛んに利用されている方法である。Adams-Bashforth 法同様，半陰解法においてもより高次の表現をつぎに与える。

$$\begin{aligned} u^{n+1} - \frac{5}{12}\Delta t f\left(t_{n+1}, u^{n+1}\right) = u^n &+ \frac{8}{12}\Delta t f\left(t_n, u^n\right) \\ &- \frac{1}{12}\Delta t f\left(t_{n-1}, u^{n-1}\right) \end{aligned} \tag{7.27}$$

$$u^{n+1} - \frac{9}{24}\Delta t f\left(t_{n+1}, u^{n+1}\right) = u^n + \frac{19}{24}\Delta t f\left(t_n, u^n\right) - \frac{5}{24}\Delta t f\left(t_{n-1}, u^{n-1}\right) + \frac{1}{24}\Delta t f\left(t_{n-2}, u^{n-2}\right) \tag{7.28}$$

この方法は陽解法のように過去情報だけで求めるべき時刻の結果を導出しているわけではないので，陽解法に比べて比較的大きな時間間隔をとれるといわれている。しかし，前述の式表現からわかるように単純な代入計算では計算を進行させることができず，通常流体解析では線形近似と逐次近似法に基づく繰返し計算や行列計算を必要とする。そのため 1 ステップ進めるための計算時間は陽解法よりも大きなものになる。精度を上げるためには Adams-Bashforth 法同様，過去時刻の情報の保持が必要となるが，同精度であれば一つ分記憶容量が少なくてすむという特徴がある。

### 7.2.3 Runge-Kutta タイプ陽解法

Runge-Kutta タイプ陽解法は時刻 $t_{n+1}$ の物理量を解析する際に，1 時刻前の $t_n$ の $u^n$ を用いてその間の中間段階を発生させながら時間発展させていく方法で，近年では必ずしも陽解法のみが考案されているわけではないが，ここでは陽解法に限定して解説していく。1 次精度の場合は中間段階を必要としないため，1 次精度 Runge-Kutta 法は完全に 1 次精度オイラー陽解法 (7.7) と一致する。$i$ 番目の中間段階の変化分を $k_i$ で表現すると Runge-Kutta 法の表現形式では 1 次精度オイラー陽解法はつぎのようになる。

$$\begin{aligned} u^{n+1} &= u^n + \Delta t k_1 \\ k_1 &= f\left(t_n, u^n\right) \end{aligned} \tag{7.29}$$

2 次精度の Runge-Kutta 法は 2 種類提案されており，一つは改良オイラー法，もう一つは修正オイラー法である。改良オイラー法は中間時刻の情報である時間変化率を作り出して，1 ステップ分進める方法で

$$\begin{aligned} & u^{n+1} = u^n + \Delta t k_2 \\ & k_1 = f\left(t_n, u^n\right), \quad k_2 = f\left(t_n + \frac{\Delta t}{2}, u^n + \frac{\Delta t}{2} k_1\right) \end{aligned} \tag{7.30}$$

となる。一方，修正オイラー法は Heun 法とも呼ばれ，つぎのように時刻 $t_n$ と $t_{n+1}$ における時間変化率を求め，その平均で 1 ステップ進める。

$$
\begin{aligned}
&u^{n+1} = u^n + \Delta t \frac{k_1 + k_2}{2} \\
&k_1 = f(t_n, u^n), \quad k_2 = f(t_n + \Delta t, u^n + \Delta t k_1)
\end{aligned}
\tag{7.31}
$$

これらはどちらも 2 次の計算精度を有するものである。後者は流体粒子追跡であるラグランジェ解析などにもよく利用されている。

当然，この方法にも高次精度の表現は存在し，3 次精度 Runge-Kutta 法は

$$
\left.
\begin{aligned}
&u^{n+1} = u^n + \Delta t \frac{k_1 + 4k_2 + k_3}{6} \\
&k_1 = f(t_n, u^n), \quad k_2 = f\left(t_n + \frac{\Delta t}{2}, u^n + \frac{\Delta t}{2} k_1\right) \\
&k_3 = f(t_n + \Delta t, u^n - \Delta t k_1 + 2\Delta t k_2)
\end{aligned}
\right\}
\tag{7.32}
$$

であり，4 次精度 Runge-Kutta 法は

$$
\left.
\begin{aligned}
&u^{n+1} = u^n + \Delta t \frac{k_1 + 2k_2 + 2k_3 + k_4}{6} \\
&k_1 = f(t_n, u^n), \quad k_2 = f\left(t_n + \frac{\Delta t}{2}, u^n + \frac{\Delta t}{2} k_1\right) \\
&k_3 = f\left(t_n + \frac{\Delta t}{2}, u^n + \frac{\Delta t}{2} k_2\right), \quad k_4 = f(t_n + \Delta t, u^n + \Delta t k_3)
\end{aligned}
\right\}
\tag{7.33}
$$

となっている。特に，高精度の計算が必要となる DNS では 8 章で説明する擬スペクトル法と組み合わせてときおり 4 次精度 Runge-Kutta 法が利用されている。この方法は精度を上げる場合，計算中たえず Adams-Bashforth 法や Adams-Moulton 法が過去情報を保持しなければならないのに対して，一時的には同容量のメモリ使用を必要とするが，あくまで一時的配列つまり動的配列の使用で計算を進行させることができる。また，中間段階を設定するため，1 ステップ分の時間間隔は同じ陽解法である Adams-Bashforth 法よりも大きく設定することができる。

### 7.2.4 一様せん断乱流での検証

これまで見てきた時間発展法を簡単に検証するため，RANS での一様せん断乱流に対して標準 $K-\varepsilon$ モデルを導入した数値計算結果を見ていく。この対象流れ場は**図 7.2** であり，平均速度 $U$（$=Sy$）が既知で乱れが時間とともに変化していく。この乱流場は生成と散逸のみが寄与する物理的に最も単純なものの一つである。標準 $K-\varepsilon$ モデルでは解析すべき方程式は乱流エネルギーと散逸率でつぎのようになる。

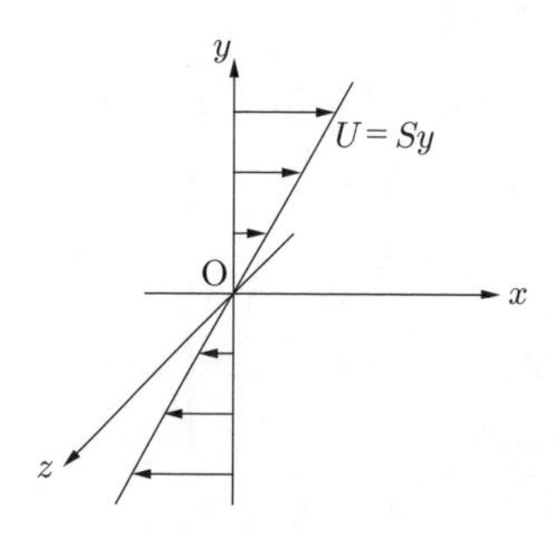


**図 7.2**　一様せん断乱流の概略図

$$\frac{\partial K}{\partial t} = C_\mu S^2 \frac{K^2}{\varepsilon} - \varepsilon \tag{7.34}$$

$$\frac{\partial \varepsilon}{\partial t} = C_{\varepsilon 1} C_\mu S^2 K - C_{\varepsilon 2} \frac{\varepsilon^2}{K} \tag{7.35}$$

ここで，モデル定数は $C_\mu = 0.09$，$C_{\varepsilon 1} = 1.44$，$C_{\varepsilon 2} = 1.94$ である。DNS や実験と比較すると，この乱流場は単純な $K-\varepsilon$ モデルでは乱流エネルギーや散逸率を過大予測してしまうことはよく知られている。しかし，ここでは時間発展法の検証であることから前述のモデルで解析していく。この方程式は乱流時間スケール $\tau = K/\varepsilon$ を導入して解析すると，解析解は

$$K(t) = K_0 f(t) \tag{7.36}$$

$$\varepsilon(t) = \varepsilon_0 \frac{1-e^C}{1+e^C} \frac{1+e^{-Bt+C}}{1-e^{-Bt+C}} f(t) \tag{7.37}$$

$$f(t) = \exp\left( \frac{(C_{\varepsilon 2}-1)}{(C_{\varepsilon 1}-1)} \frac{t}{A} - \frac{t}{A} + \frac{1}{(C_{\varepsilon 1}-1)} \log \frac{\left|1+e^{-Bt+C}\right|}{\left|1+e^C\right|} - \frac{1}{(C_{\varepsilon 2}-1)} \log \frac{\left|1-e^{-Bt+C}\right|}{\left|1-e^C\right|} \right) \tag{7.38}$$

$$A = \sqrt{\frac{(C_{\varepsilon 2} - 1)}{(C_{\varepsilon 1} - 1) C_\mu S^2}}, \quad B = 2\sqrt{C_\mu (C_{\varepsilon 1} - 1)(C_{\varepsilon 2} - 1) S^2},$$

$$C = \log \left| \frac{K_0 - A\varepsilon_0}{K_0 + A\varepsilon_0} \right|$$

と導出できる。ここで，$K_0$ と $\varepsilon_0$ は初期時刻 $t = 0$ でのエネルギーと散逸率の初期値である。

計算条件としてせん断率 $S = 1$，初期条件 $K_0 = 1$ と $\varepsilon_0 = 1$ とおき，計算時間 $0 \sim 10$ において，いくつかの計算手法と時間間隔で計算を実行した。Runge-Kutta 法は単純に初期条件のみで計算を実行した。Adams-Bashforth 法では高次精度になるにつれて開始時間前の情報が必要となるがここでは精度向上を確認するため，理論解を代入することで対応している。また，単純な代入計算では実行できない Adams-Moulton 陰解法では式 (7.34) と (7.35) から乱流時間スケール $\tau$ の方程式

$$\frac{\partial \tau}{\partial t} = (1 - C_{\varepsilon 1}) C_\mu S^2 \tau^2 + (C_{\varepsilon 2} - 1) \tag{7.39}$$

を導出して，この差分式は 2 次方程式になるが解の公式によって正値解のみを採用して時間発展させている。

**図 7.3** は乱流エネルギーの時間変化で，時間間隔 $\Delta t = 0.2$ と 0.01 において 2 次精度 Adams-Bashforth 法，Heun 法，Crank-Nicolson 法の結果である。広い時間間隔のケースでは 2 次精度 Adams-Bashforth 法の結果がやや時間が経過した後，乱

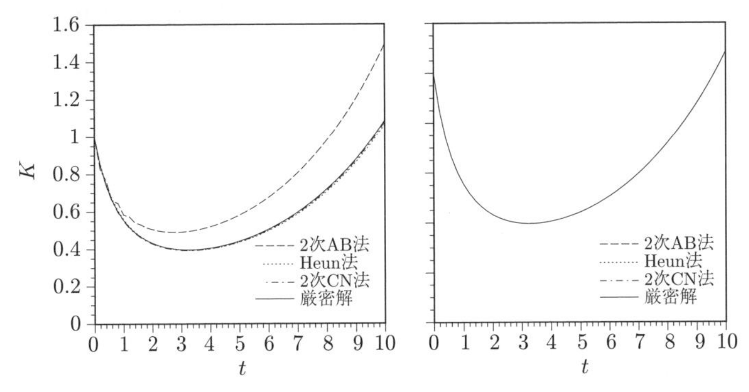


(a) $\Delta t = 0.2$ の 2 次精度時間発展法の結果　(b) $\Delta t = 0.01$ の 2 次精度時間発展法の結果

**図 7.3**　乱流エネルギーの時間変化

流エネルギーを大きく算出している。一方，その他の二つの時間発展法はわずかに過小に計算する傾向を示した。微妙な違いであるが，Crank-Nicolson 法のほうが理論値に近くなっている。このことからも半陰解法のほうが時間間隔を広くとれることが確認できる。時間間隔が短い計算では理論値とどの計算手法でも一致するものとなった。

計算誤差を $Error = |K_{cal} - K_{theo}|/K_{theo}$ で評価すると，両対数グラフでの時間間隔 $\Delta t$ に対する結果は図 **7.4** となる。Adams-Bashforth 法タイプの計算結果は精度に対してべき的変化がよく一致している。大きな時間間隔では比較的計算精度の違いが出にくいものとなっている。一方，Runge-Kutta 法タイプの結果では大きな時間間隔でも精度が高い方法ほど計算結果がよくなることを示している。Adams-Moulton 法タイプでは陽解法よりも時間間隔を広げることができる。また，本評価では平方根を陽に使う 2 次方程式の解の公式を利用しているため，計算精度は極端に時間間隔を狭めていくと高精度の計算方法では頭打ちになっている。

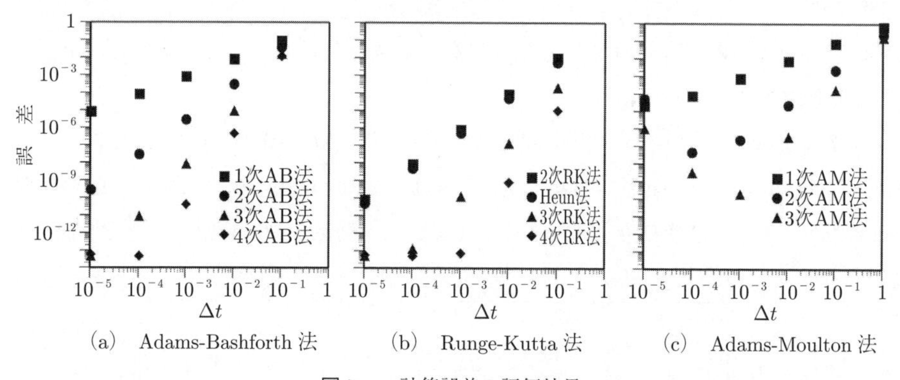


(a) Adams-Bashforth 法　(b) Runge-Kutta 法　(c) Adams-Moulton 法

**図 7.4**　計算誤差の評価結果

## 章 末 問 題

【**1**】 Adams-Bashforth 法タイプの 3 次表現 (7.17) を導出せよ。

【**2**】 Adams-Moulton 法タイプの 3 次表現 (7.27) を導出せよ。

【**3**】 web 上にある付録 A.4 の参考プログラムを利用して，図 7.3 を確かめよ。

# 8 数値スキーム：空間解析

数値流体力学における空間解析法には大別して，擬スペクトル法，有限差分法，有限体積法，有限要素法の 4 種類のスキームが存在する。本章ではこれらについて順々に説明していくが，保存則や圧力解法といった流体解析において特有の重視すべき点もあるのでそれらについても説明していく。

## 8.1 擬スペクトル法

ナビア–ストークス方程式を数値計算する際に微分表現をいかにして取り扱うかが問題になる。近似を用いずに微分を解析する方法としては速度や圧力といった物理量を変換により別の空間に移行し，代数計算で算出できるようにする擬スペクトル法（pseude spectral method）が非常に高精度な数値計算を行える唯一の方法である。擬スペクトル法ではフーリエ級数展開（周期境界条件），球面調和関数展開（3 次元極座標），ルジャンドル級数展開，チェビチェフ級数展開などが現在利用されているが，複雑な流れ場ではベースとなる関数系がまだ発見されていないこともあり適用困難である。しかし，非常に優れた計算精度を有しているので学問的な DNS 研究ではよく利用される計算手法である。

ここでは簡単に説明するため，周期境界条件を有する $L_x = L_y = L_z = 2\pi$ の立方体の解析対象を設定すると，フーリエ変換は

$$u_i(\boldsymbol{x}, t) = \sum_{\boldsymbol{k}} e^{ik_j x_j} \tilde{u}_i(\boldsymbol{k}, t), \quad p(\boldsymbol{x}, t) = \sum_{\boldsymbol{k}} e^{ik_j x_j} \tilde{p}(\boldsymbol{k}, t) \tag{8.1}$$

となり，総和記号はつぎの数式処理を略記している。

$$\sum_{\boldsymbol{k}} = \sum_{k_x=-N/2}^{N/2-1} \sum_{k_y=-N/2}^{N/2-1} \sum_{k_z=-N/2}^{N/2-1} \tag{8.2}$$

と書け，フーリエ逆変換は

$$\tilde{u}_i(\boldsymbol{k},t)=\iiint_{(2\pi)^3} d^3\boldsymbol{x}e^{-ik_jx_j}u_i(\boldsymbol{x},t),\quad \tilde{p}(\boldsymbol{k},t)=\iiint_{(2\pi)^3} d^3\boldsymbol{x}e^{-ik_jx_j}p(\boldsymbol{x},t) \tag{8.3}$$

で表され，空間3次元積分は次式で与えられる。

$$\iiint_{(2\pi)^3} d^3\boldsymbol{x}=\int_0^{2\pi}dx\int_0^{2\pi}dy\int_0^{2\pi}dz \tag{8.4}$$

この変換則に応じてナビア–ストークス方程式を変換する。一例として連続方程式を変換していく。物理空間で速度の発散である連続方程式 (4.2) の左辺は

$$\begin{aligned}\frac{\partial u_i(\boldsymbol{x},t)}{\partial x_i}&=\frac{\partial}{\partial x_i}\sum_{\boldsymbol{k'}}e^{ik'_jx_j}\tilde{u}_i(\boldsymbol{k'},t)=\sum_{\boldsymbol{k'}}\frac{\partial e^{ik'_jx_j}}{\partial x_i}\tilde{u}_i(\boldsymbol{k'},t)\\&=\sum_{\boldsymbol{k'}}e^{ik'_jx_j}ik'_i\tilde{u}_i(\boldsymbol{k'},t)\end{aligned} \tag{8.5}$$

と変換される。ここでこの変換された式自体を波数空間に変換すると

$$\begin{aligned}&\iiint_{(2\pi)^3} d^3\boldsymbol{x}e^{-ik_jx_j}\frac{\partial u_i(\boldsymbol{x},t)}{\partial x_i}=\iiint_{(2\pi)^3} d^3\boldsymbol{x}e^{-ik_jx_j}\sum_{\boldsymbol{k'}}e^{ik'_mx_m}ik'_i\tilde{u}_i(\boldsymbol{k'},t)\\&=\sum_{\boldsymbol{k'}}ik'_i\tilde{u}_i(\boldsymbol{k'},t)\iiint_{(2\pi)^3} d^3\boldsymbol{x}e^{i(k'_j-k_j)x_j}=\sum_{\boldsymbol{k'}}ik'_i\tilde{u}_i(\boldsymbol{k'},t)\delta(\boldsymbol{k'}-\boldsymbol{k})\\&=ik_i\tilde{u}_i(\boldsymbol{k},t)\end{aligned} \tag{8.6}$$

と書ける。よって，波数空間におけるナビア–ストークス方程式は

$$\begin{aligned}&\frac{\partial \tilde{u}_i(\boldsymbol{k},t)}{\partial t}+ik_j\sum_{\boldsymbol{k'}}\tilde{u}_i(\boldsymbol{k'},t)\tilde{u}_j(\boldsymbol{k}-\boldsymbol{k'},t)\\&=-ik_i\tilde{p}(\boldsymbol{k},t)-\nu k^2\tilde{u}_i(\boldsymbol{k},t)\end{aligned} \tag{8.7}$$

$$ik_i\tilde{u}_i(\boldsymbol{k},t)=0 \tag{8.8}$$

となる。空間微分は波数ベクトルの積に変換されている。連続条件 (8.8) を利用するため，式 (8.7) に波数ベクトル $ik_i$ を作用させると

$$\begin{aligned}&\frac{\partial ik_i\tilde{u}_i(\boldsymbol{k},t)}{\partial t}-k_ik_j\sum_{\boldsymbol{k'}}\tilde{u}_i(\boldsymbol{k'},t)\tilde{u}_j(\boldsymbol{k}-\boldsymbol{k'},t)\\&=k_ik_i\tilde{p}(\boldsymbol{k},t)-\nu k^2ik_i\tilde{u}_i(\boldsymbol{k},t)\end{aligned} \tag{8.9}$$

となり，整理すると圧力の形式解が

$$\tilde{p}\left(\boldsymbol{k},t\right) = -\frac{k_i k_j}{k^2}\sum_{\boldsymbol{k}'}\tilde{u}_i\left(\boldsymbol{k}',t\right)\tilde{u}_j\left(\boldsymbol{k}-\boldsymbol{k}',t\right) \tag{8.10}$$

と求まる。この表現を式 (8.7) に代入すると

$$\frac{\partial \tilde{u}_i\left(\boldsymbol{k},t\right)}{\partial t} = -iM_{ijm}(\boldsymbol{k})\sum_{\boldsymbol{k}'}\tilde{u}_j\left(\boldsymbol{k}',t\right)\tilde{u}_m\left(\boldsymbol{k}-\boldsymbol{k}',t\right) - \nu k^2 \tilde{u}_i\left(\boldsymbol{k},t\right) \tag{8.11}$$

$$M_{ijm}(\boldsymbol{k}) = k_m D_{ij}(\boldsymbol{k}), \quad D_{ij}(\boldsymbol{k}) = \delta_{ij} - \frac{k_i k_j}{k^2}$$

となる。この方程式を波数空間内だけで数値計算するには 1 次元に関する解像波数を $N$ とすると，$N^6$ の計算を実行する必要がある。このことは仮に 1 次元方向に 100 点程度の解像度で計算を実行するのに，取り扱うループ計算では 1 兆（$10^{12}$）回が必要となることを意味し，非現実的なものであるといえる。この問題点を解決したのが高速フーリエ変換（fast Fourier transform：FFT）の開発である。本書では FFT 自体の詳細については省略するが，計算負荷が 1 次元のフーリエ変換では本来 $N^2$ であるのに対して，FFT では $4N\log_2 N$ ですむ。これはフーリエ変換の実行自体が前述の条件であれば 1 兆から 8 千万程度ですむこととなる。そこで，非線形項の取扱いを変えて，つぎの方程式を使用する。

$$\left(\frac{\partial}{\partial t} + \nu k^2\right)\tilde{u}_i\left(\boldsymbol{k},t\right) = -ik_i\tilde{p}\left(\boldsymbol{k},t\right) - \overline{u_j\left(\boldsymbol{x},t\right)\frac{\partial u_i\left(\boldsymbol{x},t\right)}{\partial x_j}} \tag{8.12}$$

ここで，非線形項を構成する二つの部分 $u_j\left(\boldsymbol{x},t\right)$，$\partial u_i\left(\boldsymbol{x},t\right)/\partial x_j$ を個別に取り扱い，その波数空間表現 $\tilde{u}_j\left(\boldsymbol{k},t\right)$ と $ik_j\tilde{u}_i\left(\boldsymbol{k},t\right)$ に対してフーリエ変換を実行して実空間の量に戻し，実空間中で積をとり，それを数値的に逆フーリエ変換により評価する。そして，式 (8.12) に波数ベクトル $ik_i$ をオペレートした圧力の解

$$\tilde{p}\left(\boldsymbol{k},t\right) = \frac{ik_i}{k^2}\overline{u_j\left(\boldsymbol{x},t\right)\frac{\partial u_i\left(\boldsymbol{x},t\right)}{\partial x_j}} \tag{8.13}$$

を式 (8.12) に代入すると，前述の処理を行いながら，方程式

$$\left(\frac{\partial}{\partial t} + \nu k^2\right)\tilde{u}_i\left(\boldsymbol{k},t\right) = -D_{im}\left(\boldsymbol{k}\right)\overline{u_j\left(\boldsymbol{x},t\right)\frac{\partial u_m\left(\boldsymbol{x},t\right)}{\partial x_j}} \tag{8.14}$$

を解析していけばよい。この解法が擬スペクトル法である。

この解析では微分表現を近似する際に入る打ち切り誤差は生じないが，非線形項を取り扱う際に波数ベクトルの和が本来取扱い可能な最大波数よりも大きな波数となることから生じるエリアイジングエラーが発生する。この誤差の解除方法もいろいろ提案されてきたが，最大波数の3分の2までの波数で物理量を取り扱う2/3ルールが簡便である。また，時間発展に関しては多くのDNSにおいて4次精度Runge-Kutta法と組み合わせて利用される場合が多い。一様等方性乱流の計算プログラムに組み込む方程式(8.14)ですでに圧力が消去されていることは，これ以降に説明する空間の離散化スキームで圧力解法が非常に高負荷である点を考慮するとメリットと考えられる。擬スペクトル法では一様等方性乱流，平均速度に乗った移動系においてリメッシングを組み込んだ一様せん断乱流，チェビチェフ級数展開と組み合わせたチャネル乱流がよく研究されているが，流れ場が多少複雑化すると適用が困難で，純粋学問的な研究で重要になる計算手法である。

## 8.2 有限差分法

有限差分法（finite difference method：FDM）は微分表現を有限個の離散情報により近似する方法でテイラー展開

$$u(x+\delta x)=\sum_{k=0}^{\infty}\frac{\delta x^k}{k!}\frac{\partial^k u(x)}{\partial x^k} \tag{8.15}$$

をベースにしている。例えば，1次元で考え，**図8.1**のように位置$x$とその周囲の4点を考えてみる。参照点を位置$x$としてテイラー展開した結果は

$$u(x)=u(x) \tag{8.16}$$

$$\begin{aligned}u(x\pm\delta x)=u(x)\pm\delta x\frac{\partial u(x)}{\partial x}+\frac{\delta x^2}{2}\frac{\partial^2 u(x)}{\partial x^2}\pm\frac{\delta x^3}{6}\frac{\partial^3 u(x)}{\partial x^3}\\ +\frac{\delta x^4}{24}\frac{\partial^4 u(x)}{\partial x^4}\pm\frac{\delta x^5}{120}\frac{\partial^5 u(x)}{\partial x^5}+\frac{\delta x^6}{720}\frac{\partial^6 u(x)}{\partial x^6}+\cdots\end{aligned} \tag{8.17}$$

$u(x-2\delta x)$　$u(x-\delta x)$　$u(x)$　$u(x+\delta x)$　$u(x+2\delta x)$

$x-2\delta x$　$x-\delta x$　$x$　$x+\delta x$　$x+2\delta x$

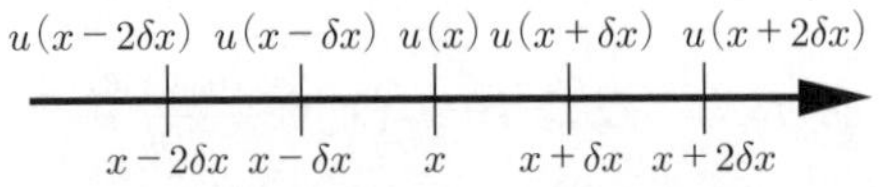

**図8.1**　有限差分法での格子状況

$$u(x \pm 2\delta x) = u(x) \pm 2\delta x \frac{\partial u(x)}{\partial x} + 2\delta x^2 \frac{\partial^2 u(x)}{\partial x^2} \pm \frac{4\delta x^3}{3} \frac{\partial^3 u(x)}{\partial x^3} + \frac{2\delta x^4}{3} \frac{\partial^4 u(x)}{\partial x^4} \pm \frac{4\delta x^5}{15} \frac{\partial^5 u(x)}{\partial x^5} + \frac{4\delta x^6}{45} \frac{\partial^6 u(x)}{\partial x^6} + \cdots \tag{8.18}$$

となる。ここでは最高次を 6 次項として記述している。これらを用いて 1 階微分の表現を導出してみる。まず，位置 $x$ と $x + \delta x$ の 2 点を利用し，それらの線形和が 1 階微分を表しているとき

$$\frac{\partial u(x)}{\partial x} \simeq au(x + \delta x) + bu(x) = (a + b)\, u(x) + a \frac{\delta x}{1} \frac{\partial u(x)}{\partial x} + a \frac{\delta x^2}{2} \frac{\partial^2 u(x)}{\partial x^2} + a \frac{\delta x^3}{6} \frac{\partial^3 u(x)}{\partial x^3} + \cdots$$

という式が得られる。二つの係数 $a$ と $b$ を決定するために低次である 0 次と 1 次の項が 1 階微分を再現しているとすると，展開 0 次より

$$(a + b)\, u(x) = 0 \tag{8.19}$$

が，展開 1 次より

$$\frac{\partial u(x)}{\partial x} = a\delta x \frac{\partial u(x)}{\partial x} \tag{8.20}$$

という連立方程式が得られる。この解は

$$a = \frac{1}{\delta x}, \qquad b = -\frac{1}{\delta x} \tag{8.21}$$

となる。これにより差分表現としては

$$\frac{\partial u(x)}{\partial x} \simeq \frac{u(x + \delta x) - u(x)}{\delta x} \tag{8.22}$$

が得られる。数値計算では差分式がどの程度の正確性があるのかは非常に重要な問題である。そこで，差分式 (8.22) にテイラー展開を代入して目的の 1 階微分以外も含めた式を導出すると，次式が得られる。

$$\frac{u(x + \delta x) - u(x)}{\delta x} = \frac{\partial u(x)}{\partial x} + \frac{\delta x}{2} \frac{\partial^2 u(x)}{\partial x^2} + O\left(\delta x^2\right) \tag{8.23}$$

ここで，$O\left(\delta x^2\right)$ は間隔 $\delta x$ の 2 乗以上の項をまとめて表し，この表現では $\delta x$ に比

例する2階微分が最低次の主要な打ち切り誤差として入っていることがわかる。差分精度は最低次の誤差が $\delta x$ の何乗であるかにより決まり，この表現は1次精度の表現となっている。同様に，位置 $x-\delta x$ と $x$ の2点でもつぎのような1次精度の差分表現を得ることができる。

$$\frac{\partial u(x)}{\partial x} \simeq \frac{u(x)-u(x-\delta x)}{\delta x} \tag{8.24}$$

また，位置 $x$ から見てプラス・マイナスどちらの点を利用するかはその点における風上側を使うと強い安定性が，風下側では強い不安定性が生じることが知られている。これらの表現は非常に精度が悪く，ナビア–ストークス方程式中の粘性拡散項と同様な2階微分での誤差が混入するため利用すべきものではない。

より高精度の表現を導出してみる。位置 $x$ と $x \pm \delta x$ の近傍3点を利用する1階微分は

$$\begin{aligned}\frac{\partial u(x)}{\partial x} \simeq & au(x+\delta x)+bu(x)+cu(x-\delta x)\\ =&(a+b+c)\,u(x)+(a-c)\,\delta x\frac{\partial u(x)}{\partial x}+(a+c)\,\frac{\delta x^2}{2}\frac{\partial^2 u(x)}{\partial x^2}\\ &+(a-c)\,\frac{\delta x^3}{6}\frac{\partial^3 u(x)}{\partial x^3}+(a+c)\,\frac{\delta x^4}{24}\frac{\partial^4 u(x)}{\partial x^4}+\cdots\end{aligned}$$

で書け，三つの未知数 $a$，$b$，$c$ に対する3本の方程式をたてる必要がある。よって展開0次から2次までを利用し，つぎの連立方程式が得られる。

$$\begin{aligned}&(a+b+c)\,u\,(x)=0, \quad (a-c)\,\delta x\frac{\partial u\,(x)}{\partial x}=\frac{\partial u\,(x)}{\partial x},\\ &(a+c)\,\frac{\delta x^2}{2}\frac{\partial^2 u\,(x)}{\partial x^2}=0\end{aligned} \tag{8.25}$$

この解は

$$a=\frac{1}{2\delta x}, \qquad b=0, \qquad c=-\frac{1}{2\delta x} \tag{8.26}$$

であり，差分表現としては

$$\frac{u(x+\delta x)-u(x-\delta x)}{2\delta x}=\frac{\partial u(x)}{\partial x}+\frac{\delta x^2}{6}\frac{\partial^3 u(x)}{\partial x^3}+\frac{\delta x^4}{120}\frac{\partial^5 u(x)}{\partial x^5}+\cdots \tag{8.27}$$

となり，最低次の打ち切り誤差の項から2次の精度を有していることがわかる。また，この差分法では誤差は奇数階微分の効果しか含まず，2次精度中心差分法と呼

ばれるものである。さらに点数を増やせばより高次の表現が導出でき，近傍5点で構成される4次精度中心差分表現は

$$\frac{\partial u(x)}{\partial x} = -\frac{1}{12\delta x}u(x+2\delta x) + \frac{2}{3\delta x}u(x+\delta x) - \frac{2}{3\delta x}u(x-\delta x) + \frac{1}{12\delta x}u(x-2\delta x) \tag{8.28}$$

となる。また，ナビア–ストークス方程式の解析において必要となる2階微分の表現では2次精度中心差分法が

$$\frac{\partial^2 u(x)}{\partial x^2} = \frac{u(x+\delta x) - 2u(x) + u(x-\delta x)}{\delta x^2} \tag{8.29}$$

であり，4次精度中心差分法が

$$\frac{\partial^2 u(x)}{\partial x^2} = -\frac{1}{12\delta x^2}u(x+2\delta x) + \frac{4}{3\delta x^2}u(x+\delta x) - \frac{5}{2\delta x^2}u(x) + \frac{4}{3\delta x^2}u(x-\delta x) - \frac{1}{12\delta x^2}u(x-2\delta x) \tag{8.30}$$

となる。これらの差分表現は近傍点を使ったものであるが，その制約は絶対的なものではなく，離れた点の情報やより多数の点を利用すれば同精度でさまざまな差分表現を導出することが可能である。

### 8.2.1 非保存型差分表現

非圧縮条件下のナビア–ストークス方程式をFDMにより計算する際には計算対象の流れ場に対して格子（メッシュ）を切る必要がある。格子の配列方法としては**図8.2**のように大別して2種類の手法がある。一つは速度$(u, v, w)$を設定する点（定義点）を圧力$p$の定義点から各速度方向に半メッシュ分ずらして配置するスタガー

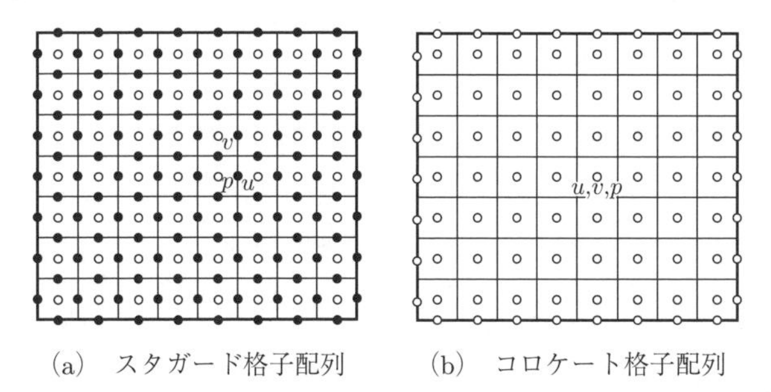


(a) スタガード格子配列　(b) コロケート格子配列

**図8.2**　2次元格子配列

ド格子配列であり，いま一つは物理量をすべて同一点に設定するコロケート格子配列である。前者の速度の定義点は2次元流れでは図(a)のように格子の辺の中点で，3次元流れでは格子の界面の対角線の交点に設定する。非圧縮性流れでは連続方程式から圧力を解かねばならない。スタガード格子配列は連続方程式の解析する格子と圧力の定義点が存在する格子が一致するので，問題なく圧力を解くことが可能である。それに対してコロケート格子配列では，連続条件は圧力定義点の存在する格子ではなく，その周囲の格子の速度のみで構成されることから，チェッカーフラッグ状の圧力分布が現れる問題があり，スタガード格子配列のほうが便利である。

非圧縮性ナビア–ストークス方程式の非線形移流項は

$$\text{Nonlinear Term} = \frac{\partial u_i u_j}{\partial x_j} \tag{8.31}$$

と書ける。この式には非圧縮条件である速度の発散ゼロの条件を利用すれば

$$\text{Nonlinear Term} = u_j \frac{\partial u_i}{\partial x_j} \tag{8.32}$$

と書き換えることができる。両式は数学的には厳密に一致するが，特定の点でしか値が定義されていない数値計算では両者は一致しない。スタガード格子配列では，**図 8.3** のように圧力の定義点を中心とした格子一つ分では連続条件を満足するが，速度の定義点では半メッシュずれているため連続条件を満足させることはできない。よって，式(8.31)での方程式を保存型と，式(8.32)のものを非保存型と呼んで区別する。ガウスの定理を考えれば前者は発散オペレーターが作用しており，境界からの出入りがなければ計算量域内での保存性が確保できることに起因している。

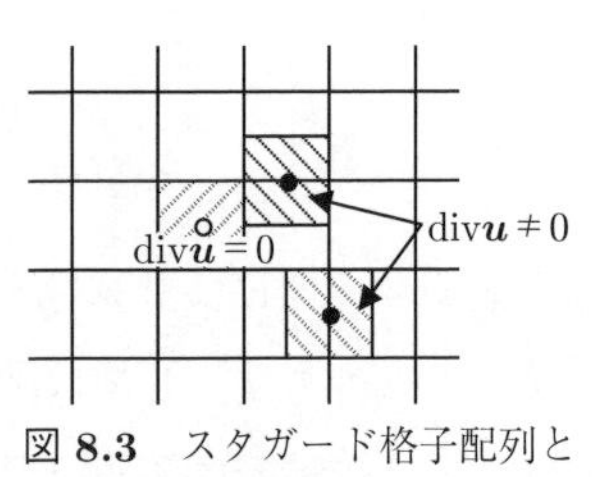


**図 8.3**　スタガード格子配列と連続条件

非保存型では速度勾配の前に微分方向の速度が一つ存在するのでその速度により風上または風下を判断することができ，数値安定性が高い風上タイプの差分表現を構成することができる。ここでは3次精度風上差分法としてつぎの表現を例として示しておく。

$$u\frac{\partial u}{\partial x} = u(x)\left(-\frac{u(x+2\delta x)}{12\delta x} + \frac{2u(x+\delta x)}{3\delta x} - \frac{2u(x-\delta x)}{3\delta x} + \frac{u(x-2\delta x)}{12\delta x}\right)$$

$$+\eta\,|u\,(x)|\left(\frac{u(x+2\delta x)}{12\delta x}-\frac{u(x+\delta x)}{3\delta x}+\frac{u(x)}{2\delta x}\right.$$
$$\left.-\frac{u(x-\delta x)}{3\delta x}+\frac{u(x-2\delta x)}{12\delta x}\right) \tag{8.33}$$

右辺第 2 項はテイラー展開から

$$\frac{u(x+2\delta x)}{12\delta x}-\frac{u(x+\delta x)}{3\delta x}+\frac{u(x)}{2\delta x}-\frac{u(x-\delta x)}{3\delta x}+\frac{u(x-2\delta x)}{12\delta x}$$
$$=\frac{\delta x^3}{12}\frac{\partial^4 u\,(x)}{\partial x^4}+\frac{\delta x^5}{72}\frac{\partial^6 u\,(x)}{\partial x^6}+\cdots \tag{8.34}$$

となり，4 階微分と対応し，4 次精度中心差分表現に 8.3 節で説明するが超粘性拡散の寄与が加えられた表現になっている。ここで，パラメーター $\eta=1$ の場合 Leonard ら[35]（1983）により提案された UTOPIA（uniformly third-order polynomial interpolation algorithm）スキームで，$\eta=1/3$ は KK（Kawamura-Kuwahara）スキーム（1984）[23] となる。このように非保存型差分スキームには安定性の高いものを開発することが可能であるが，基本的にはより正しい数値解を得るためには保存型で計算をしていくことが好ましい。

### 8.2.2 保存型差分表現

近年，森西（1996）はより厳密な保存性に着目して保存型差分スキームを提案している[40]。非圧縮性ナビア–ストークス方程式は連続方程式により質量保存則を，運動方程式により分子粘性率ゼロの極限での運動量保存則を表している。さらに，運動方程式に速度をかけることによって得られる運動エネルギー方程式も粘性率ゼロの極限ではエネルギー保存則を満足する必要がある。このエネルギー保存則は運動方程式の離散化で達成されねばならない。この条件を満足するスタガード格子配列での $2m$ 次精度の保存型中心差分法はつぎのようにまとめられる。補間表現は

$$u^{(2m)th}\,(x)=\sum_{p=0}^{m-1}a_{2p+1}u_{2p+1}\,(x) \tag{8.35}$$

$$u_{2n+1}\,(x)=\frac{u\left(x+\dfrac{2n+1}{2}\delta x\right)+u\left(x-\dfrac{2n+1}{2}\delta x\right)}{2} \tag{8.36}$$

で，1 階微分表現は

$$\left.\frac{\partial u}{\partial x}\right|^{(2m)th}(x)=\sum_{p=0}^{m-1}a_{2p+1}\delta u_{2p+1}(x) \tag{8.37}$$

$$\delta u_{2n+1}(x)=\frac{u\left(x+\frac{2n+1}{2}\delta x\right)-u\left(x-\frac{2n+1}{2}\delta x\right)}{(2n+1)\,\delta x} \tag{8.38}$$

で，2 階微分表現は，自己無撞着性を重視して 1 階微分を 2 度作用させることで

$$\left.\frac{\partial^2 u}{\partial x^2}\right|^{(2m)th}(x)=\sum_{p=0}^{m-1}a_{2p+1}\delta^2 u_{2p+1}(x) \tag{8.39}$$

$$\begin{aligned}\delta^2 u_{2n+1}(x)=&\frac{1}{(2n+1)\,\delta x}\left.\frac{\partial u}{\partial x}\right|^{(2m)th}\left(x+\frac{2n+1}{2}\delta x\right)\\&-\frac{1}{(2n+1)\,\delta x}\left.\frac{\partial u}{\partial x}\right|^{(2m)th}\left(x-\frac{2n+1}{2}\delta x\right)\end{aligned} \tag{8.40}$$

と導出される。これらの表現に現れている係数 $a_{2p+1}$ は

$$a_{2p+1}=(-1)^p\frac{\prod\limits_{q=0,q\neq p}^{m-1}(2q+1)^2}{\prod\limits_{q=0,q\neq p}^{m-1}\left|(2p+1)^2-(2q+1)^2\right|} \tag{8.41}$$

となる。ここで，$\prod$ は総乗を意味する。最高次 12 次までの係数値を**表 8.1** に示している。

**表 8.1**　保存型中心差分法の係数

| | $a_1$ | $a_3$ | $a_5$ | $a_7$ | $a_9$ | $a_{11}$ |
|---|---|---|---|---|---|---|
| 2nd | $1$ | | | | | |
| 4th | $\frac{9}{8}$ | $-\frac{1}{8}$ | | | | |
| 6th | $\frac{150}{128}$ | $-\frac{25}{128}$ | $\frac{3}{128}$ | | | |
| 8th | $\frac{1225}{1024}$ | $-\frac{245}{1024}$ | $\frac{49}{1024}$ | $-\frac{5}{1024}$ | | |
| 10th | $\frac{39690}{32768}$ | $-\frac{8820}{32768}$ | $\frac{2268}{32768}$ | $-\frac{405}{32768}$ | $\frac{35}{32768}$ | |
| 12th | $\frac{320166}{262144}$ | $-\frac{76230}{262144}$ | $\frac{22869}{262144}$ | $-\frac{5445}{262144}$ | $\frac{847}{262144}$ | $-\frac{63}{262144}$ |

具体的表現の例として 2 次と 4 次精度の表現を与える。2 次精度表現は

$$u^{2nd}(x) = \frac{u(x + \delta x/2) + u(x - \delta x/2)}{2} \tag{8.42}$$

$$\left.\frac{\partial u}{\partial x}\right|^{2nd}(x) = \frac{u(x + \delta x) - u(x - \delta x)}{2\delta x} \tag{8.43}$$

$$\left.\frac{\partial^2 u}{\partial x^2}\right|^{2nd}(x) = \frac{u(x + \delta x) - 2u(x) + u(x - \delta x)}{\delta x^2} \tag{8.44}$$

となり，これらは前述の近傍 3 点で求めた表現と一致する。4 次精度表現は

$$\begin{aligned} u^{4th}(x) =& -\frac{1}{16}u(x + 3\delta x/2) + \frac{9}{16}u(x + \delta x/2) \\ & + \frac{9}{16}u(x - \delta x/2) - \frac{1}{16}u(x - 3\delta x/2) \end{aligned} \tag{8.45}$$

$$\begin{aligned} \left.\frac{\partial u}{\partial x}\right|^{4th}(x) =& \frac{1}{384\delta x}u(x + 3\delta x) - \frac{3}{32\delta x}u(x + 2\delta x) \\ & + \frac{87}{128\delta x}u(x + \delta x) - \frac{87}{128\delta x}u(x - \delta x) \\ & + \frac{3}{32\delta x}u(x - 2\delta x) - \frac{1}{384\delta x}u(x - 3\delta x) \end{aligned} \tag{8.46}$$

$$\begin{aligned} \left.\frac{\partial^2 u}{\partial x^2}\right|^{4th}(x) =& \frac{1}{576\delta x^2}u(x + 3\delta x) - \frac{3}{32\delta x^2}u(x + 2\delta x) \\ & + \frac{87}{64\delta x^2}u(x + \delta x) - \frac{365}{144\delta x^2}u(x) + \frac{87}{64\delta x^2}u(x - \delta x) \\ & - \frac{3}{32\delta x^2}u(x - 2\delta x) + \frac{1}{576\delta x^2}u(x - 3\delta x) \end{aligned} \tag{8.47}$$

となる。これは近傍 7 点を利用しており，前述の 4 次精度中心差分法の表現 (8.28) と (8.30) とは異なっている。この保存型の表現では $2m$ 次精度の表現には $4m-1$ 点の情報が必要となる。

これらの保存型表現の有効性をレイノルズ数 180 のチャネル乱流の DNS において検証した結果が**図 8.4** である。この検証の DNS は壁垂直方向には保存型の 2 次精度中心差分法を，時間発展としては 4 次精度 Adams-Bashforth 法を使用したもので厳密というレベルではないが，2 次精度中心差分法の結果は平均量においても

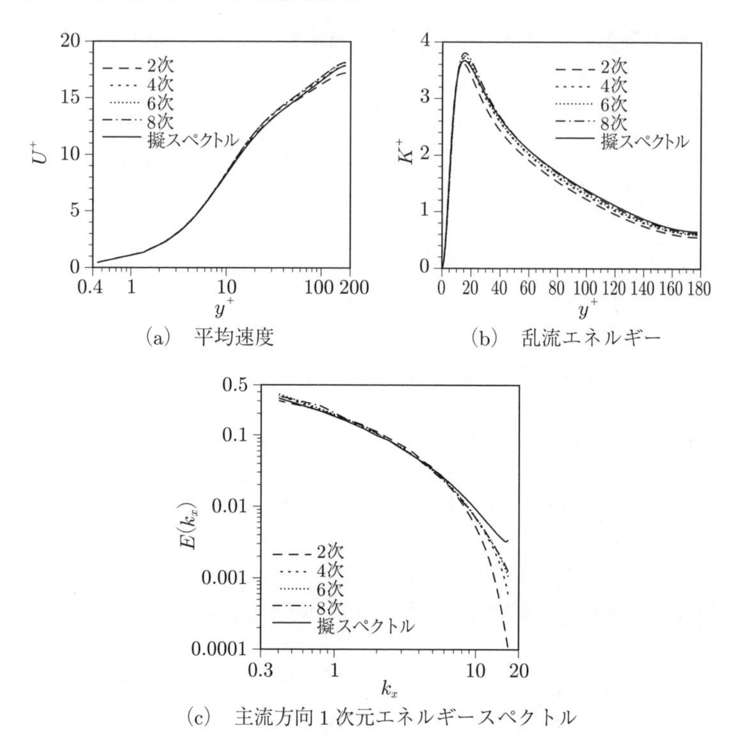


(a)　平均速度

(b)　乱流エネルギー

(c)　主流方向 1 次元エネルギースペクトル

**図 8.4**　保存型差分法の精度検証

擬スペクトル法の結果からのずれが確認できるが，高次精度になるとその差異は小さなものとなっている。ただし，エネルギースペクトルのような量で比較すると，微小スケールを意味する高波数帯において，かなり強く減衰している様子が見られる。その傾向は精度が高くになるにつれて擬スペクトル法の結果とよく一致しており，保存型 8 次精度中心差分法で改善は頭打ちになっているように見える。

### 8.2.3　コンパクト差分法

ここまで説明してきた一般的な FDM は計算精度を高くするにつれて使用点数が多くなり，幅広い範囲にわたる情報が必要で境界条件の設定が難しくなる。これに対して高精度を確保したうえでより少ない使用点数での差分法としてコンパクト差分法やエルミート補間をベースとする局所補間微分オペレーター（IDO）法が提案された。本書では，Lele（1992）によるコンパクト差分法[33]についての概略を与える。前述しているように1階および2階微分表現 $u'(x)$ と $u''(x)$ に関して，広く利用されている通常の FDM は

$$u'(x) = \sum_{k=1}^{n} a_k \frac{u(x+k\delta x) - u(x-k\delta x)}{2k\delta x} \tag{8.48}$$

$$u''(x) = \sum_{k=1}^{n} b_k \frac{u(x+k\delta x) - 2u(x) + u(x-k\delta x)}{(k\delta x)^2} \tag{8.49}$$

と書ける。ここで，総和1という制限の係数 $a_k$ や $b_k$ の設定により計算精度を決めることができる。これに対して，コンパクト差分法では左辺に1階および2階微分自体による補間表現を加えて，次式により微分量を算出していく。

$$\begin{aligned} &u'(x) + \sum_{l=1}^{m} \alpha_l \frac{u'(x+l\delta x) + u'(x-l\delta x)}{2} \\ &= \sum_{k=1}^{n} a_k \frac{u(x+k\delta x) - u(x-k\delta x)}{2k\delta x} \end{aligned} \tag{8.50}$$

$$\begin{aligned} &u''(x) + \sum_{l=1}^{m} \beta_l \frac{u''(x+l\delta x) + u''(x-l\delta x)}{2} \\ &= \sum_{k=1}^{n} b_k \frac{u(x+k\delta x) - 2u(x) + u(x-k\delta x)}{(k\delta x)^2} \end{aligned} \tag{8.51}$$

コンパクト差分法ではできるだけ狭い範囲で表現を構築することが望ましいので，**図 8.5** のように近傍5点での表現を算出してみる。よって式 (8.50)，(8.51) は

$$\begin{aligned} &u'(x) + \frac{\alpha_1}{2}\left(u'(x+\delta x) + u'(x-\delta x)\right) + \frac{\alpha_2}{2}\left(u'(x+2\delta x) + u'(x-2\delta x)\right) \\ &= a_1 \frac{u(x+\delta x) - u(x-\delta x)}{2\delta x} + a_2 \frac{u(x+2\delta x) - u(x-2\delta x)}{4\delta x} \end{aligned} \tag{8.52}$$

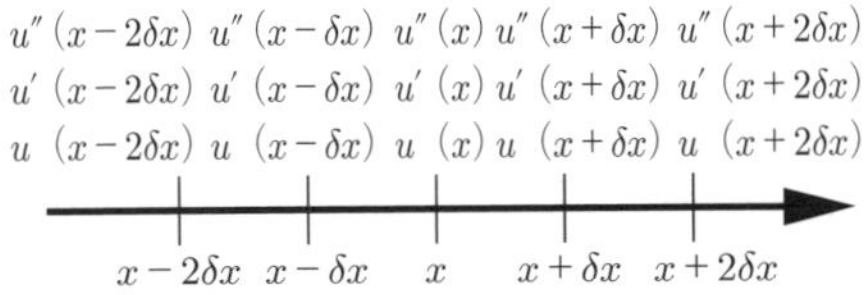

**図 8.5** コンパクト差分法での格子状況

$$u''(x) + \frac{\beta_1}{2}\left(u''(x+\delta x) + u''(x-\delta x)\right) + \frac{\beta_1}{2}\left(u''(x+2\delta x) + u''(x-2\delta x)\right)$$
$$= b_1 \frac{u(x+\delta x) - 2u(x) + u(x-\delta x)}{\delta x^2}$$
$$+ b_2 \frac{u(x+2\delta x) - 2u(x) + u(x-2\delta x)}{4\delta x^2} \tag{8.53}$$

となる。ここで，係数を決定するためつぎのテイラー展開式を利用していく。

$$\begin{aligned} u(x+m\delta x) =& u(x) + m\delta x u'(x) + \frac{(m\delta x)^2}{2} u''(x) + \frac{(m\delta x)^3}{6} \frac{\partial^3 u(x)}{\partial x^3} \\ &+ \frac{(m\delta x)^4}{24} \frac{\partial^4 u(x)}{\partial x^4} + \frac{(m\delta x)^5}{120} \frac{\partial^5 u(x)}{\partial x^5} + \frac{(m\delta x)^6}{720} \frac{\partial^6 u(x)}{\partial x^6} \\ &+ \frac{(m\delta x)^7}{5040} \frac{\partial^7 u(x)}{\partial x^7} + \frac{(m\delta x)^8}{40320} \frac{\partial^8 u(x)}{\partial x^8} + \frac{(m\delta x)^9}{362880} \frac{\partial^9 u(x)}{\partial x^9} \\ &+ \frac{(m\delta x)^{10}}{3628800} \frac{\partial^{10} u(x)}{\partial x^{10}} + \cdots \end{aligned} \tag{8.54}$$

$$\begin{aligned} u'(x+m\delta x) =& u'(x) + m\delta x u''(x) + \frac{(m\delta x)^2}{2} \frac{\partial^3 u(x)}{\partial x^3} \\ &+ \frac{(m\delta x)^3}{6} \frac{\partial^4 u(x)}{\partial x^4} + \frac{(m\delta x)^4}{24} \frac{\partial^5 u(x)}{\partial x^5} + \frac{(m\delta x)^5}{120} \frac{\partial^6 u(x)}{\partial x^6} \\ &+ \frac{(m\delta x)^6}{720} \frac{\partial^7 u(x)}{\partial x^7} + \frac{(m\delta x)^7}{5040} \frac{\partial^8 u(x)}{\partial x^8} \\ &+ \frac{(m\delta x)^8}{40320} \frac{\partial^9 u(x)}{\partial x^9} + \frac{(m\delta x)^9}{362880} \frac{\partial^{10} u(x)}{\partial x^{10}} + \cdots \end{aligned} \tag{8.55}$$

$$\begin{aligned} u''(x+m\delta x) =& u''(x) + m\delta x \frac{\partial^3 u(x)}{\partial x^3} + \frac{(m\delta x)^2}{2} \frac{\partial^4 u(x)}{\partial x^4} \\ &+ \frac{(m\delta x)^3}{6} \frac{\partial^5 u(x)}{\partial x^5} + \frac{(m\delta x)^4}{24} \frac{\partial^6 u(x)}{\partial x^6} \\ &+ \frac{(m\delta x)^5}{120} \frac{\partial^7 u(x)}{\partial x^7} + \frac{(m\delta x)^6}{720} \frac{\partial^8 u(x)}{\partial x^8} \\ &+ \frac{(m\delta x)^7}{5040} \frac{\partial^9 u(x)}{\partial x^9} + \frac{(m\delta x)^8}{40320} \frac{\partial^{10} u(x)}{\partial x^{10}} + \cdots \end{aligned} \tag{8.56}$$

両辺とも隣接点のみの場合 ($\alpha_2$，$a_2$，$\beta_2$，$b_2$ がゼロ) では，左辺から右辺を引いた 1 階微分の式 (8.52) は

$$u'(x) + \frac{\alpha_1}{2}\left(u'(x+\delta x) + u'(x-\delta x)\right) - a_1 \frac{u(x+\delta x) - u(x-\delta x)}{2\delta x}$$

$$
\begin{aligned}
&= (1+\alpha_1-a_1)\,u'(x) + \frac{1}{2}\left(\alpha_1 - \frac{a_1}{3}\right)\delta x^2 \frac{\partial^3 u(x)}{\partial x^3} \\
&\quad + \frac{1}{24}\left(\alpha_1 - \frac{a_1}{5}\right)\delta x^4 \frac{\partial^5 u(x)}{\partial x^5} + \frac{1}{720}\left(\alpha_1 - \frac{a_1}{7}\right)\delta x^6 \frac{\partial^7 u(x)}{\partial x^7} \\
&\quad + \frac{1}{40320}\left(\alpha_1 - \frac{a_1}{9}\right)\delta x^8 \frac{\partial^9 u(x)}{\partial x^9} + \cdots
\end{aligned} \tag{8.57}
$$

で，2 係数 $\alpha_1$ と $a_1$ を 1 階微分と 3 階微分係数がゼロとなる条件

$$
1+\alpha_1-a_1=0 \tag{8.58}
$$

$$
\alpha_1-\frac{a_1}{3}=0 \tag{8.59}
$$

から求めると，解は $\alpha_1=1/2$ と $a_1=3/2$ となる。また，式 (8.57) の残余項が数値誤差であり，この係数を代入するとつぎのようになる。

$$
\text{式 (8.57)} = \frac{\delta x^4}{120}\frac{\partial^5 u(x)}{\partial x^5} + \frac{\delta x^6}{2520}\frac{\partial^7 u(x)}{\partial x^7} + \frac{\delta x^8}{120960}\frac{\partial^9 u(x)}{\partial x^9} + \cdots \tag{8.60}
$$

よってこの表現は近傍 3 点のみを利用して 4 次精度の計算精度を有していることがわかる。このような計算により 4 次精度のコンパクト差分法は

$$
\begin{aligned}
&u'(x) + \frac{1}{4}\left(u'(x+\delta x) + u'(x-\delta x)\right) \\
&= \frac{3}{4\delta x}\left(u(x+\delta x) - u(x-\delta x)\right)
\end{aligned} \tag{8.61}
$$

$$
\begin{aligned}
&u''(x) + \frac{1}{10}\left(u''(x+\delta x) + u''(x-\delta x)\right) \\
&= \frac{6}{5\delta x^2}\left(u(x+\delta x) - 2u(x) + u(x-\delta x)\right)
\end{aligned} \tag{8.62}
$$

となる。通常の FDM では 4 次精度の表現を導出するためには最少で 5 点必要であったのに比べて 3 点の情報ですむことから，コンパクトであるといえる。また微分量のみ，最近接のみを取り扱い，物理量 $u$ それ自体は 5 点利用した表現からは 6 次精度のコンパクト差分表現

$$
\begin{aligned}
&u'(x) + \frac{1}{3}\left(u'(x+\delta x) + u'(x-\delta x)\right) = \frac{7}{9\delta x}\left(u(x+\delta x) - u(x-\delta x)\right) \\
&+ \frac{1}{36\delta x}\left(u(x+2\delta x) - u(x-2\delta x)\right)
\end{aligned} \tag{8.63}
$$

$$
\begin{aligned}
&u''(x) + \frac{2}{11}\left(u''(x+\delta x) + u''(x-\delta x)\right) \\
&= \frac{12}{11\delta x^2}\left(u(x+\delta x) - 2u(x) + u(x-\delta x)\right) \\
&\quad + \frac{3}{44\delta x^2}\left(u(x+2\delta x) - 2u(x) + u(x-2\delta x)\right)
\end{aligned} \tag{8.64}
$$

が得られ，微分量も近傍 5 点を利用すると 8 次精度の表現が

$$
\begin{aligned}
&u'(x) + \frac{4}{9}\left(u'(x+\delta x) + u'(x-\delta x)\right) + \frac{1}{36}\left(u'(x+2\delta x) + u'(x-2\delta x)\right) \\
&= \frac{20}{27\delta x}\left(u(x+\delta x) - u(x-\delta x)\right) + \frac{25}{216\delta x}\left(u(x+2\delta x) - u(x-2\delta x)\right)
\end{aligned} \tag{8.65}
$$

$$
\begin{aligned}
&u''(x) + \frac{344}{1179}\left(u''(x+\delta x) + u''(x-\delta x)\right) \\
&+ \frac{23}{2358}\left(u''(x+2\delta x) + u''(x-2\delta x)\right) \\
&= \frac{320}{393\delta x^2}\left(u(x+\delta x) - 2u(x) + u(x-\delta x)\right) \\
&\quad + \frac{155}{786\delta x^2}\left(u(x+2\delta x) - 2u(x) + u(x-2\delta x)\right)
\end{aligned} \tag{8.66}
$$

と得られる。これらの表現を用いて計算を実行していく際には物理量 $u$ に関しては代入して，微分量に関しては連立方程式を解析する必要がある。そのため，境界条件における微分量の情報が必要となるなど通常の有限差分法とは異なる計算負荷がかかる。ただし，1 次元方向のみにコンパクト差分法をかけるのであれば，かなり高速に計算ができる 3 重または 5 重対角行列解法などが活用できる。

### 8.2.4 FDM での圧力解法

FDM において圧力解法は重要となる。特に非定常流れを取り扱う際によく利用される方法論としては MAC 系圧力解法が有力である。MAC 系解法には MAC 解法，フラクショナルステップ解法，SMAC 解法，HSMAC 解法などがある。ここではこの 4 種類の圧力解法に関する概略を説明する。

〔1〕 **MAC解法**　MAC (marker-and-cell) 解法は Hallow-Welch (1965) により提案された方法[20]であり，時刻 $t_{n+1}$ の物理量である速度 $\boldsymbol{u}^{n+1}$ と圧力 $p^{n+1}$ を求める際の非圧縮性のナビア–ストークス方程式はベクトル表記で

$$\frac{\boldsymbol{u}^{n+1}-\boldsymbol{u}^{n}}{\Delta t}=-\nabla(\boldsymbol{u}\otimes\boldsymbol{u})^{n}-\nabla p^{n+1}+\nu\Delta\boldsymbol{u}^{n} \tag{8.67}$$

$$\nabla\cdot\boldsymbol{u}^{n+1}=0 \tag{8.68}$$

と書ける。ここで，$\otimes$ はテンソル積を意味している。この運動方程式 (8.67) の発散をとると

$$\frac{\nabla\cdot\boldsymbol{u}^{n+1}-\nabla\cdot\boldsymbol{u}^{n}}{\Delta t}=-\nabla\cdot\nabla(\boldsymbol{u}\otimes\boldsymbol{u})^{n}-\Delta p^{n+1}+\nu\Delta(\nabla\cdot\boldsymbol{u}^{n})$$

となり，連続の式 (8.68) を利用して，圧力方程式は

$$\Delta p^{n+1}=\frac{\nabla\cdot\boldsymbol{u}^{n}}{\Delta t}-\nabla\cdot\nabla(\boldsymbol{u}\otimes\boldsymbol{u})^{n}+\nu\Delta(\nabla\cdot\boldsymbol{u}^{n}) \tag{8.69}$$

と導出される。右辺はすべて時刻 $t_n$ の量で記述されていることから既知関数となっており，この方程式は圧力ポアソン方程式と呼ばれる。この方程式を解いて得られる $p^{n+1}$ を式 (8.67) に代入して

$$\boldsymbol{u}^{n+1}=\boldsymbol{u}^{n}+\Delta t\left\{-\nabla(\boldsymbol{u}\otimes\boldsymbol{u})^{n}-\nabla p^{n+1}+\nu\Delta\boldsymbol{u}^{n}\right\} \tag{8.70}$$

から速度 $\boldsymbol{u}^{n+1}$ を求めることができる。この手法では圧力ポアソン方程式をどのように解くのかが最も重要で計算負荷もかなりかかる。

**〔2〕 フラクショナルステップ解法**　これに対して，Chorin（1969）は中間段階を導入するフラクショナルステップ（fractional step）解法を提案している[15]。前述の MAC 解法の運動方程式 (8.67) に中間速度 $\tilde{\boldsymbol{u}}$ を導入して

$$\frac{\tilde{\boldsymbol{u}}-\boldsymbol{u}^{n}}{\Delta t}=-\nabla(\boldsymbol{u}\otimes\boldsymbol{u})^{n}+\nu\Delta\boldsymbol{u}^{n} \tag{8.71}$$

$$\frac{\tilde{\boldsymbol{u}}^{n+1}-\tilde{\boldsymbol{u}}}{\Delta t}=-\nabla p^{n+1} \tag{8.72}$$

と分離する。これらの式の和は当然，式 (8.67) と一致する。式 (8.71) より中間速度 $\tilde{\boldsymbol{u}}$ の導出式は

$$\tilde{\boldsymbol{u}}=\boldsymbol{u}^{n}+\Delta t\left\{-\nabla(\boldsymbol{u}\otimes\boldsymbol{u})^{n}+\nu\Delta\boldsymbol{u}^{n}\right\} \tag{8.73}$$

となり，これを式 (8.72) の発散をとった式に導入し，連続の式を利用すると圧力ポアソン方程式は

$$\Delta p^{n+1} = \frac{\nabla \cdot \tilde{\boldsymbol{u}}}{\Delta t} \tag{8.74}$$

と導出される。この式から圧力 $p^{n+1}$ を解き，中間速度 $\tilde{\boldsymbol{u}}$ を利用して，最終的に時刻 $t_{n+1}$ の速度が次式で求まる。

$$\boldsymbol{u}^{n+1} = \tilde{\boldsymbol{u}} - \Delta t \nabla p^{n+1} \tag{8.75}$$

この方法は基本的には MAC 解法と同様の方法で，最も重要なポイントは圧力ポアソン方程式をどのように解くかである。これらの方法では圧力の境界条件を準備しないと計算を進めていくことができない。当然，圧力境界条件も与えられるケースはあるが，多くの場合は速度の境界条件のみが与えられる。その際にはこれらの方法を利用していくことはかなり検討が必要となる。

〔3〕 **SMAC 解法**　　圧力自体を利用する前述の方法に対して，Amsden-Harlow (1970) は圧力補正を導入した SMAC (simplified MAC) 解法を開発した[12)]。この方法ではフラクショナルステップ解法同様，中間速度を導入するが，時刻 $t_{n+1}$ の圧力 $p^{n+1}$ を 1 ステップ前の時刻 $t_n$ の圧力 $p^n$ と圧力補正 $\delta p$ に次式のように表現する。

$$p^{n+1} = p^n + \delta p \tag{8.76}$$

この圧力分離式と中間速度 $\tilde{\boldsymbol{u}}$ を利用して，方程式 (8.67) を

$$\frac{\tilde{\boldsymbol{u}} - \boldsymbol{u}^n}{\Delta t} = -\nabla (\boldsymbol{u} \otimes \boldsymbol{u})^n - \nabla p^n + \nu \Delta \boldsymbol{u}^n \tag{8.77}$$

$$\frac{\tilde{\boldsymbol{u}}^{n+1} - \tilde{\boldsymbol{u}}}{\Delta t} = -\nabla \delta p \tag{8.78}$$

と分ける。フラクショナルステップ解法とは異なり，SMAC 解法では時刻 $t_n$ の圧力で中間速度を駆動し，圧力補正で連続の式を満足させるように解いていく。よって，中間速度の算出式と圧力補正に対するポアソン方程式は

$$\tilde{\boldsymbol{u}} = \boldsymbol{u}^n + \Delta t \left\{ -\nabla (\boldsymbol{u} \otimes \boldsymbol{u})^n - \nabla p^n + \nu \Delta \boldsymbol{u}^n \right\} \tag{8.79}$$

$$\Delta \delta p = \frac{\nabla \cdot \tilde{\boldsymbol{u}}}{\Delta t} \tag{8.80}$$

で与えられる。これらの式を解いて最終的に

$$\boldsymbol{u}^{n+1} = \tilde{\boldsymbol{u}} - \Delta t \nabla \delta p \tag{8.81}$$

で時間発展させた速度が得られる。圧力が境界上で既知であれば圧力補正は不要となる。ただし，これらの三つの解法は最終的には実際に適用した際のポアソン方程式の解の算出しやすさにおいて強く影響し，違いが現れると思われる。

〔4〕 **HSMAC 解法**　HSMAC（highly simplified MAC）解法は Hirt-Cook（1972）により開発された方法[22]で別名として“SOLA 法”とも呼ばれる。これまでの圧力解法は圧力境界条件に対する制限がある計算方法となっているが，HSMAC 解法はこの困難点に大幅な改善を与えた圧力解法である。ここでは 2 次元流れに限定して説明をしていく。いま，点 $(I, J)$ における離散化された運動方程式は

$$\frac{u_{I,J}^{n+1} - u_{I,J}^{n}}{\Delta t} = F_{u,I,J}^{n} - \frac{p_{I+1,J}^{n+1} - p_{I,J}^{n+1}}{\Delta x} \tag{8.82}$$

$$\frac{v_{I,J}^{n+1} - v_{I,J}^{n}}{\Delta t} = F_{v,I,J}^{n} - \frac{p_{I,J+1}^{n+1} - p_{I,J}^{n+1}}{\Delta y} \tag{8.83}$$

と与えられる。ここで，$F$ は陽的に取り扱える圧力駆動項以外のものをまとめたものである。時刻 $t_{n+1}$ での連続の式は

$$d_{I,J}^{n+1} = \frac{u_{I,J}^{n+1} - u_{I-1,J}^{n+1}}{\Delta x} + \frac{v_{I,J}^{n+1} - v_{I,J-1}^{n+1}}{\Delta y} \tag{8.84}$$

であり，運動方程式を代入すると

$$\begin{aligned} d_{I,J}^{n+1} =& d_{I,J}^{n} + \Delta t \frac{F_{u,I,J}^{n} - F_{u,I-1,J}^{n}}{\Delta x} + \Delta t \frac{F_{v,I,J}^{n} - F_{v,I,J-1}^{n}}{\Delta y} \\ &+ \Delta t \frac{-p_{I+1,J}^{n+1} + 2p_{I,J}^{n+1} - p_{I-1,J}^{n+1}}{\Delta x^2} \\ &+ \Delta t \frac{-p_{I,J+1}^{n+1} + 2p_{I,J}^{n+1} - p_{I,J-1}^{n+1}}{\Delta y^2} \end{aligned} \tag{8.85}$$

となる。連続方程式は最終的には圧力を算出するために利用することから，$d_{I,J}^{n+1}$ が $p_{I,J}^{n+1}$ に依存するとして

$$d_{I,J}^{n+1} = d_{I,J}^{n+1}\left(p_{I,J}^{n+1}\right) \tag{8.86}$$

とおく。ここで，関数 $d_{I,J}^{n+1}$ がゼロ（連続条件）になる解 $p_{I,J}^{n+1}$ を繰返し計算のニュートン法で求める。ニュートン法では任意関数 $y = f(x)$ のゼロとなる解 $x$ を**図 8.6** のように接線を利用して，つぎの繰返し計算式で求める。

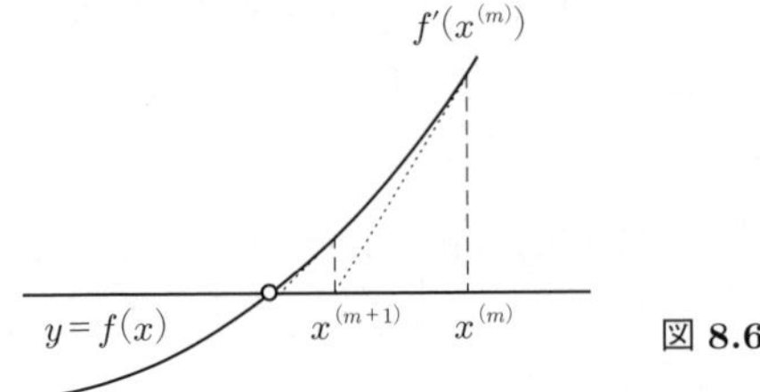


**図 8.6**　ニュートン法の概略図

$$x^{(m+1)} = x^{(m)} - \frac{f\left(x^{(m)}\right)}{f'\left(x^{(m)}\right)} \tag{8.87}$$

ここで, 上付きの $(m)$ などは繰返し計算の回数を意味している。この方法を式 (8.85) に適用すると

$$\frac{\partial d_{I,J}^{n+1}\left(p_{I,J}^{n+1}\right)}{\partial p_{I,J}^{n+1}} = \frac{2\Delta t}{\Delta x^2} + \frac{2\Delta t}{\Delta y^2} \tag{8.88}$$

となり，圧力の導出方程式は

$$\left(p_{I,J}^{n+1}\right)^{(m+1)} = \left(p_{I,J}^{n+1}\right)^{(m)} + \left(\delta p_{I,J}^{n+1}\right)^{(m+1)} \tag{8.89}$$

$$\left(\delta p_{I,J}^{n+1}\right)^{(m+1)} = -\frac{\left(d_{I,J}^{n+1}\right)^{(m)}}{\dfrac{2\Delta t}{\Delta x^2} + \dfrac{2\Delta t}{\Delta y^2}} \tag{8.90}$$

になる。このように圧力修正項 $\left(\delta p_{I,J}^{n+1}\right)^{(m+1)}$ により圧力を変更し，さらに速度 $\left(u_{I,J}^{n+1}\right)^{(m+1)}$ に関しては

$$\begin{aligned}\left(u_{I,J}^{n+1}\right)^{(m+1)} &= u_{I,J}^{n} + \Delta t F_{u,I,J}^{n} - \Delta t \frac{\left(p_{I+1,J}^{n+1}\right)^{(m)} - \left(p_{I,J}^{n+1}\right)^{(m+1)}}{\Delta x} \\ &= u_{I,J}^{n} + \Delta t F_{u,I,J}^{n} - \Delta t \frac{\left(p_{I+1,J}^{n+1}\right)^{(m)} - \left(p_{I,J}^{n+1}\right)^{(m)}}{\Delta x} \\ &\quad + \frac{\Delta t}{\Delta x}\left(\delta p_{I,J}^{n+1}\right)^{(m+1)} \\ &= \left(u_{I,J}^{n+1}\right)^{(m)} + \frac{\Delta t}{\Delta x}\left(\delta p_{I,J}^{n+1}\right)^{(m+1)}\end{aligned} \tag{8.91}$$

で修正し，同様な数式処理により，その他の隣接点速度を

$$\left(u_{I-1,J}^{n+1}\right)^{(m+1)} = \left(u_{I-1,J}^{n+1}\right)^{(m)} - \frac{\Delta t}{\Delta x}\left(\delta p_{I,J}^{n+1}\right)^{(m+1)} \tag{8.92}$$

$$\left(v_{I,J}^{n+1}\right)^{(m+1)} = \left(v_{I,J}^{n+1}\right)^{(m)} + \frac{\Delta t}{\Delta y}\left(\delta p_{I,J}^{n+1}\right)^{(m+1)} \tag{8.93}$$

$$\left(v_{I,J-1}^{n+1}\right)^{(m+1)} = \left(v_{I,J-1}^{n+1}\right)^{(m)} - \frac{\Delta t}{\Delta y}\left(\delta p_{I,J}^{n+1}\right)^{(m+1)} \tag{8.94}$$

で修正しながら計算を進めていく。この処理には圧力境界条件を陽に利用しなくてよいという大きなメリットを有する圧力解法となっている。この方法は非常に簡便なものとなっている。

## 8.3 有 限 体 積 法

有限差分法と同様に格子点に変数を定義して計算を実行していく方法に，有限体積法（finite volume method：FVM）がある。FVM は乱流モデル数値シミュレーションである RANS で盛んに利用されている計算方法である。FVM においても，スタガード格子配列およびコロケート格子配列による計算が実行可能であるが，後者で行うには Peric（1985）や Majumdar（1986）によって提案された Momentum Interpolation など[37),45)] 複雑な処理を導入する必要があるため，ここでは格子配置としてはスタガード格子配列に限定して説明を進めていく。FVM では図 **8.7** のよ

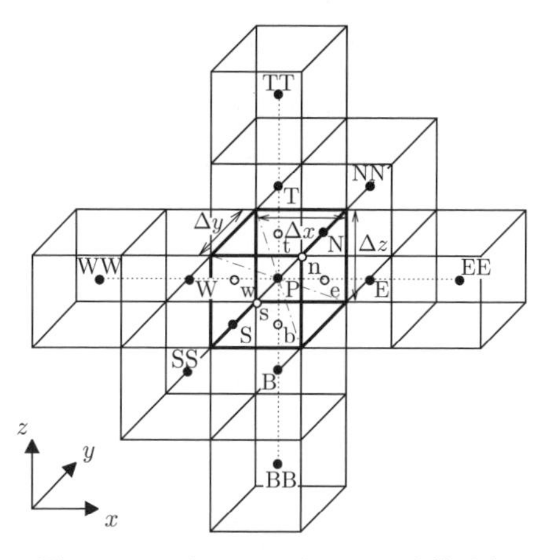


図 **8.7**　コントロールボリュームと格子点

うに計算している位置の周りに格子1個分のコントロールボリューム（検査体積）を設定してここで方程式を積分する。FVMでは伝統的に計算対象点をPの添字をつけて表し，周りの点を点Pからの方位により示す。添字としては方位の頭文字を使って，通常は$x$方向にとるWとwはPからみて西，Eとeは東，$y$方向にとるNとnは北，Sとsは南，$z$方向にとるTとtは上，Bとbは下を意味している。また，物理量が設定されている位置である定義点は大文字で，補間を使わないとその物理量が求まらない位置である補間点は小文字で表していく。コントロールボリュームのサイズは格子間隔$\Delta x$，$\Delta y$，$\Delta z$で設定する。

速度の各成分を個別に考えると，スカラー諸量（温度，密度，乱流エネルギー，散逸率など）と合わせて移流拡散タイプの方程式は一般形として

$$\frac{\partial \phi}{\partial t} = -\frac{\partial u_j \phi}{\partial x_j} + \frac{\partial}{\partial x_j}\left(\kappa \frac{\partial \phi}{\partial x_j}\right) + S_\phi \tag{8.95}$$

と書くことができる。右辺第1項が移流項，第2項が拡散項，第3項はその他の項としてソース項と呼ぶ。物理量$\phi$が非圧縮性ナビア–ストークス方程式の速度$\phi = u_i$であれば，拡散係数$\kappa$は定数である分子粘性率$\nu$，ソース項は圧力勾配項

$$S_\phi = -\frac{\partial p}{\partial x_i} \tag{8.96}$$

である。また，物理量$\phi$がRANSにおける平均速度であれば，拡散係数は$\nu$だけでなく渦粘性率$\nu_T$を合わせた拡散率で位置に依存するようとなり，定数として取り扱うことはできない。また，ソース項にも圧力勾配項だけでなく，レイノルズ応力項の寄与の一部も含まれる。

さらに説明を簡単化するため，定常流れを仮定し，左辺はゼロとできるとする。非定常流れであれば左辺も考慮する必要があり，FVMでは陰解法の利用が比較的容易である。コントロールボリュームに関する積分オペレーターを作用させると

$$\begin{aligned}0=&\int_w^e dx \int_s^n dy \int_b^t dz \left(-\frac{\partial u_j \phi}{\partial x_j}\right) + \int_w^e dx \int_s^n dy \int_b^t dz \frac{\partial}{\partial x_j}\left(\kappa \frac{\partial \phi}{\partial x_j}\right) \\ &+ \int_w^e dx \int_s^n dy \int_b^t dz S_\phi \end{aligned} \tag{8.97}$$

となり，各方向の微分量と同方向の積分を実行する場合は厳密に微分を外すことができる。また，その他の方向の積分はコントロールボリューム内の量が中心点の量で代用できると近似するとして単純にコントロールボリュームの間隔をかけること

とする。FVM はコントロールボリュームの界面からの出入りを考慮し，保存性を確保しながら計算を進める方法である。第 1 項の移流項および第 2 項の勾配拡散項は出入りの寄与，第 3 項のソース項はコントロールボリューム内の発生・消滅を司っている。式 (8.97) は成分表記で

$$
\begin{aligned}
0=&-\Delta y\Delta z\left(u\phi|_e-u\phi|_w\right)-\Delta z\Delta x\left(v\phi|_n-v\phi|_s\right)\\
&-\Delta x\Delta y\left(w\phi|_t-w\phi|_b\right)+\Delta y\Delta z\left(\kappa\frac{\partial\phi}{\partial x}\bigg|_e-\kappa\frac{\partial\phi}{\partial x}\bigg|_w\right)\\
&+\Delta z\Delta x\left(\kappa\frac{\partial\phi}{\partial y}\bigg|_n-\kappa\frac{\partial\phi}{\partial y}\bigg|_s\right)+\Delta x\Delta y\left(\kappa\frac{\partial\phi}{\partial z}\bigg|_t-\kappa\frac{\partial\phi}{\partial z}\bigg|_b\right)\\
&+\Delta x\Delta y\Delta z S_{\phi,P}
\end{aligned}
\tag{8.98}
$$

となる。ここで，右辺第 4〜6 項の 1 階微分量を FDM の 2 次精度中心差分法により近似する。例として，第 4 項は

$$
\kappa\frac{\partial\phi}{\partial x}\bigg|_e=\kappa\frac{\phi_E-\phi_P}{\delta x_e},\qquad \kappa\frac{\partial\phi}{\partial x}\bigg|_w=\kappa\frac{\phi_P-\phi_W}{\delta x_w}
\tag{8.99}
$$

となり，拡散項に関しては拡散係数 $\kappa$ が定数である場合，すべて定義点により離散化することができる。ここで，$\delta x_e$ と $\delta x_w$ はそれぞれ定義点 E と P，P と W の距離を表している。ソース項の離散化にも補間や差分表現を用いる場合があるが，ナビア–ストークス方程式のように圧力勾配項のみであれば，速度 $u$ を例とすると

$$
\Delta x\Delta y\Delta z S_{u,P}=\Delta y\Delta z\left(p_e-p_w\right)
\tag{8.100}
$$

となり，スタガード格子配列を利用している場合，$p_e$ と $p_w$ は半メッシュずれているので定義点に対応しており特に離散化に問題は生じない。それに対して，右辺第 1〜3 項までの移流項は補間点により構成されているため，補間表現が必要となる。FVM ではこの移流項の補間表現が最も重要であり，ここでは 1 次精度風上補間，線形補間，QUICK について以降説明していく。

### 8.3.1 補　間　法

**〔1〕 1 次精度風上補間**　ここでは，式 (8.98) における $x$ 方向の補間点 e

$$
u\phi|_e=u_e\phi_e
\tag{8.101}
$$

に関して説明していく。1 次精度風上補間では**図 8.8**(a) のように点 e における速度 $u_e$ により補間値 $\phi_e$ を決定する。例えば，$u_e < 0$ であれば定義点 E の値 $\phi_E$ を，$u_e > 0$ であれば定義点 P の値 $\phi_P$ を補間値 $\phi_e$ とする。補間点 e および w での補間の具体的数式表現としては

$$u_e\phi_e = \max(u_e, 0)\,\phi_P + \min(u_e, 0)\,\phi_E \tag{8.102}$$

$$u_w\phi_w = \max(u_w, 0)\,\phi_W + \min(u_w, 0)\,\phi_P \tag{8.103}$$

で与えられる。ここで，最大関数 max および最小関数 min は数学的には

$$\max(x, y) = \frac{x + y + |x - y|}{2}, \quad \min(x, y) = \frac{x + y - |x - y|}{2}$$

と表現されるものである。風向きを決定する $u_e$ などは繰返し計算の前回の値などを利用して，必要な場合にはつぎに示す線形補間で算出する。つぎに補間点 e における精度を議論する。式 (8.102) にテイラー展開を導入すると

$$\begin{aligned}
&\max(u_e, 0)\,\phi_P + \min(u_e, 0)\,\phi_E \\
&= \max(u_e, 0)\left(\phi_e - \frac{\delta x_e}{2}\left.\frac{\partial \phi}{\partial x}\right|_e + \frac{1}{2}\left(\frac{\delta x_e}{2}\right)^2\left.\frac{\partial^2 \phi}{\partial x^2}\right|_e\right. \\
&\qquad \left. -\frac{1}{6}\left(\frac{\delta x_e}{2}\right)^3\left.\frac{\partial^3 \phi}{\partial x^3}\right|_e + \frac{1}{24}\left(\frac{\delta x_e}{2}\right)^4\left.\frac{\partial^4 \phi}{\partial x^4}\right|_e + \cdots\right) \\
&\quad + \min(u_e, 0)\left(\phi_e + \frac{\delta x_e}{2}\left.\frac{\partial \phi}{\partial x}\right|_e + \frac{1}{2}\left(\frac{\delta x_e}{2}\right)^2\left.\frac{\partial^2 \phi}{\partial x^2}\right|_e\right. \\
&\qquad \left. +\frac{1}{6}\left(\frac{\delta x_e}{2}\right)^3\left.\frac{\partial^3 \phi}{\partial x^3}\right|_e + \frac{1}{24}\left(\frac{\delta x_e}{2}\right)^4\left.\frac{\partial^4 \phi}{\partial x^4}\right|_e + \cdots\right)
\end{aligned} \tag{8.104}$$

となり，最大および最小関数の数学的表現を代入すると

$$\begin{aligned}
\text{式 (8.104)} &= u_e\phi_e - \frac{\delta x_e\,|u_e|}{2}\left.\frac{\partial \phi}{\partial x}\right|_e + \frac{\delta x_e^2 u_e}{8}\left.\frac{\partial^2 \phi}{\partial x^2}\right|_e \\
&\qquad - \frac{\delta x_e^3\,|u_e|}{48}\left.\frac{\partial^3 \phi}{\partial x^3}\right|_e + \frac{\delta x_e^4 u_e}{384}\left.\frac{\partial^4 \phi}{\partial x^4}\right|_e + \cdots
\end{aligned} \tag{8.105}$$

となり，最低次の打ち切り誤差が $\delta x_e$ の 1 乗に比例することから 1 次精度しかない補間法である。後で詳細を言及するが流れのシミュレーションでは決して利用すべ

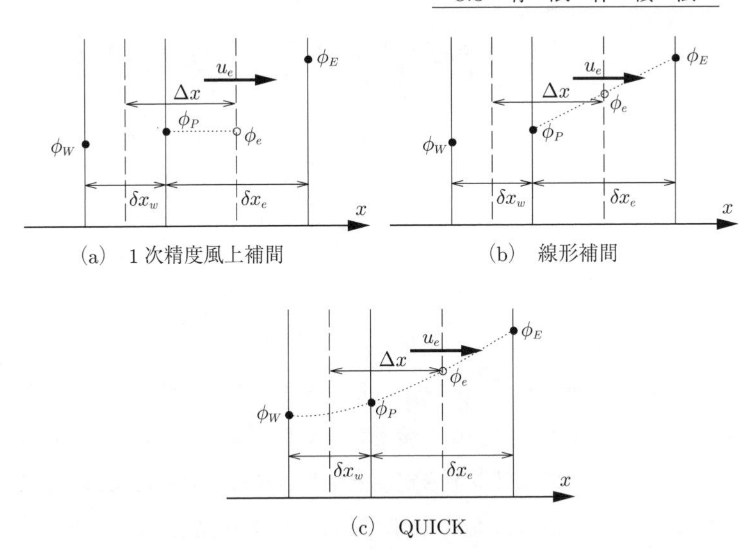


(a)　1次精度風上補間　　(b)　線形補間

(c)　QUICK

**図 8.8**　補間法

きでない手法である。

〔**2**〕 **線 形 補 間**　　線形補間は2次精度中心補間とも呼ばれる方法で，図8.8(b)のように補間点eを挟む定義点PとEでの値を直線でつないで補間値を算出する。この補間法の表現は，等間隔格子の場合および，不等間隔格子で補間点が速度 $u$ の方程式の場合のように定義点間の中央に存在する場合

$$u_e\phi_e = \frac{u_e}{2}\left(\phi_E + \phi_P\right) \tag{8.106}$$

$$u_w\phi_w = \frac{u_w}{2}\left(\phi_P + \phi_W\right) \tag{8.107}$$

となり，その他の量のように非対称な位置に補間点が存在する場合は

$$u_e\phi_e = u_e\left\{\frac{\Delta x}{2\delta x_e}\phi_E + \left(1 - \frac{\Delta x}{2\delta x_e}\right)\phi_P\right\} \tag{8.108}$$

$$u_w\phi_w = u_w\left\{\left(1 - \frac{\Delta x}{2\delta x_w}\right)\phi_P + \frac{\Delta x}{2\delta x_w}\phi_W\right\} \tag{8.109}$$

で与えられる。補間精度を見ると，式(8.106)は

$$\frac{u_e}{2}\left(\varphi_E + \varphi_P\right) = \frac{u_e}{2}\left(\varphi_e - \frac{\delta x_e}{2}\left.\frac{\partial \varphi}{\partial x}\right|_e + \frac{1}{2}\left(\frac{\delta x_e}{2}\right)^2\left.\frac{\partial^2 \varphi}{\partial x^2}\right|_e\right.$$

$$
\begin{aligned}
&-\frac{1}{6}\left(\frac{\delta x_e}{2}\right)^3 \frac{\partial^3\varphi}{\partial x^3}\bigg|_e + \frac{1}{24}\left(\frac{\delta x_e}{2}\right)^4 \frac{\partial^4\varphi}{\partial x^4}\bigg|_e + \cdots \\
&+\varphi_e + \frac{\delta x_e}{2}\frac{\partial\varphi}{\partial x}\bigg|_e + \frac{1}{2}\left(\frac{\delta x_e}{2}\right)^2 \frac{\partial^2\varphi}{\partial x^2}\bigg|_e \\
&+\frac{1}{6}\left(\frac{\delta x_e}{2}\right)^3 \frac{\partial^3\varphi}{\partial x^3}\bigg|_e + \frac{1}{24}\left(\frac{\delta x_e}{2}\right)^4 \frac{\partial^4\varphi}{\partial x^4}\bigg|_e + \cdots \Bigg) \\
=&u_e\varphi_e + \frac{\delta x_e^2 u_e}{8}\frac{\partial^2\varphi}{\partial x^2}\bigg|_e + \frac{\delta x_e^4 u_e}{384}\frac{\partial^4\varphi}{\partial x^4}\bigg|_e + \cdots \qquad (8.110)
\end{aligned}
$$

となって格子間隔の2乗のリーディング誤差が入るので2次精度である。対称性から奇数次の誤差は消えており，かなり精度がよくなっている。しかし，計算安定性が高くなく，流れによっては計算不安定性を生じさせるといった問題がある。

**〔3〕 QUICK**　　最後にLeonard（1979）により提案された補間法[34]であるQUICK（quadratic upstream interpolation for convection kinematics）について説明する。この補間法は補間点近傍の風上2点と風下1点の合計三つの定義点の値による放物線近似である。1次精度風上補間と同様，風上側からの情報を多く利用する点から3次精度風上補間とも呼ばれる。風上補間であることから補間点eにおける風向き$u_e$に応じた表現を形式的に

$$
u_e\phi_e = \max(u_e, 0)\phi_e^+ + \min(u_e, 0)\phi_e^- \qquad (8.111)
$$

と書く。ここで，$u_e > 0$ではW，P，E，$u_e < 0$ではP，E，EEの三つの定義点を用いて放物線近似し，その表現がそれぞれ$\phi_e^+$と$\phi_e^-$である。それらは補間点が定義点PとEの中点であるような速度$u$のコントロールボリュームであれば

$$
\phi_e^+ = \frac{\delta x_e + 2\delta x_w}{4(\delta x_e + \delta x_w)}\phi_E + \frac{\delta x_e + 2\delta x_w}{4\delta x_w}\phi_P - \frac{\delta x_e^2}{4\delta x_w(\delta x_e + \delta x_w)}\phi_W \qquad (8.112)
$$

$$
\phi_e^- = -\frac{\delta x_e^2}{4\delta x_{ee}(\delta x_{ee} + \delta x_e)}\phi_{EE} + \frac{2\delta x_{ee} + \delta x_e}{4\delta x_{ee}}\phi_E + \frac{2\delta x_{ee} + \delta x_e}{4(\delta x_{ee} + \delta x_e)}\phi_P \qquad (8.113)
$$

で，その他の量のコントロールボリュームであれば

$$
\begin{aligned}
\phi_e^+ =& \frac{\delta x_e + 5\delta x_w}{16\delta x_e}\phi_E + \frac{(3\delta x_e - \delta x_w)(\delta x_e + 5\delta x_w)}{16\delta x_e\delta x_w}\phi_P \\
&-\frac{3\delta x_e - \delta x_w}{16\delta x_w}\phi_W \qquad (8.114)
\end{aligned}
$$

$$\phi_e^- = -\frac{(\delta x_e + \delta x_w)(3\delta x_e - \delta x_w)}{16\delta x_{ee}(\delta x_{ee} + \delta x_e)}\phi_{EE} + \frac{(\delta x_e + \delta x_w)(4\delta x_{ee} + 3\delta x_e - \delta x_w)}{16\delta x_{ee}}\phi_E + \frac{(4\delta x_{ee} + 3\delta x_e - \delta x_w)(3\delta x_e - \delta x_w)}{16\delta x_e(\delta x_{ee} + \delta x_e)}\phi_P \tag{8.115}$$

となる。等間隔格子の際には単純化できて

$$\phi_e^+ = \frac{3}{8}\phi_E + \frac{3}{4}\phi_P - \frac{1}{8}\phi_W \tag{8.116}$$

$$\phi_e^- = -\frac{1}{8}\phi_{EE} + \frac{3}{4}\phi_E + \frac{3}{8}\phi_P \tag{8.117}$$

のように，定数係数のみで記述できる。等間隔格子における計算精度はテイラー展開により

$$\max(u_e, 0)\,\phi_e^+ + \min(u_e, 0)\,\phi_e^- = u_e\phi_e + \frac{\Delta x^3 |u_e|}{144}\left.\frac{\partial^3\phi}{\partial x^3}\right|_e - \frac{3\Delta x^4 u_e}{128}\left.\frac{\partial^4\phi}{\partial x^4}\right|_e + \cdots \tag{8.118}$$

となり，3 次の精度を有している。当然のことであるが，EE の定義点を利用していることから 1 次精度風上補間や線形補間よりも一つずつ外側の情報が必要となる補間法である。

これらの補間法の結果から計算安定性を議論していく。ここでは議論を簡略化するため，等間隔格子 $\delta x_i = \Delta x$ で，一定速度 $u_e = u_w = U > 0$ を仮定する。FVM では移流項は

$$\left.\frac{\partial u\phi}{\partial x}\right|_A = \frac{1}{\Delta x}\left(u_e\phi_e|_A - u_w\phi_w|_A\right) \tag{8.119}$$

で評価しており，前述ではそれぞれの補間点 e と w に関してテイラー展開してきた。ここで A は補間方法の種類を表している。解析方程式レベルで評価するためそれぞれの補間表現 (8.105)，(8.110)，(8.118) を導入し，計算する定義点 P でのテイラー展開に構築し直すと，1 次精度風上補間，線形補間，QUICK の結果はそれぞれ次式のようになる。

$$\left.\frac{\partial u\phi}{\partial x}\right|_{UPWIND} = U\left.\frac{\partial \phi}{\partial x}\right|_P - \frac{\Delta x U}{2}\left.\frac{\partial^2 \phi}{\partial x^2}\right|_P + \frac{\Delta x^2 U}{6}\left.\frac{\partial^3 \phi}{\partial x^3}\right|_P - \frac{\Delta x^3 U}{24}\left.\frac{\partial^4 \phi}{\partial x^4}\right|_P + \cdots \tag{8.120}$$

$$\left.\frac{\partial u\phi}{\partial x}\right|_{CENTER} = U\left.\frac{\partial \phi}{\partial x}\right|_P + \frac{\Delta x^2 U}{6}\left.\frac{\partial^3 \phi}{\partial x^3}\right|_P + \cdots \tag{8.121}$$

$$\left.\frac{\partial u\phi}{\partial x}\right|_{QUICK} = U\left.\frac{\partial \phi}{\partial x}\right|_P + \frac{\Delta x^2 U}{24}\left.\frac{\partial^3 \phi}{\partial x^3}\right|_P + \frac{\Delta x^3 U}{144}\left.\frac{\partial^4 \phi}{\partial x^4}\right|_P + \cdots \tag{8.122}$$

この結果からも明らかなようにQUICKは補間精度としては3次精度を有しているが，FVMに組み込んでコントロールボリューム界面での出入りとしてとらえると計算精度は2次精度にしかならない。このようにFVMは高次精度化ができず，そのため補間法に関してもラグランジェ補間としてはいくらでも高次補間は存在するが，QUICKが最高次の補間法として利用されている。最低次の誤差の寄与からは，1次精度風上補間では1次精度，線形補間とQUICKは2次精度となっているが，それぞれの補間法に対応する1次元の一定移流速度による拡散方程式に導入した場合で誤差を含めた方程式としては

$$\frac{\partial \phi}{\partial t} = -U\frac{\partial \phi}{\partial x} + \kappa\frac{\partial^2 \phi}{\partial x^2} + \frac{\Delta x U}{2}\frac{\partial^2 \phi}{\partial x^2} - \frac{\Delta x^2 U}{6}\frac{\partial^3 \phi}{\partial x^3} + \cdots \tag{8.123}$$

$$\frac{\partial \phi}{\partial t} = -U\frac{\partial \phi}{\partial x} + \kappa\frac{\partial^2 \phi}{\partial x^2} - \frac{\Delta x^2 U}{6}\frac{\partial^3 \phi}{\partial x^3} + \cdots \tag{8.124}$$

$$\frac{\partial \phi}{\partial t} = -U\frac{\partial \phi}{\partial x} + \kappa\frac{\partial^2 \phi}{\partial x^2} - \frac{\Delta x^2 U}{24}\frac{\partial^3 \phi}{\partial x^3} - \frac{\Delta x^3 U}{144}\frac{\partial^4 \phi}{\partial x^4} + \cdots \tag{8.125}$$

となる。

数値誤差を表す高階微分の寄与を調べるため，つぎの3タイプの1次元非線形偏微分方程式をとりあげる。

$$\frac{\partial u}{\partial t} + \frac{\partial uu}{\partial x} = \alpha_B\frac{\partial^2 u}{\partial x^2} \tag{8.126}$$

$$\frac{\partial u}{\partial t} + \frac{\partial uu}{\partial x} = \alpha_K\frac{\partial^3 u}{\partial x^3} \tag{8.127}$$

$$\frac{\partial u}{\partial t} + \frac{\partial uu}{\partial x} = \alpha_H\frac{\partial^4 u}{\partial x^4} \tag{8.128}$$

式 (8.126) は Burgers 方程式，式 (8.127) は Korteweg-de Vries（KdV）方程式と呼ばれる基本的な非線形偏微分方程式であり，式 (8.128) は Burgers 方程式の粘性拡散項の代わりに超粘性率（hyper viscosity）による拡散項を導入した方程式である。超粘性による拡散項は 2 次元乱流の DNS 研究では通常の粘性拡散項の代用として利用される場合がある。式 (8.126) の計算結果（$\alpha_B = 0.5$）が図 **8.9**(a)，式 (8.127) の計算結果（$\alpha_K = -0.5$）が図 (b)，式 (8.128) の計算結果（$\alpha_H = -0.25$）が図 (c) である。初期分布は正弦波 $u(x, 0) = \sin(x)$ とし，時間発展は 4 次精度 Runge-Kutta 法を用いた。境界条件は周期境界条件で，空間計算手法には擬スペクトル法（最大波数 85，エリアイジングエラーは 2/3 ルールで除去）を用いており差分誤差は入らない。計算結果である図 8.9(a) と (c) は時間の経過とともに山が進み，谷が戻る挙動から，中心で勾配がきつくなる分布へと変化している。この変化は非線形移流項によるものである。また，図 8.9(a) では明らかに振幅に減少が見られる。より詳細に検討するため空間平均エネルギー

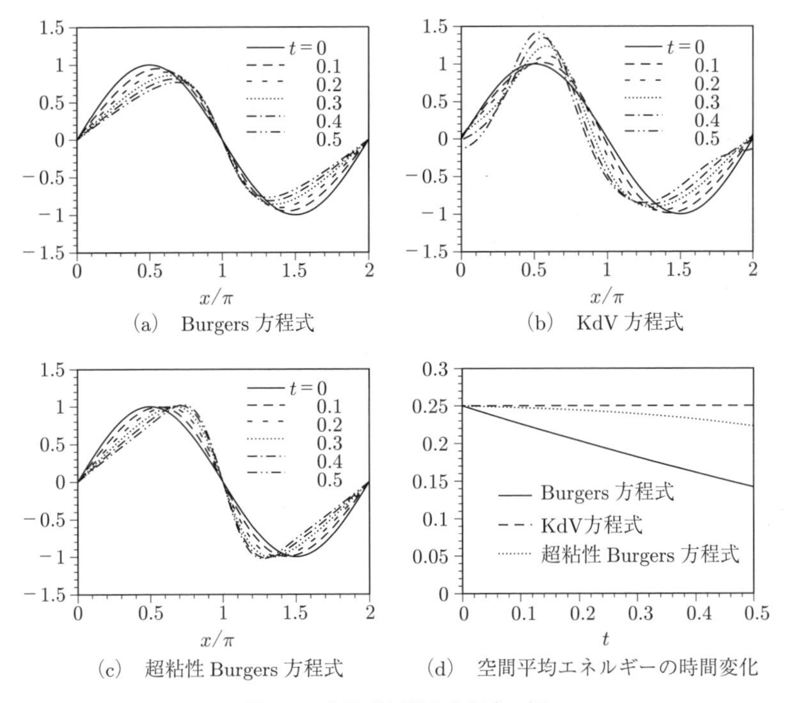


(a) Burgers 方程式

(b) KdV 方程式

(c) 超粘性 Burgers 方程式

(d) 空間平均エネルギーの時間変化

**図 8.9** 非線形偏微分方程式の解

$$\frac{1}{2}\overline{uu}(t) = \frac{1}{2\pi}\int_0^{2\pi} dxu^2(x,t) \tag{8.129}$$

を導入する。この量の輸送方程式は式 (8.126)〜(8.128) より，簡単にそれぞれ

$$\frac{1}{2}\frac{\partial \overline{uu}}{\partial t} = -\alpha_B \overline{\frac{\partial u}{\partial x}\frac{\partial u}{\partial x}} \tag{8.130}$$

$$\frac{1}{2}\frac{\partial \overline{uu}}{\partial t} = 0 \tag{8.131}$$

$$\frac{1}{2}\frac{\partial \overline{uu}}{\partial t} = \alpha_H \overline{\frac{\partial^2 u}{\partial x^2}\frac{\partial^2 u}{\partial x^2}} \tag{8.132}$$

と求まる。これらの結果から正の粘性率での粘性拡散項や負の超粘性率での超粘性拡散項の寄与はエネルギーの消散として働いており，KdV 方程式の 3 階微分項は分散項と呼ばれるがエネルギーの消散作用がないことを意味している。図 8.9(d) からも当然であるがこの性質を如実に表している。また，分散性は，図 8.9(b) の KdV 方程式が孤立波である“ソリトン”の研究に寄与したように波の伝播現象へと結びついている。この結果から，1 次精度風上補間はエネルギーを消散させる人工粘性と呼ばれる粘性拡散項が数値誤差として負荷されており，エネルギーの発散が防がれ数値安定性は非常に高い。しかし，物理量である分子粘性とこの人工粘性と呼ばれる寄与が結びつくため，流れ場を決定するレイノルズ数が不定な計算しかできない。よって，この補間を導入すると無意味な計算にしか実行できない。注意すべきことであるが，麻薬的な非常に強い安定性を有するため，1 次精度風上補間はいまだに名を変え，品を変え生き残っている。一方，線形補間は精度的には優れているが，頂点衝突などから生じる wiggle といった数値振動を誘発する場合がある。私見としては線形補間で数値不安定性が生じない場合は線形補間を推奨する。QUICK は分散項を有しているが，その一つ上の数値誤差として超粘性による拡散項が負の寄与で安定に働くことから，線形補間よりも数値安定性を期待できる補間法であると期待でき，RANS では非常に有効である。ただし，LES では SGS モデルの寄与が打ち消されるといった問題点も有しているので注意が必要である。

### 8.3.2　離散化方程式

式 (8.99) と補間法を選定して，式 (8.98) を書き換えると解くべき離散化方程式が導出できる。例えば，等間隔格子で線形補間を利用した場合

$$
\begin{aligned}
&-\Delta y\Delta z\left(\hat{u}_e\frac{\phi_E+\phi_P}{2}-\hat{u}_w\frac{\phi_P+\phi_W}{2}\right)-\Delta z\Delta x\left(\hat{v}_n\frac{\phi_N+\phi_P}{2}-\hat{v}_s\frac{\phi_P+\phi_S}{2}\right)\\
&-\Delta x\Delta y\left(\hat{w}_t\frac{\phi_T+\phi_P}{2}-\hat{w}_b\frac{\phi_P+\phi_B}{2}\right)+\Delta y\Delta z\left(\kappa\frac{\phi_E-\phi_P}{\Delta x}-\kappa\frac{\phi_P-\phi_W}{\Delta x}\right)\\
&+\Delta z\Delta x\left(\kappa\frac{\phi_N-\phi_P}{\Delta y}-\kappa\frac{\phi_P-\phi_S}{\Delta y}\right)+\Delta x\Delta y\left(\kappa\frac{\phi_T-\phi_P}{\Delta z}-\kappa\frac{\phi_P-\phi_B}{\Delta z}\right)\\
&+\Delta x\Delta y\Delta z S_{\phi,P}=0
\end{aligned}
\tag{8.133}
$$

と書くことができる。すべてが定義点の情報で記述されており，最終的には

$$
a_P\phi_P=a_E\phi_E+a_W\phi_W+a_N\phi_N+a_S\phi_S+a_T\phi_T+a_B\phi_B+b_\phi \tag{8.134}
$$

という離散化方程式が得られる。係数 $a_D$ とソース項 $b_\phi$ はそれぞれ

$$
a_E=\Delta y\Delta z\left(\frac{\kappa}{\Delta x}-\frac{\hat{u}_e}{2}\right),\quad a_W=\Delta y\Delta z\left(\frac{\kappa}{\Delta x}+\frac{\hat{u}_w}{2}\right) \tag{8.135}
$$

$$
a_N=\Delta z\Delta x\left(\frac{\kappa}{\Delta y}-\frac{\hat{v}_n}{2}\right),\quad a_S=\Delta z\Delta x\left(\frac{\kappa}{\Delta y}+\frac{\hat{v}_s}{2}\right) \tag{8.136}
$$

$$
a_T=\Delta x\Delta y\left(\frac{\kappa}{\Delta z}-\frac{\hat{w}_t}{2}\right),\quad a_B=\Delta x\Delta y\left(\frac{\kappa}{\Delta z}+\frac{\hat{w}_b}{2}\right) \tag{8.137}
$$

$$
\begin{aligned}
a_P&=a_E+a_W+a_N+a_S+a_T+a_B+\Delta y\Delta z\left(\hat{u}_e-\hat{u}_w\right)\\
&\quad+\Delta z\Delta x\left(\hat{v}_n-\hat{v}_s\right)+\Delta x\Delta y\left(\hat{w}_t-\hat{w}_b\right)
\end{aligned}
\tag{8.138}
$$

$$
b_\phi=\Delta x\Delta y\Delta z S_{\phi,P}
$$

式 (8.138) の右辺最終の三つの項は連続方程式を満足させるとゼロになる。この方程式が各格子点においてそれぞれ成立するので格子点総数が $N$ 点であれば $N$ 元 1 次連立方程式を解くということになる。補間法として QUICK を採用すると全方位においてさらに 1 点ずつ外側の点との関連が生じる。この連立方程式の解法には数値計算の基礎として学習している逐次近似法（繰返し計算），ガウスの消去法，LU 分解，共役勾配法などで解くこととなる。

### 8.3.3 FVM での圧力解法

FDM でもとりあげたが，FVM においても圧力解法が流れのシミュレーションでは重要になる。FVM における圧力解法としてはメジャーなものとして SIMPLE 解

法，SIMPLEC 解法，SIMPLER 解法，SIMPLEST 解法が挙げられる。ここではその概要を説明する。

流れ場の任意の定義点における離散化された速度の運動方程式と圧力の定義点である格子の中心点における連続の方程式は

$$a_P^u u_P = \sum_{D \in \text{neighbor}} a_D^u u_D + b_u - \Delta y \Delta z \left(p_e - p_w\right) \tag{8.139}$$

$$a_P^v v_P = \sum_{D \in \text{neighbor}} a_D^v v_D + b_v - \Delta z \Delta x \left(p_n - p_s\right) \tag{8.140}$$

$$a_P^w w_P = \sum_{D \in \text{neighbor}} a_D^w w_D + b_w - \Delta x \Delta y \left(p_t - p_b\right) \tag{8.141}$$

$$\Delta y \Delta z \left(u_e - u_w\right) + \Delta z \Delta x \left(v_n - v_s\right) + \Delta x \Delta y \left(w_t - w_b\right) = 0 \tag{8.142}$$

と書ける。ここで，総和記号は近傍点からの寄与のみを取り扱い，運動方程式における圧力勾配項はソース項とは別に表示している。これらの離散化方程式のうち運動方程式 (8.139)～(8.141) より速度を求め，圧力は連続方程式 (8.142) から解かねばならないが，その式には陽に圧力を含んでいない。

〔1〕 **SIMPLE 解法**　　はじめに Patankar-Spalding（1972）により提唱された SIMPLE（semi-implicit methods for pressure-linked equation）解法[44] をとりあげる。この解法では圧力を直接取り扱うのではなく，圧力補正を導入し，その方程式を解いてその補正を用いて圧力を修正し，連続方程式を満足させる。収束前の繰返し計算 1 回前の物理量を推定速度 $(u^*, v^*, w^*)$ と推定圧力 $p^*$ とすると，真値 $(u, v, w)$ と $p$ は補正速度 $(u', v', w')$ と補正圧力 $p'$ により

$$u = u^* + u',\ \ v = v^* + v',\ \ w = w^* + w',\ \ p = p^* + p' \tag{8.143}$$

となる。計算が収束すれば補正値はゼロに移行する。推定速度の運動方程式は

$$a_P^u u_P^* = \sum_{D \in \text{neighbor}} a_D^u u_D^* + b_u - \Delta y \Delta z \left(p_e^* - p_w^*\right) \tag{8.144}$$

$$a_P^v v_P^* = \sum_{D \in \text{neighbor}} a_D^v v_D^* + b_v - \Delta z \Delta x \left(p_n^* - p_s^*\right) \tag{8.145}$$

$$a_P^w w_P^* = \sum_{D \in \text{neighbor}} a_D^w w_D^* + b_w - \Delta x \Delta y \left(p_t^* - p_b^*\right) \tag{8.146}$$

であり，真値の運動方程式 (8.139)～(8.141) の差で与えられる速度補正方程式は

$$a_P^u u_P' = \sum_{D \in \text{neighbor}} a_D^u u_D' - \Delta y \Delta z \left(p_e' - p_w'\right) \tag{8.147}$$

$$a_P^v v_P' = \sum_{D \in \text{neighbor}} a_D^v v_D' - \Delta z \Delta x \left(p_n' - p_s'\right) \tag{8.148}$$

$$a_P^w w_P' = \sum_{D \in \text{neighbor}} a_D^w w_D' - \Delta x \Delta y \left(p_t' - p_b'\right) \tag{8.149}$$

となる。SIMPLE 解法では隣接点からの影響を無視して，速度補正方程式は

$$a_P^u u_P' = -\Delta y \Delta z \left(p_e' - p_w'\right) \tag{8.150}$$

$$a_P^v v_P' = -\Delta z \Delta x \left(p_n' - p_s'\right) \tag{8.151}$$

$$a_P^w w_P' = -\Delta x \Delta y \left(p_t' - p_b'\right) \tag{8.152}$$

と近似し，スタガード格子配列のずれを考慮したうえで，補正速度は

$$\begin{aligned}
u_e' &= -\frac{\Delta y \Delta z}{a_P^{ue}} \left(p_E' - p_P'\right), \quad u_w' = -\frac{\Delta y \Delta z}{a_P^{uw}} \left(p_P' - p_W'\right) \\
v_n' &= -\frac{\Delta z \Delta x}{a_P^{vn}} \left(p_N' - p_P'\right), \quad v_s' = -\frac{\Delta z \Delta x}{a_P^{vs}} \left(p_P' - p_S'\right) \\
w_t' &= -\frac{\Delta x \Delta y}{a_P^{wt}} \left(p_T' - p_P'\right), \quad w_b' = -\frac{\Delta x \Delta y}{a_P^{wb}} \left(p_P' - p_B'\right)
\end{aligned} \tag{8.153}$$

となり，すべて定義点での圧力補正により記述できる。真の速度は当然連続方程式 (8.142) を満足するので，推定と補正の分離式 (8.143) を考慮すると

$$\begin{aligned}
0 =& \Delta y \Delta z \left(u_e^* - u_w^*\right) + \Delta z \Delta x \left(v_n^* - v_s^*\right) + \Delta x \Delta y \left(w_t^* - w_b^*\right) \\
&+ \Delta y \Delta z \left(u_e' - u_w'\right) + \Delta z \Delta x \left(v_n' - v_s'\right) + \Delta x \Delta y \left(w_t' - w_b'\right)
\end{aligned} \tag{8.154}$$

に変形でき，補正速度の表現 (8.153) を代入し，整理するとつぎの圧力補正方程式が導出される。

$$a_P^p p_P' = a_E^p p_E' + a_W^p p_W' + a_N^p p_N' + a_S^p p_S' + a_T^p p_T' + a_B^p p_B' + b_p \tag{8.155}$$

ここで，係数などは

$$a_E^p = \frac{\Delta y^2 \Delta z^2}{a_P^{ue}},\ a_W^p = \frac{\Delta y^2 \Delta z^2}{a_P^{uw}},\ a_N^p = \frac{\Delta z^2 \Delta x^2}{a_P^{vn}},\ a_S^p = \frac{\Delta z^2 \Delta x^2}{a_P^{vs}},$$

$$a_T^p = \frac{\Delta x^2 \Delta y^2}{a_P^{wt}},\ a_B^p = \frac{\Delta x^2 \Delta y^2}{a_P^{wb}},\ a_P^p = a_E^p + a_W^p + a_N^p + a_S^p + a_T^p + a_B^p,$$

$$b_p = -\Delta y \Delta z \left(u_e^* - u_w^*\right) - \Delta z \Delta x \left(v_n^* - v_s^*\right) - \Delta x \Delta y \left(w_t^* - w_b^*\right) \quad (8.156)$$

と決まる。この方程式を解いて求まった圧力補正を式 (8.153) に代入して，連続方程式を満足する速度を算出する。また，圧力に関しては SIMPLE 解法では圧力を過大に補正してしまう傾向が強いと報告されており，緩和係数 $\alpha$ を用いて圧力は

$$p_P = (1-\alpha)\, p_P^* + \alpha p'_P,\ 0 < \alpha \leq 1 \quad (8.157)$$

と修正して計算を続けていく。このように SIMPLE 解法では陽には圧力方程式を取り扱わずに計算を進めることができる。境界条件としては，壁面境界や流入境界に代表されるような速度既知境界，自由流出境界のような速度未知境界，大気圧で設定されるような圧力既知境界条件が考えられる。速度既知境界では速度補正を実行する必要がないため，式 (8.153) でゼロとおくと，圧力差の係数をゼロとすればよい。このことは圧力補正方程式の境界に対応する係数 $a_D^p$ をゼロと設定することに対応している。圧力既知境界は圧力補正が必要なくなるので，圧力補正自体をゼロにする。また，速度未知境界は圧力補正が収束時にはゼロにならなければならない性質を利用して圧力補正をゼロとおく場合が多い。以上のように，圧力補正方程式自体は収束すると物理的かつ数学的には意味を持たないのである程度融通の効くものとなっている。また，手順を整理するとつぎの手続きを繰り返すことで計算ができる。

Ⅰ.　前回の繰返し計算結果を利用して推定速度を算出する。

Ⅱ.　圧力補正方程式により圧力補正を算出する。

Ⅲ.　圧力補正により推定速度と推定圧力を修正する。

〔2〕 **SIMPLEC 解法**　　SIMPLE 解法をわずかに変更した方法として Van-Doormaal-Raithby (1984) は SIMPLEC 法を開発した[53]。この方法は開発者の論文では圧力の過大補正を是正する目的のもとに発案された。SIMPLE 解法との違いは，速度補正方程式 (8.147)～(8.149) で近傍点の影響をすべて無視するのではなく，

近傍点速度がほぼ点 P の速度に近いものであると仮定して，速度補正方程式をつぎのように近似すると

$$\left(a_P^u - \sum_{D \in \text{neighbor}} a_D^u\right) u'_P = -\Delta y \Delta z \left({p'}_e - {p'}_w\right) \tag{8.158}$$

$$\left(a_P^v - \sum_{D \in \text{neighbor}} a_D^v\right) v'_P = -\Delta z \Delta x \left({p'}_n - {p'}_s\right) \tag{8.159}$$

$$\left(a_P^w - \sum_{D \in \text{neighbor}} a_D^w\right) w'_P = -\Delta x \Delta y \left({p'}_t - {p'}_b\right) \tag{8.160}$$

となり，速度補正は

$$\begin{aligned}
u'_e &= -\frac{\Delta y \Delta z \left({p'}_E - {p'}_P\right)}{a_P^{ue} - \sum\limits_{D \in \text{neighbor}} a_D^{ue}}, \quad u'_w = -\frac{\Delta y \Delta z \left({p'}_P - {p'}_W\right)}{a_P^{uw} - \sum\limits_{D \in \text{neighbor}} a_D^{uw}} \\
v'_n &= -\frac{\Delta z \Delta x \left({p'}_N - {p'}_P\right)}{a_P^{vn} - \sum\limits_{D \in \text{neighbor}} a_D^{vn}}, \quad v'_s = -\frac{\Delta z \Delta x \left({p'}_P - {p'}_S\right)}{a_P^{vs} - \sum\limits_{D \in \text{neighbor}} a_D^{vs}} \\
w'_t &= -\frac{\Delta x \Delta y \left({p'}_T - {p'}_P\right)}{a_P^{wt} - \sum\limits_{D \in \text{neighbor}} a_D^{wt}}, \quad w'_b = -\frac{\Delta x \Delta y \left({p'}_P - {p'}_B\right)}{a_P^{wb} - \sum\limits_{D \in \text{neighbor}} a_D^{wb}}
\end{aligned} \tag{8.161}$$

で求まり，圧力補正の方程式の係数 $a_D^p$ が

$$\begin{aligned}
a_E^p &= \frac{\Delta y^2 \Delta z^2}{a_P^{ue} - \sum\limits_{D \in \text{neighbor}} a_D^{ue}}, \quad a_W^p = \frac{\Delta y^2 \Delta z^2}{a_P^{uw} - \sum\limits_{D \in \text{neighbor}} a_D^{uw}} \\
a_N^p &= \frac{\Delta z^2 \Delta x^2}{a_P^{vn} - \sum\limits_{D \in \text{neighbor}} a_D^{vn}}, \quad a_S^p = \frac{\Delta z^2 \Delta x^2}{a_P^{vs} - \sum\limits_{D \in \text{neighbor}} a_D^{vs}} \\
a_T^p &= \frac{\Delta x^2 \Delta y^2}{a_P^{wt} - \sum\limits_{D \in \text{neighbor}} a_D^{wt}}, \quad a_B^p = \frac{\Delta x^2 \Delta y^2}{a_P^{wb} - \sum\limits_{D \in \text{neighbor}} a_D^{wb}}
\end{aligned} \tag{8.162}$$

となり，$a_P^P$ と $b_P$ は SIMPLE 解法と同一である。SIMPLEC 解法では SIMPLE 解法のように緩和する必要はなく，式 (8.157) において $\alpha = 1$ で計算を進めることができる。SIMPLEC 解法の計算手続きは SIMPLE 解法と同様である。

**〔3〕 SIMPLER 解法**　　SIMPLE 解法の圧力補正は速度補正に使用する点では非常に有効に働くが，前述したように圧力自身の補正としては緩和が必要になるという問題点があるとして，圧力そのものの方程式を導出して解析を行う SIMPLER 解法が Patankar (1981) により提案されている[43]。前回の繰返し計算結果 $(u, v, w)$ は収束解とはなっていないが連続方程式を満足しているとする。この速度を用いて，仮想速度 $(\hat{u}, \hat{v}, \hat{w})$ を

$$\hat{u}_P = \frac{\displaystyle\sum_{D\in\text{neighbor}} a_D^u u_D + b_u}{a_P^u}, \quad \hat{v}_P = \frac{\displaystyle\sum_{D\in\text{neighbor}} a_D^v v_D + b_v}{a_P^v},$$
$$\hat{w}_P = \frac{\displaystyle\sum_{D\in\text{neighbor}} a_D^w w_D + b_w}{a_P^w} \tag{8.163}$$

と定義する。この仮想速度は圧力勾配項を含んでいないため当然運動方程式も連続方程式も満足していない。式 (8.139)～(8.141) から前回の繰返し計算の速度と仮想速度の関係は

$$u_P = \hat{u}_P - \Delta y \Delta z \frac{p_e - p_w}{a_P^u} \tag{8.164}$$

$$v_P = \hat{v}_P - \Delta z \Delta x \frac{p_n - p_s}{a_P^v} \tag{8.165}$$

$$w_p = \hat{w}_P - \Delta x \Delta y \frac{p_t - p_b}{a_P^w} \tag{8.166}$$

で，圧力勾配の影響を取り込んでいるかどうかの違いがあることがわかる。前回の繰返し計算の速度は連続方程式 (8.142) を満足すると仮定すれば，スタガード格子配列を考慮し，式 (8.164)～(8.166) を使って

$$\begin{aligned}
&\Delta y \Delta z \left(\hat{u}_e - \hat{u}_w\right) + \Delta z \Delta x \left(\hat{v}_n - \hat{v}_s\right) + \Delta x \Delta y \left(\hat{w}_t - \hat{w}_b\right) \\
&+\Delta y \Delta z \left(-\Delta y \Delta z \frac{p_E - p_P}{a_P^u} + \Delta y \Delta z \frac{p_P - p_W}{a_P^u}\right) \\
&+\Delta z \Delta x \left(-\Delta z \Delta x \frac{p_N - p_P}{a_P^v} + \Delta z \Delta x \frac{p_P - p_S}{a_P^v}\right) \\
&+\Delta x \Delta y \left(-\Delta x \Delta y \frac{p_T - p_P}{a_P^w} + \Delta x \Delta y \frac{p_P - p_B}{a_P^w}\right) = 0
\end{aligned} \tag{8.167}$$

となる。この式を整理して導出される圧力方程式

$$a_P^p p_P = a_E^p p_E + a_W^p p_W + a_N^p p_N + a_S^p p_S + a_T^p p_T + a_B^p p_B + b_p \quad (8.168)$$

の係数は圧力補正方程式の係数 (8.156) と同一であり，ソース項の推定速度が仮想速度に置き換えられただけのものである。しかし，SIMPLE 解法や SIMPLEC 解法では補正速度方程式を近似的に利用しているのに対して，ここでは近似を一切導入していない。この圧力をいったん推定圧力とみなして通常の SIMPLE 法のように圧力補正方程式 (8.155) を計算する。そして，速度のみ圧力補正により式 (8.153) で修正する。ただし，圧力に関しては補正による圧力修正を行わずに，前述の方程式 (8.168) の解そのものをつぎの繰返し計算のステップで利用していく。これが SIMPLER 解法であり，圧力自体の境界条件が SIMPLE 解法のように圧力補正を活用する場合と違って正しく設定する必要がある。また，以上の計算手続きをつぎにまとめたが，やや SIMPLE 解法よりは手間がかかるものとなっている。

Ⅰ.　前回の繰返し計算結果の速度を利用して仮想速度を算出する。

Ⅱ.　圧力方程式により圧力を算出する。

Ⅲ.　圧力を推定圧力とし，推定速度を算出する。

Ⅳ.　圧力補正方程式により圧力補正を算出する。

Ⅴ.　圧力補正により推定速度を修正し，Ⅱ. の圧力をそのまま圧力とする。

〔4〕 **SIMPLEST 解法**　Domanus ら（1983）は Argonne National Laboratory（ANL）の圧力解法の改良版として SIMPLEST 解法を開発した[18)]。この方法は SIMPLER 解法と同様に圧力方程式 (8.168) を利用して圧力を求める。SIMPLER 解法との違いは圧力補正方程式を解かないことである。SIMPLEST 解法ではその圧力を運動方程式 (8.139)～(8.141) を代入して速度を計算していく方法である。この方法では繰返し計算の途中では連続方程式 (8.142) の満足度はかなり低いものとなる可能性がある。しかし，SIMPLER 解法に比べるとつぎに示すように計算手続きがかなり簡略化できるものである。

Ⅰ.　前回の繰返し計算結果の速度を利用して仮想速度を算出する。

Ⅱ.　圧力方程式により圧力を算出する。

Ⅲ.　圧力を運動方程式に代入し，速度を計算する。

### 8.3.4 FVM 計算結果の例

FVM の計算例として 2 次元および 3 次元キャビティー流れを示す。全方位に壁が設置されたキャビティー流れは**図 8.10** のように上壁面が一定速度 $U_W$ で $x$ 方向に運動して粘性効果により内部の流体が駆動される流れである。2 次元キャビティー流れは境界条件が明瞭であることからさまざまな計算手法のベンチマークテストにも採用されている。1 辺の長さ $\delta$ を用いてレイノルズ数 $\mathrm{Re} = U_W\delta/\nu$ を 100 とした計算を実施した。格子は等間隔で 1 方向に 40 個設定している。すべての壁面境界条件としてノンスリップ条件を課した。補間法は線形補間で，圧力解法は SIMPLE 解法を採用した。

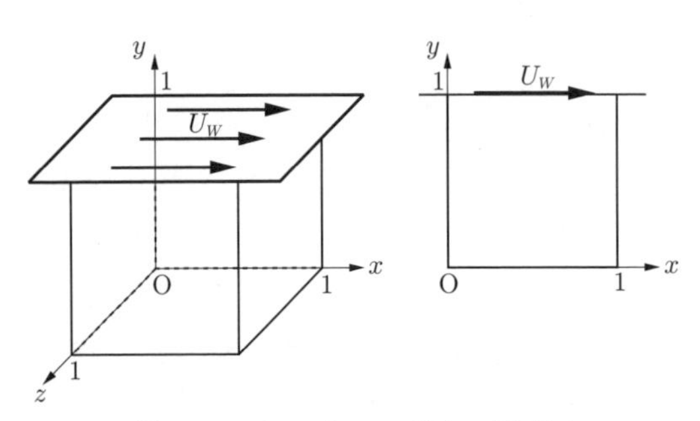


図 8.10　キャビティー流れの概略図

**図 8.11** に 2 次元および 3 次元キャビティー流れのケースでの $z = 0.5$ の中央断面計算結果を示す。2 次元のケースのほうが後方において強い上昇流を生じている。そのため，上壁付近の速度勾配 $\partial u/\partial y$ はきついものとなっている。一方，前方上部コーナー付近では両者の差異はわずかなものとなっている。圧力の分布の違いは前方下方部で顕著である。3 次元計算の検討を実施するため，**図 8.12** に $y = 0.5$ における断面の速度分布を与える。後半部 $x < 0.5$ の側壁近くでは速度 $v$ の等高線は内

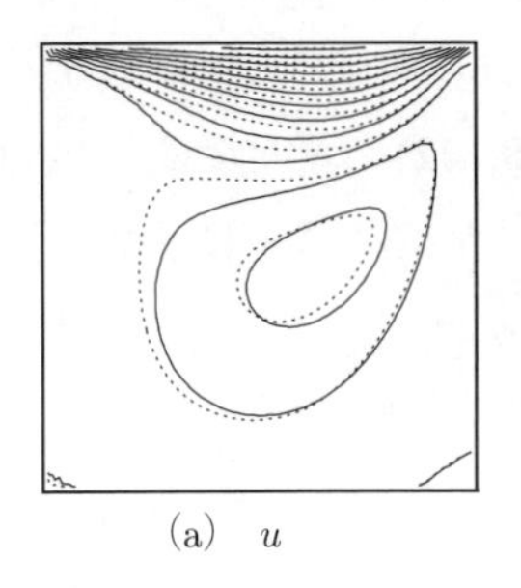

(a)　$u$

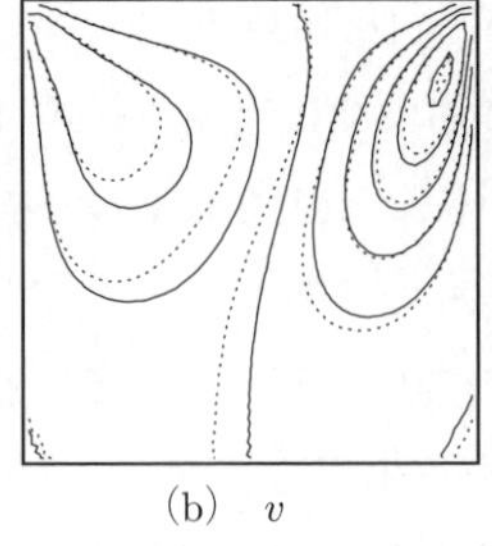

(b)　$v$

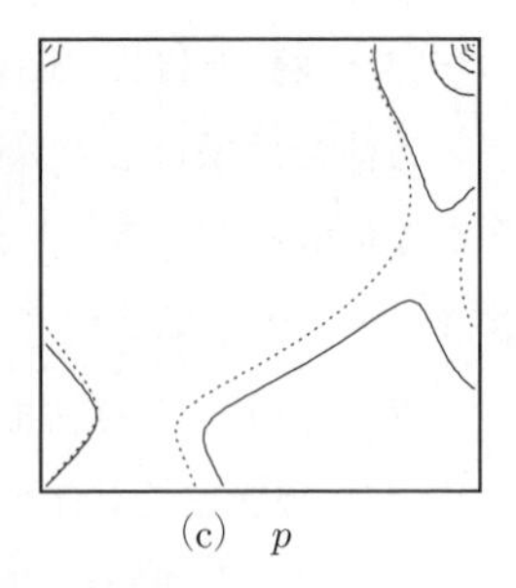

(c)　$p$

図 8.11　キャビティー流れの計算結果（実線は 2 次元キャビティー流れにおける $z = 0.5$ の断面図，点線は 3 次元キャビティー流れにおける $z = 0.5$ の断面図）

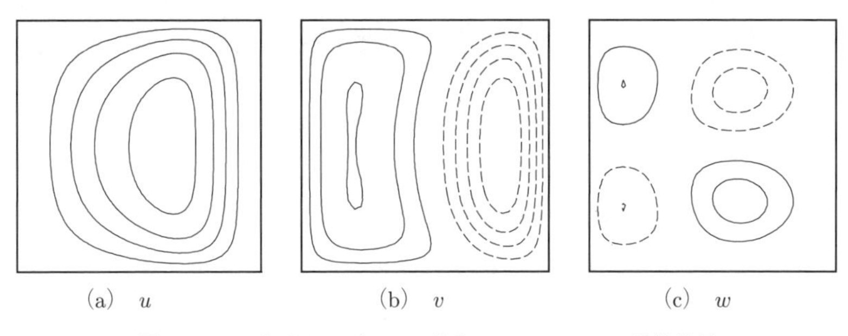


図 **8.12**　3 次元キャビティー流れでの $y = 0.5$ の計算結果
(実線は正値，破線は負値)

側に回り込むような挙動が確認できる。駆動方向速度 $u$ の分布を見ると後半部では $z$ 方向に一様な領域は前方に比べて狭まる傾向を示し，これが 2 次元キャビティー流れとは大きな差異につながったものと考えられる。このように FVM を使うと実在流体に対する定常層流計算は簡単に実施することができる。

## 8.4　有 限 要 素 法

有限要素法 (finite element method：FEM) は変分原理および重みつき残差法に基づき積分方程式を導出して，その積分方程式を計算する方法である。この方法では，流れ場を要素に分解して計算を実施するので，擬スペクトル法や FDM，FVM よりもかなり自由がきく方法である。そのため，複雑な流れ場を解析するのに適した手法である。ここでは，流れ場の解析でときどき登場するポアソン方程式で FEM の基礎を解説し，その後，非圧縮性ナビア–ストークス方程式の計算方法を提示する。

### 8.4.1　ポアソン方程式の FEM

圧力計算などに登場する 3 次元のポアソン方程式は

$$\frac{\partial^2 \Phi}{\partial x^2} + \frac{\partial^2 \Phi}{\partial y^2} + \frac{\partial^2 \Phi}{\partial z^2} - f = 0 \tag{8.169}$$

となる。もし $f$ がゼロの場合は非圧縮性完全流体における速度ポテンシャルの支配方程式であるラプラス方程式になり，これ以降の計算手法はそのまま利用することができる。この方程式に重み関数 $\phi^*$ をかけて要素 (element) にわたって積分すると，FEM において利用する積分方程式は

$$\int dx \int dy \int dz \phi^* \left( \frac{\partial^2 \Phi}{\partial x^2} + \frac{\partial^2 \Phi}{\partial y^2} + \frac{\partial^2 \Phi}{\partial z^2} - f \right) = 0 \tag{8.170}$$

となる。**図 8.13** では要素は四面体とし，流れ場を分割していくこととする。ただし，四面体は最も単純な 3 次元体でよく利用されるが，要素自体は四面体に限る必要はない。重み関数 $\phi^*$ はもしフーリエ変換であれば $e^{-ikx}$ がこの関数に該当するが，FEM ではこの関数自体の表現は陽には必要としない。$\Phi$ の値がわかっている境界であるディリクレ境界では $\phi^*$ はゼロとなるように設定する。式 (8.170) を部分積分の公式を利用して変換すると

$$\begin{aligned}
&-\int dx \int dy \int dz \frac{\partial \phi^*}{\partial x}\frac{\partial \Phi}{\partial x} - \int dx \int dy \int dz \frac{\partial \phi^*}{\partial y}\frac{\partial \Phi}{\partial y} \\
&-\int dx \int dy \int dz \frac{\partial \phi^*}{\partial z}\frac{\partial \Phi}{\partial z} + \int dy \int dz \left( \phi^* \frac{\partial \Phi}{\partial x} \right)_{S_x} \\
&+\int dx \int dz \left( \phi^* \frac{\partial \Phi}{\partial y} \right)_{S_y} + \int dx \int dy \left( \phi^* \frac{\partial \Phi}{\partial z} \right)_{S_z} \\
&-\int dx \int dy \int dz \phi^* f = 0
\end{aligned} \tag{8.171}$$

となる。ここで，$S_x$，$S_y$，$S_z$ は境界面を意味している。この積分を実際に実行するには要素内の情報が必要となる。

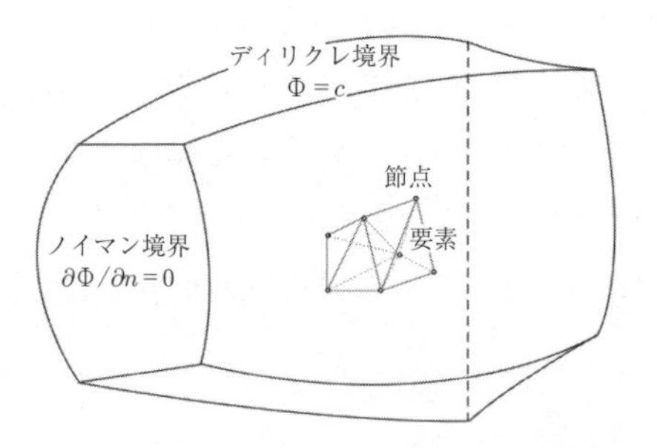


**図 8.13**　FEM での流れ場の要素分解の概略図

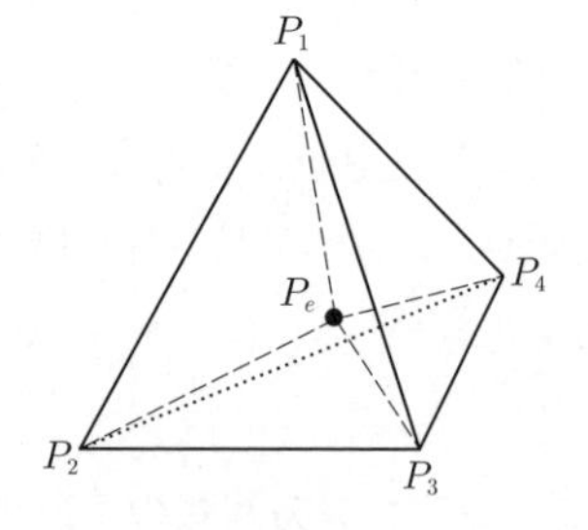


**図 8.14**　FEM 補間

そこで，要素が四面体の場合における補間を考える。この四面体の頂点である節点（node）を $P_1, P_2, P_3, P_4$ とすると，それぞれの節点を示す記号 $(i, j, k, l)$ は

$$(i, j, k, l) = (1, 2, 3, 4), (2, 3, 4, 1), (3, 4, 1, 2), (4, 1, 2, 3) \tag{8.172}$$

のような節点番号の組合せを示している。**図 8.14** のように四面体内部の $(x, y, z)$ に位置する点 $P_e$ の補間表現 $\Phi_e$ を

$$\Phi_e = \alpha_0 + \alpha_1 x + \alpha_2 y + \alpha_3 z = \begin{pmatrix} 1 & x & y & z \end{pmatrix} \begin{pmatrix} \alpha_0 \\ \alpha_1 \\ \alpha_2 \\ \alpha_3 \end{pmatrix} \tag{8.173}$$

で与える。この表現は座標成分に関して線形な表現となっている。ここで，四つの係数 $\alpha_m$ が導入されており，この係数が決まれば補間表現が決定できる。そこで，四面体頂点（$P_m = (x_m, y_m, z_m)$，$m = i, j, k, l$）での値とその位置が既知であることを利用して

$$\begin{pmatrix} \Phi_i \\ \Phi_j \\ \Phi_k \\ \Phi_l \end{pmatrix} = \begin{pmatrix} 1 & x_i & y_i & z_i \\ 1 & x_j & y_j & z_j \\ 1 & x_k & y_k & z_k \\ 1 & x_l & y_l & z_l \end{pmatrix} \begin{pmatrix} \alpha_0 \\ \alpha_1 \\ \alpha_2 \\ \alpha_3 \end{pmatrix} \tag{8.174}$$

という 4 元連立方程式が行列によって書き表される。この行列の逆行列を求めれば

$$\begin{pmatrix} \alpha_0 \\ \alpha_1 \\ \alpha_2 \\ \alpha_3 \end{pmatrix} = \begin{pmatrix} a_i & a_j & a_k & a_l \\ b_i & b_j & b_k & b_l \\ c_i & c_j & c_k & c_l \\ d_i & d_j & d_k & d_l \end{pmatrix} \begin{pmatrix} \Phi_i \\ \Phi_j \\ \Phi_k \\ \Phi_l \end{pmatrix} \tag{8.175}$$

のように係数を決定できる。この係数の決定では体積座標の利用が便利であり，FEM ではよく利用される。体積座標 $N_i$ は全体の四面体の体積に対する点 $i$ の代わりに補間点 $P_e$ を利用した四面体の体積の割合で表現し

$$N_i = \frac{\triangle P_e P_j P_k P_l}{\triangle P_i P_j P_k P_l} \tag{8.176}$$

となる。四面体の体積はベクトルの内積と外積を用いて

$$\triangle P_1 P_2 P_3 P_4 = \frac{1}{6} \begin{vmatrix} x_2 - x_1 & x_3 - x_1 & x_4 - x_1 \\ y_2 - y_1 & y_3 - y_1 & y_4 - y_1 \\ z_2 - z_1 & z_3 - z_1 & z_4 - z_1 \end{vmatrix}$$

$$= \frac{1}{6} \{ (x_2 - x_1)(y_3 - y_1)(z_4 - z_1) + (x_3 - x_1)(y_4 - y_1)(z_2 - z_1)$$
$$+ (x_4 - x_1)(y_2 - y_1)(z_3 - z_1) - (x_2 - x_1)(y_4 - y_1)(z_3 - z_1)$$

$$-(x_3-x_1)(y_2-y_1)(z_4-z_1)-(x_4-x_1)(y_3-y_1)(z_2-z_1)\} \tag{8.177}$$

と書ける。この体積座標と逆行列の構成成分の間の関係は

$$N_i = a_i + b_i x + c_i y + d_i z \tag{8.178}$$

である。また，逆行列の各成分は

$$\begin{aligned} a_i &= \frac{(-1)^{i-1}}{6\triangle P_1P_2P_3P_4}\begin{vmatrix} x_j & x_k & x_l \\ y_j & y_k & y_l \\ z_j & z_k & z_l \end{vmatrix} \\ &= \frac{(-1)^{i-1}}{6\triangle P_1P_2P_3P_4}(x_jy_kz_l + x_ky_lz_j + x_ly_jz_k \\ &\qquad -x_jy_lz_k - x_ky_jz_l - x_ly_kz_j) \end{aligned} \tag{8.179}$$

$$b_i = \frac{(-1)^i}{6\triangle P_1P_2P_3P_4}\{(y_k-y_j)(z_l-z_j)-(y_l-y_j)(z_k-z_j)\} \tag{8.180}$$

$$c_i = \frac{(-1)^{i-1}}{6\triangle P_1P_2P_3P_4}\{(x_k-x_j)(z_l-z_j)-(x_l-x_j)(z_k-z_j)\} \tag{8.181}$$

$$d_i = \frac{(-1)^i}{6\triangle P_1P_2P_3P_4}\{(x_k-x_j)(y_l-y_j)-(x_l-x_j)(y_k-y_j)\} \tag{8.182}$$

である。また，体積座標の積分公式にはつぎのものがある。

$$\int dx \int dy \int dz N_1^i N_2^j N_3^k N_4^l = \frac{\triangle P_1P_2P_3P_4 3!i!j!k!l!}{(3+i+j+k+l)!} \tag{8.183}$$

この体積座標を利用すると，関数 $\Phi_e$ と重み関数 $\phi_e^*$ の補間表現は

$$\Phi_e = \begin{pmatrix} N_i & N_j & N_k & N_l \end{pmatrix}\begin{pmatrix} \Phi_i \\ \Phi_j \\ \Phi_k \\ \Phi_l \end{pmatrix} = {}^t\boldsymbol{N}\cdot\boldsymbol{\Phi} \tag{8.184}$$

$$\phi_e^* = \begin{pmatrix} \phi_i^* & \phi_j^* & \phi_k^* & \phi_l^* \end{pmatrix}\begin{pmatrix} N_i \\ N_j \\ N_k \\ N_l \end{pmatrix} = {}^t\boldsymbol{\phi}^*\cdot\boldsymbol{N} \tag{8.185}$$

と記述できる。これ以降，数式表現を簡略化するため，行および列ベクトル表現を導入する。左上添字 $t$ は行ベクトルを意味する。また，空間の 1 階微分は

$$\frac{\partial \Phi}{\partial x}=\begin{pmatrix} \frac{\partial N_i}{\partial x} & \frac{\partial N_j}{\partial x} & \frac{\partial N_k}{\partial x} & \frac{\partial N_l}{\partial x} \end{pmatrix}\begin{pmatrix} \Phi_i \\ \Phi_j \\ \Phi_k \\ \Phi_l \end{pmatrix}$$

$$=\begin{pmatrix} b_i & b_j & b_k & b_l \end{pmatrix}\cdot \boldsymbol{\Phi} = {}^t\boldsymbol{b}\cdot\boldsymbol{\Phi} \tag{8.186}$$

$$\frac{\partial \Phi}{\partial y}=\begin{pmatrix} c_i & c_j & c_k & c_l \end{pmatrix}\cdot \boldsymbol{\Phi} = {}^t\boldsymbol{c}\cdot\boldsymbol{\Phi} \tag{8.187}$$

$$\frac{\partial \Phi}{\partial z}=\begin{pmatrix} d_i & d_j & d_k & d_l \end{pmatrix}\cdot \boldsymbol{\Phi} = {}^t\boldsymbol{d}\cdot\boldsymbol{\Phi} \tag{8.188}$$

重み関数の微分量の場合は行および列ベクトルを逆転して評価される。

以上の補間表現を用いると，式 (8.171) の第 1 項は

$$\int dx \int dy \int dz \frac{\partial \phi^*}{\partial x}\frac{\partial \Phi}{\partial x}=\int dx \int dy \int dz {}^t\boldsymbol{\phi}^* \cdot \boldsymbol{b}\cdot {}^t\boldsymbol{b}\cdot\boldsymbol{\Phi}$$
$$=\triangle_e \boldsymbol{\phi}^* \cdot (\boldsymbol{b}\otimes\boldsymbol{b})\cdot\boldsymbol{\Phi} \tag{8.189}$$

で，$\triangle_e$ は該当要素の四面体の体積で，ディアド積によるマトリクスは

$$\boldsymbol{b}\otimes\boldsymbol{b}=\begin{pmatrix} b_ib_i & b_ib_j & b_ib_k & b_ib_l \\ b_ib_j & b_jb_j & b_jb_k & b_jb_l \\ b_ib_k & b_jb_k & b_kb_k & b_kb_l \\ b_ib_l & b_jb_l & b_kb_l & b_lb_l \end{pmatrix} \tag{8.190}$$

となる。式 (8.171) の第 2 と 3 項は式 (8.190) の $b$ をそれぞれ $c$ と $d$ に入れ替えることによって導出される。また，式 (8.171) の第 7 項は

$$\int dx \int dy \int dz \phi^* f = \int dx \int dy \int dz {}^t\boldsymbol{\phi}^* \cdot \boldsymbol{N}\cdot {}^t\boldsymbol{N}\cdot\boldsymbol{f} \tag{8.191}$$

となり，体積座標 $N$ により構成されたディアド積による行列は空間変数 $(x, y, z)$ を含むことから，体積座標積分公式 (8.183) を利用して積分を実行すると

$$(\boldsymbol{N} \otimes \boldsymbol{N}) = \int dx \int dy \int dz \boldsymbol{N} \cdot {}^t\boldsymbol{N} = \frac{\triangle_e}{20} \begin{pmatrix} 2 & 1 & 1 & 1 \\ 1 & 2 & 1 & 1 \\ 1 & 1 & 2 & 1 \\ 1 & 1 & 1 & 2 \end{pmatrix} \tag{8.192}$$

と求まる。さらに境界面からの寄与である式 (8.171) の第 4〜6 項に関しても 2 次元的な FEM 処理を導入する。ディリクレ境界では重み関数をゼロとおくので寄与はなく，勾配値を与える場合のノイマン境界では，例えば $\Phi$ の $x$ 微分を境界面では既知量 $u$ とすると

$$\begin{aligned} &\int dy \int dz \left( \phi^* \frac{\partial \Phi}{\partial x} \right)_{S_x} \\ &= \begin{pmatrix} \phi_i^* & \phi_j^* & \phi_k^* \end{pmatrix} \int dy \int dz \begin{pmatrix} N_i N_i & N_i N_j & N_i N_k \\ N_i N_j & N_j N_j & N_j N_k \\ N_i N_k & N_j N_k & N_k N_k \end{pmatrix} \begin{pmatrix} u_i \\ u_j \\ u_k \end{pmatrix} \\ &= \begin{pmatrix} \phi_i^* & \phi_j^* & \phi_k^* \end{pmatrix} \frac{\triangle P_1 P_2 P_3}{12} \begin{pmatrix} 2 & 1 & 1 \\ 1 & 2 & 1 \\ 1 & 1 & 2 \end{pmatrix} \begin{pmatrix} u_i \\ u_j \\ u_k \end{pmatrix} \end{aligned} \tag{8.193}$$

となる。ここで，$\triangle P_1 P_2 P_3 = \triangle'_e$ は 3 点で形成される三角形の面積を意味している。同様な方法で，第 5 と 6 項についても計算を実行する。これらの離散化式をすべての要素にわたって集計すると

$$\begin{aligned} &-\sum_e \Delta_e {}^t\boldsymbol{\phi}^* \cdot (\boldsymbol{b} \otimes \boldsymbol{b} + \boldsymbol{c} \otimes \boldsymbol{c} + \boldsymbol{d} \otimes \boldsymbol{d}) \cdot \boldsymbol{\Phi} - \sum_e {}^t\boldsymbol{\phi}^* \cdot \boldsymbol{A} \cdot \boldsymbol{f} \\ &+ \sum_{e \in S_x} \begin{pmatrix} \phi_i^* & \phi_j^* & \phi_k^* \end{pmatrix} \boldsymbol{A'} \begin{pmatrix} u_i \\ u_j \\ u_k \end{pmatrix} + \sum_{e \in S_y} \begin{pmatrix} \phi_i^* & \phi_j^* & \phi_k^* \end{pmatrix} \boldsymbol{A'} \begin{pmatrix} v_i \\ v_j \\ v_k \end{pmatrix} \\ &+ \sum_{e \in S_z} \begin{pmatrix} \phi_i^* & \phi_j^* & \phi_k^* \end{pmatrix} \boldsymbol{A'} \begin{pmatrix} w_i \\ w_j \\ w_k \end{pmatrix} = 0 \end{aligned} \tag{8.194}$$

という式が得られる。ここで，行列 $\boldsymbol{A}$，$\boldsymbol{A'}$ は

$$\boldsymbol{A} = \frac{\triangle_e}{24}\begin{pmatrix} 2 & 1 & 1 & 1 \\ 1 & 2 & 1 & 1 \\ 1 & 1 & 2 & 1 \\ 1 & 1 & 1 & 2 \end{pmatrix}, \quad \boldsymbol{A'} = \frac{\triangle'_e}{12}\begin{pmatrix} 2 & 1 & 1 \\ 1 & 2 & 1 \\ 1 & 1 & 2 \end{pmatrix}$$

を意味している。これらを節点に関して整理し直すと，節点における量 $\Phi$ のベクトルとそれに作用する（節点総数）×（節点総数）の大行列が得られ，重み関数の具体的な表現は不要で大行列の逆行列を算出することで量 $\Phi$ が求められ，ポアソン方程式を解くことができる。ただし，大行列そのものをメモリに確保する場合は計算負荷が大きすぎるので，FEM では連立方程式を効率よく解くなどの数値計算処理が重要になる。これらの知見については一般的な数値計算法の本[10] を参照してもらいたい。

### 8.4.2 ナビア–ストークス方程式の FEM

つぎに非圧縮性ナビア–ストークス方程式での FEM について，8.2.4 項〔2〕で解説したフラクショナルステップ解法をベースとして時間発展に関して 1 次精度オイラー陽解法による計算についての概略を例に説明していく。ただし，ここでは乱流モデルを導入する余地を考慮して粘性拡散項に歪テンソルを導入した方程式を対象としている。中間速度 $\bar{u}$，$\bar{v}$，$\bar{w}$ は非線形移流項と粘性拡散項により更新され，ある要素（四面体の体積は $\triangle_T$）における算出式はそれぞれ

$$\begin{aligned}\frac{\triangle_T}{4}\boldsymbol{I}\cdot\overline{\boldsymbol{u}} = \frac{\triangle_T}{4}\boldsymbol{I}\cdot\boldsymbol{u}_n - \frac{\triangle_T\Delta t}{20}\boldsymbol{A}\cdot\{B(u_n)\,\boldsymbol{u}_n + C(u_n)\,\boldsymbol{v}_n + D(u_n)\,\boldsymbol{w}_n\} \\ + \triangle_T\,\Delta t\nu\,\{(2\boldsymbol{b}\otimes\boldsymbol{b} + \boldsymbol{c}\otimes\boldsymbol{c} + \boldsymbol{d}\otimes\boldsymbol{d})\cdot\boldsymbol{u}_n + (\boldsymbol{c}\otimes\boldsymbol{b})\cdot\boldsymbol{v}_n \\ + (\boldsymbol{d}\otimes\boldsymbol{b})\cdot\boldsymbol{w}_n\}\end{aligned} \tag{8.195}$$

$$\begin{aligned}\frac{\triangle_T}{4}\boldsymbol{I}\cdot\overline{\boldsymbol{v}} = \frac{\triangle_T}{4}\boldsymbol{I}\cdot\boldsymbol{v}_n - \frac{\triangle_T\Delta t}{20}\boldsymbol{A}\cdot\{B(v_n)\,\boldsymbol{u}_n + C(v_n)\,\boldsymbol{v}_n + D(v_n)\,\boldsymbol{w}_n\} \\ + \triangle_T\,\Delta t\nu\,\{(\boldsymbol{b}\otimes\boldsymbol{c})\cdot\boldsymbol{u}_n + (\boldsymbol{b}\otimes\boldsymbol{b} + 2\boldsymbol{c}\otimes\boldsymbol{c} + \boldsymbol{d}\otimes\boldsymbol{d})\cdot\boldsymbol{v}_n \\ + (\boldsymbol{d}\otimes\boldsymbol{c})\cdot\boldsymbol{w}_n\}\end{aligned} \tag{8.196}$$

$$\frac{\triangle_T}{4}\boldsymbol{I}\cdot\overline{\boldsymbol{w}}=\frac{\triangle_T}{4}\boldsymbol{I}\cdot\boldsymbol{w}_n-\frac{\triangle_T\Delta t}{20}\boldsymbol{A}\cdot\{B(w_n)\boldsymbol{u}_n+C(w_n)\boldsymbol{v}_n+D(w_n)\boldsymbol{w}_n\}$$
$$+\triangle_T\,\Delta t\nu\{(\boldsymbol{b}\otimes\boldsymbol{d})\cdot\boldsymbol{u}_n+(\boldsymbol{c}\otimes\boldsymbol{d})\cdot\boldsymbol{v}_n$$
$$+(\boldsymbol{b}\otimes\boldsymbol{b}+\boldsymbol{c}\otimes\boldsymbol{c}+2\boldsymbol{d}\otimes\boldsymbol{d})\cdot\boldsymbol{w}_n\} \tag{8.197}$$

となる。ここで，行列 $\boldsymbol{A}$ は前述と同様で，行列 $\boldsymbol{I}$ は $4\times4$ の単位行列であり，1 階微分に関連する関数 $B(\Phi)$，$C(\Phi)$，$D(\Phi)$ は

$$B(\Phi)={}^t\boldsymbol{b}\cdot\boldsymbol{\Phi},\quad C(\Phi)={}^t\boldsymbol{c}\cdot\boldsymbol{\Phi},\quad D(\Phi)={}^t\boldsymbol{d}\cdot\boldsymbol{\Phi} \tag{8.198}$$

となる。また，式 (8.195)〜(8.197) の左辺と右辺の第 1 項については集中化行列の近似（$\boldsymbol{A}\approx5\boldsymbol{I}$）を施している。

つぎに，中間速度をソース項とする圧力ポアソン方程式は

$$\triangle_T(\boldsymbol{b}\otimes\boldsymbol{b}+\boldsymbol{c}\otimes\boldsymbol{c}+\boldsymbol{d}\otimes\boldsymbol{d})\cdot\boldsymbol{p}_{n+1}=-\frac{\triangle_T(B(\bar{u})+C(\bar{v})+D(\bar{w}))}{4\Delta t}\boldsymbol{U} \tag{8.199}$$

となる。ここで，$\boldsymbol{U}=(1,1,1,1)$ であり，この方程式を 8.4.1 項の手続きで解析し，圧力を導出する。求めた圧力を用いて中間速度を修正すると，求めるべき速度は

$$\frac{\triangle_T}{4}\boldsymbol{I}\cdot\boldsymbol{u}_{n+1}=\frac{\triangle_T}{4}\boldsymbol{I}\cdot\overline{\boldsymbol{u}}-\frac{\triangle_T\Delta tB(p_{n+1})}{4}\boldsymbol{U} \tag{8.200}$$

$$\frac{\triangle_T}{4}\boldsymbol{I}\cdot\boldsymbol{v}_{n+1}=\frac{\triangle_T}{4}\boldsymbol{I}\cdot\overline{\boldsymbol{v}}-\frac{\triangle_T\Delta tC(p_{n+1})}{4}\boldsymbol{U} \tag{8.201}$$

$$\frac{\triangle_T}{4}\boldsymbol{I}\cdot\boldsymbol{w}_{n+1}=\frac{\triangle_T}{4}\boldsymbol{I}\cdot\overline{\boldsymbol{w}}-\frac{\triangle_T\Delta tD(p_{n+1})}{4}\boldsymbol{U} \tag{8.202}$$

によって得られ，これが 1 ステップ分の時間発展を意味し，これを繰り返して計算を実行していくことでナビア–ストークス方程式が解析できる。この計算手続きでは空間的には 2 次の計算精度を有した計算となっている。

この方法は必ずしも対流項の取扱いに関して安定性が高い方法とは言いにくい。補間法を変更するには節点を増やすなどの要素変更の方法なども考えられるが，ここでは比較的容易に精度向上が図れる Tanaka (1999) による CIVA (cubic interpolation with volume/area coordinates) 法[52] の導入を解説する。この方法は 3 次精度風上補間に対応しており，導入するにはフラクショナルステップ解法において，中間

速度 $\bar{u}_i$ を求める前段に移流フェイズを挿入し，いったんつぎのように移流フェイズ速度 $\tilde{u}_i$ を算出する。

$$\frac{\tilde{u}_i - u_i^n}{\Delta t} = -u_j^n \frac{\partial u_i^n}{\partial x_j} \tag{8.203}$$

$$\frac{\bar{u}_i - \tilde{u}_i}{\Delta t} = \nu \frac{\partial^2 u_i^n}{\partial x_j \partial x_j} \tag{8.204}$$

これは移流フェイズ速度を対流項のみ考慮して求め，その速度と粘性拡散項を利用して中間速度を求める。移流フェイズ速度は移流方程式 (8.203) の解であり，図 **8.15** のように流されてくることを考慮すればよく

$$\tilde{u}_i(\boldsymbol{x}) \approx u_i^n(\boldsymbol{x} - \boldsymbol{u}^n \Delta t) \tag{8.205}$$

となる。この移流フェイズ速度は補間による評価が必要で，3 次精度補間として

$$\tilde{f}(N_1, N_2, N_3, N_4) = \sum_{i=1}^{4} \alpha_i N_i + \sum_{j=1}^{4} \sum_{k=1, j\neq k}^{4} \beta_{jk} \left\{ N_j^2 N_k + \frac{1}{2}(N_1 N_2 N_3 + N_2 N_3 N_4 + N_3 N_4 N_1 + N_4 N_1 N_2) \right\} \tag{8.206}$$

$$\alpha_i = f_i \tag{8.207}$$

$$\beta_{jk} = f_j - f_k + (x_k - x_j) \left.\frac{\partial f}{\partial x}\right|_j + (y_k - y_j) \left.\frac{\partial f}{\partial y}\right|_j + (z_k - z_j) \left.\frac{\partial f}{\partial z}\right|_j \tag{8.208}$$

で与えられる。この方法を導入すると安定性の高い FEM 計算が可能となる。

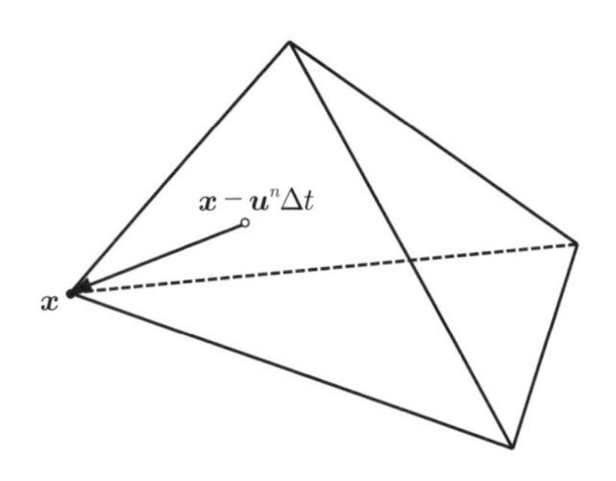


図 **8.15** CIVA 法

# 章　末　問　題

【1】 4次精度中心差分法による1階微分の差分式 (8.28) のリーディング誤差を求めよ。

【2】 web上にある付録A.4の参考プログラムを利用して，FDMで非定常2次元キャビティー流れを計算せよ。

【3】 web上にある付録A.4の参考プログラムを利用して，FVMで定常2次元および3次元キャビティー流れを計算せよ。

【4】 積分公式 (8.183) を用いて式 (8.192) を導出せよ。

# 付　　　録

## A.1　流体力学で必要となる数学

流体力学を勉強するには数学的知見がないと困難であることから，ここでは本書を理解するうえで必要となる数学の概略を説明していく。テンソル代数は中学生の数学で習うスカラー代数，高校生で習うベクトル代数の基礎の発展として本来大学生で習うべき数学の基礎である。大学で物理学を専攻する方にとってみればアインシュタインの特殊および一般相対性理論を学ぶ際に必然的にテンソル代数は会得しているが，最近の工学系学部生はベクトル解析の知識も十分でないことがある。そこで，ベクトル代数とテンソル代数の基礎を解説しておく。さらに非圧縮性および圧縮性ポテンシャル流において必要となる複素関数論や偏微分方程式の分類についてのまとめも提示する。

### A.1.1　ベクトル代数

ベクトル量の積には 3 種類あり，ベクトル量 $\boldsymbol{A} = (A_x, A_y, A_z)$ とベクトル量 $\boldsymbol{B} = (B_x, B_y, B_z)$ の積からスカラー量を与える内積は

$$\boldsymbol{A} \cdot \boldsymbol{B} = A_x B_x + A_y B_y + A_z B_z = |\boldsymbol{A}|\,|\boldsymbol{B}| \cos\theta \tag{A.1}$$

となる。ここで，$\theta$ は二つのベクトルのなす角である。2 ベクトルが直交するときこの積はゼロとなる。前述の 2 ベクトル量からベクトルを与える積は外積であり

$$\boldsymbol{A} \times \boldsymbol{B} = (A_y B_z - A_z B_y, A_z B_x - A_x B_z, A_x B_y - A_y B_x) \tag{A.2}$$

で与えられる。この積から生じるベクトルは積の構成要素の二つのベクトルによって張られる 2 次元平面に対する法線方向を向いており，その大きさは

$$|\boldsymbol{A} \times \boldsymbol{B}| = |\boldsymbol{A}|\,|\boldsymbol{B}| \sin\theta \tag{A.3}$$

で 2 ベクトルが平行のときは 2 次元平面を張れないのでゼロとなる。二つのベクトルで行列を与えるディアド積はつぎのように定義する。

$$\boldsymbol{A} \otimes \boldsymbol{B} = \begin{pmatrix} A_x B_x & A_x B_y & A_x B_z \\ A_y B_x & A_y B_y & A_y B_z \\ A_z B_x & A_z B_y & A_z B_z \end{pmatrix} \tag{A.4}$$

これはレイノルズ応力などを与える積となる。

スカラー関数 $f(x,y,z)$ に対するベクトル化を生じさせる微分は勾配（gradient）と呼ばれ，つぎの二つの表記方法が使われる。

$$\mathrm{grad} f = \nabla f = \left(\frac{\partial f}{\partial x}, \frac{\partial f}{\partial y}, \frac{\partial f}{\partial z}\right) \tag{A.5}$$

ここで，ハミルトン演算子 $\nabla$ はナブラと読み

$$\nabla = \left(\frac{\partial}{\partial x}, \frac{\partial}{\partial y}, \frac{\partial}{\partial z}\right) \tag{A.6}$$

と表現できる。勾配のイメージは 2 次元の場合で標高が示された等高線を表す関数を $f$ とみなせばよい。例えば，スカラー関数 $f(x,y) = \exp\left(-x^2 - 4y^2\right)$ の勾配から算出されるベクトル図を**図 A.1**(a) に与える。$y$ 方向から原点に向かうベクトルが $x$ 方向からよりも大きく，等高線の間隔からも急勾配であることと対応している。この微分演算はポテンシャル理論において重要なもので，静電ポテンシャルに作用すればクーロン力を，ポテンシャルエネルギーであれば保存力を与える。

ベクトル関数 $\boldsymbol{G}(x,y,z) = (G_x, G_y, G_z)$ に対してスカラー化する微分演算は発散（divergence）で，次式で与えられる。

$$\mathrm{div}\boldsymbol{G} = \nabla \cdot \boldsymbol{G} = \frac{\partial G_x}{\partial x} + \frac{\partial G_y}{\partial y} + \frac{\partial G_z}{\partial z} \tag{A.7}$$

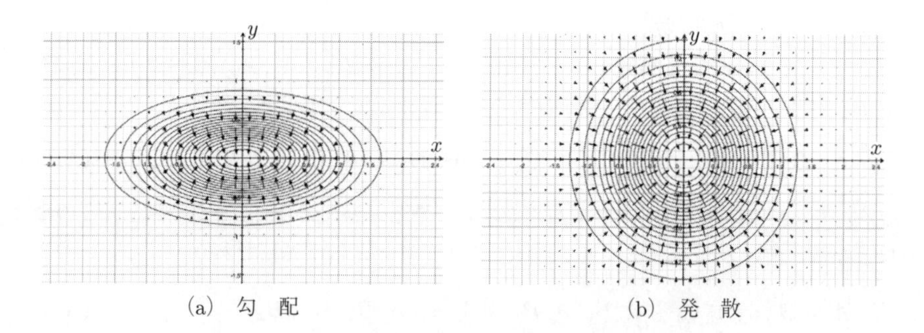


(a)　勾　配　　　　(b)　発　散

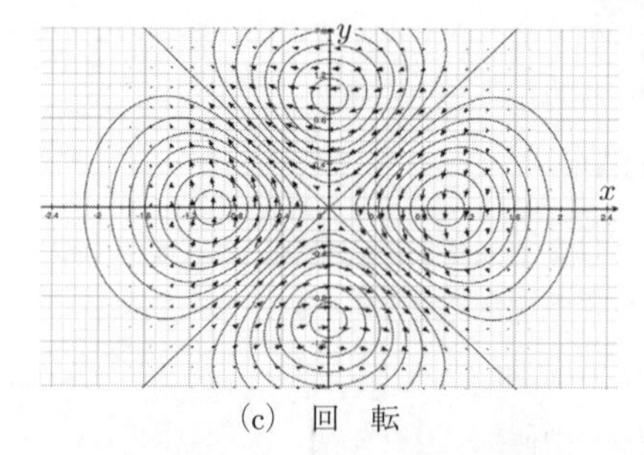


(c)　回　転

**図 A.1**　ベクトル微分演算の例

これはハミルトン演算子とベクトル関数の内積を意味する。発散は対象内部から外部へと放出している状況では $\nabla \cdot \boldsymbol{G} > 0$ で，内部へと流入してくる場合は $\nabla \cdot \boldsymbol{G} < 0$ となる。2次元ベクトル関数（$G_x(x, y) = -x\exp\left(-x^2 - y^2\right)$ と $G_y(x, y) = -y\exp\left(-x^2 - y^2\right)$）のように原点に向かってくる場合の発散によって生じるスカラー場が図 (b) での等高線である。この微分演算はマクスウェル方程式の電荷保存則や磁束保存の式などに利用されている。発散ゼロの条件はソレノイダル条件とも呼ばれる。

ベクトル関数 $\boldsymbol{G}(x, y, z)$ に対してベクトル化する微分演算は回転（rotation）であり，その定義式は次式で表せる。

$$\mathrm{rot}\boldsymbol{G} = \mathrm{curl}\boldsymbol{G} = \nabla \times \boldsymbol{G} = \left(\frac{\partial G_z}{\partial y} - \frac{\partial G_y}{\partial z}, \frac{\partial G_x}{\partial z} - \frac{\partial G_z}{\partial x}, \frac{\partial G_y}{\partial x} - \frac{\partial G_x}{\partial y}\right) \quad \text{(A.8)}$$

この微分演算はハミルトン演算子との外積とみなせる。ベクトル関数（$G_x(x, y, z) = -y\exp\left(-x^2 - y^2\right)$，$G_y(x, y, z) = -x\exp\left(-x^2 - y^2\right)$，$G_z(x, y, z) = 0$）が $xy$ 平面のみに依存する場合，外積の性質からこのベクトル関数の回転は $z$ 方向成分のみでその等高線は図 (c) のようにベクトルに沿う様子が確認できる。回転演算はベクトルポテンシャルといった電流密度と磁場の関係性において重要となる。

これらのベクトル場の微分としては以下の公式がよく使われるので理解しておく必要がある。

$$\nabla(f_1 f_2) = f_2(\nabla f_1) + f_1(\nabla f_2) \quad \text{(A.9)}$$

$$\nabla \cdot (f\boldsymbol{G}) = (\nabla f) \cdot \boldsymbol{G} + f(\nabla \cdot \boldsymbol{G}) \quad \text{(A.10)}$$

$$\nabla \times (f\boldsymbol{G}) = (\nabla f) \times \boldsymbol{G} + f(\nabla \times \boldsymbol{G}) \quad \text{(A.11)}$$

$$\nabla \cdot (\boldsymbol{G}_1 \times \boldsymbol{G}_2) = \boldsymbol{G}_2 \cdot (\nabla \times \boldsymbol{G}_1) - \boldsymbol{G}_1 \cdot (\nabla \times \boldsymbol{G}_2) \quad \text{(A.12)}$$

$$\begin{aligned}\nabla \times (\boldsymbol{G}_1 \times \boldsymbol{G}_2) =& (\boldsymbol{G}_2 \cdot \nabla)\boldsymbol{G}_1 - (\boldsymbol{G}_1 \cdot \nabla)\boldsymbol{G}_2 \\ &+ \boldsymbol{G}_1(\nabla \cdot \boldsymbol{G}_2) - \boldsymbol{G}_2(\nabla \cdot \boldsymbol{G}_1)\end{aligned} \quad \text{(A.13)}$$

$$\begin{aligned}\nabla(\boldsymbol{G}_1 \cdot \boldsymbol{G}_2) =& (\boldsymbol{G}_2 \cdot \nabla)\boldsymbol{G}_1 + (\boldsymbol{G}_1 \cdot \nabla)\boldsymbol{G}_2 \\ &+ \boldsymbol{G}_1 \times (\nabla \times \boldsymbol{G}_2) + \boldsymbol{G}_2 \times (\nabla \times \boldsymbol{G}_1)\end{aligned} \quad \text{(A.14)}$$

$$\nabla \cdot (\nabla f) = \Delta f \quad \text{(A.15)}$$

$$\nabla \times (\nabla f) = 0 \quad \text{(A.16)}$$

$$\nabla \cdot (\nabla \times \boldsymbol{G}) = 0 \quad \text{(A.17)}$$

$$\nabla \times (\nabla \times \boldsymbol{G}) = \nabla(\nabla \cdot \boldsymbol{G}) - \Delta \boldsymbol{G} \quad \text{(A.18)}$$

ここで，演算子 $\Delta$ はラプラシアンと呼ばれるもので，成分表記では

$$\Delta = \frac{\partial^2}{\partial x^2} + \frac{\partial^2}{\partial y^2} + \frac{\partial^2}{\partial z^2} \tag{A.19}$$

となる。前述の中でも，公式 (A.16) と (A.17) は特に重要である。

ベクトル場の積分公式としてはガウスの定理とストークスの定理が挙げられる。前者は発散定理とも呼ばれ，ベクトル関数 $\boldsymbol{G}$ に対して次式で表される。

$$\iiint_V dV \nabla \cdot \boldsymbol{G} = \iint_{\partial V} dS \boldsymbol{G} \cdot \boldsymbol{n} \tag{A.20}$$

ここで，$V$ は被積分体積，その界面を $\partial V$ とし，界面から外部への法線ベクトルが $\boldsymbol{n}$ である。これは 3 次元積分が 2 次元積分ですますことができることを示唆しており，外部とのやり取りのみを考慮することで積分値が求められる定理である。一方，ストークスの定理は

$$\iint_S dS \left(\nabla \times \boldsymbol{G}\right) \cdot \boldsymbol{n} = \oint_{\partial S} dl \boldsymbol{G} \cdot \boldsymbol{t} \tag{A.21}$$

で表し，被積分面 $S$ の境界線が $\partial S$ で，その曲線での接線ベクトル $\boldsymbol{t}$（半時計回り）を意味している。電流と磁場の関連性を表すアンペールの法則などで利用される定理である。

### A.1.2　テンソル代数

ベクトル代数をより発展させたものにテンソル代数がある。テンソル表現の例としてつぎのものを挙げる。

$$a, \quad b_i, \quad c_{ij}, \quad d_{ijm}, \quad \cdots \tag{A.22}$$

本書における基本的なテンソル表現の特徴としては変数に下付きの添字をつけることによって書き表される。ただし，一般相対性理論などの深いテンソル解析においては上付きの添字も利用する必要性が生じるが，ここではそれを必要としないレベルで話を進めていく。添字の個数に応じて，スカラー量 $a$ は 0 階のテンソルであり，流体力学では圧力 $p$，密度 $\rho$，温度 $\theta$，エネルギー $E$ などがこれに対応する。ベクトル量 $b_i$ は

$$\boldsymbol{b} = b_i = (b_1, b_2, b_3) \tag{A.23}$$

とし，一つの下付き添字をもって表す。添字は通常 $i \sim n$ などが利用され，その添字に 3 次元であれば 1，2，3 が代入される。これによりベクトル量は 1 階のテンソルといえ，速度 $u_i$，運動量 $m_i$，流束 $h_i$ などがある。この表記方法を利用すると運動方程式の時間微分項は

$$\frac{\partial \boldsymbol{u}}{\partial t} = \frac{\partial u_i}{\partial t} = \left(\frac{\partial u}{\partial t}, \frac{\partial v}{\partial t}, \frac{\partial w}{\partial t}\right) \tag{A.24}$$

と書けばよい。また，ハミルトン演算子 $\nabla$ もベクトルかつ 1 階のテンソルとして

$$\nabla = \frac{\partial}{\partial x_i} \tag{A.25}$$

となる。連続方程式に現れる速度の発散は

$$\nabla \cdot \boldsymbol{u} = \frac{\partial u_j}{\partial x_j} = \frac{\partial u}{\partial x} + \frac{\partial v}{\partial y} + \frac{\partial w}{\partial z} \tag{A.26}$$

と書く。速度ベクトルの添字と空間微分演算子の添字をそろえているのがポイントで，添字が項内でそろっている場合，その添字に成分 1，2，3 を代入して和をとることを意味する。このルールが“アインシュタインの和の規約”であり，“縮約”とも呼ばれる。この縮約によりベクトル各成分の和をとっているため，速度の発散はスカラー量になっていることに注意する必要がある。運動方程式の非線形移流項は

$$\begin{aligned}\frac{\partial u_i u_j}{\partial x_j} = \frac{\partial u_i u}{\partial x} + \frac{\partial u_i v}{\partial y} + \frac{\partial u_i w}{\partial z} = \Biggl(&\frac{\partial uu}{\partial x} + \frac{\partial uv}{\partial y} + \frac{\partial uw}{\partial z}, \frac{\partial vu}{\partial x} + \frac{\partial vv}{\partial y} + \frac{\partial vw}{\partial z}, \\ &\frac{\partial wu}{\partial x} + \frac{\partial wv}{\partial y} + \frac{\partial ww}{\partial z}\Biggr)\end{aligned} \tag{A.27}$$

と書け，かなりコンパクトにまとめることができる。運動方程式が速度ベクトルに対する式であることから時間微分の添字 $i$ とそろえて，その他は縮約をとる必要があるため，$i$ とは異なる添字 $j$ を利用している。$j$ の添字の選択には $i$ 以外であればよく，$k$ でも $l$ でもよい。式の大きさから明らかなように，テンソル表記とは数式を書く負担を大幅に軽減することにもつながるので積極的に利用することを推奨する。また，2 階微分であるラプラシアンはハミルトン演算子の表記 (A.25) から

$$\Delta = \frac{\partial^2}{\partial x_j \partial x_j} = \frac{\partial^2}{\partial x^2} + \frac{\partial^2}{\partial y^2} + \frac{\partial^2}{\partial z^2} \tag{A.28}$$

となる。

2 階のテンソル $c_{ij}$ は下付き添字が二つあるもので，物理量としては応力 $\tau_{ij}$，速度勾配テンソル $\partial u_i/\partial x_j$ などがあり，乱流場において特に重要になる 2 階のテンソルとしては揺動速度 $u_i'$ の 2 体量であるレイノルズ応力 $\overline{u_i' u_j'}$ がある。乱流モデルではこの 2 階のテンソルを近似する必要がある。速度勾配テンソルはよく対称成分と非対称成分に分離し，対称成分が歪テンソル $s_{ij}$，反対称成分が渦度テンソル $w_{ij}$ と呼ばれ，その定義は本書では

$$s_{ij} = \frac{1}{2}\left(\frac{\partial u_i}{\partial x_j} + \frac{\partial u_j}{\partial x_i}\right) \tag{A.29}$$

$$w_{ij} = \frac{1}{2}\left(\frac{\partial u_j}{\partial x_i} - \frac{\partial u_i}{\partial x_j}\right) \tag{A.30}$$

として利用している。また，物理量ではないが頻繁に現れる 2 階のテンソルにクロネッカーのデルタ（Kronecker delta）がある。この定義は

$$\delta_{ij} = \begin{cases} 1 & i = j \\ 0 & i \neq j \end{cases} \tag{A.31}$$

であり，添字の $i$ を $j$ と変更するか，その逆を行うことを意味するテンソルである。クロネッカーのデルタにおいて添字がそろっている場合の値は次元数に一致し，3 次元であれば 3 となる。

三つの添字を持つ 3 階のテンソルはレイノルズ応力の収支方程式などに出現するが，ここでは基礎的なレベルで頻繁に出現する 3 階のテンソルとして交代テンソル（permutation tensor）を説明する。その定義式は

$$\epsilon_{ijk} = \begin{cases} 1 & (i,j,k) = (1,2,3), (2,3,1), (3,1,2) \\ -1 & (i,j,k) = (1,3,2), (2,1,3), (3,2,1) \\ 0 & i = j \text{ or } j = k \text{ or } k = i \end{cases} \tag{A.32}$$

で与えられる。交代テンソルの添字は添字を入れ替えるたびに $-1$ がかけられる。このテンソルはベクトルの外積や回転を表現するのに必要となり，それぞれ

$$\boldsymbol{A} \times \boldsymbol{B} = \epsilon_{ijk} A_j B_k, \qquad \nabla \times \boldsymbol{G} = \epsilon_{ijk} \frac{\partial G_k}{\partial x_j} \tag{A.33}$$

となる。また，交代テンソルにはつぎの公式が成立する。

$$\epsilon_{ijk}\epsilon_{ilm} = \delta_{jl}\delta_{km} - \delta_{jm}\delta_{kl}, \qquad \epsilon_{ijk}\epsilon_{ijl} = 2\delta_{kl} \tag{A.34}$$

### A.1.3　複 素 関 数 論

複素数 $z$ は虚数単位 $i$ を用いて

$$z = x + iy \tag{A.35}$$

と書ける。$x$ は実部，$y$ は虚部である。これらは 2 次元ベクトルを構成する成分であり，複素数を利用すれば 2 次元ベクトル場を複素数によるスカラー場で記述することが可能である。さらに，偏角 $\theta$ を用いる極形式では

$$z = re^{i\theta} \tag{A.36}$$

となり，変数間にはつぎの関係式が成立する。

$$x = r\cos\theta, \quad y = r\sin\theta, \quad r = \sqrt{x^2 + y^2}, \quad \theta = \arctan\frac{y}{x} \tag{A.37}$$

極形式は 2 次元極座標表現を自動的に解析できる。

複素数 $z$ の関数 $f(z)$ が微分可能であるとき，正則であるという。正則でない点は特異点である。また，正則条件は

$$\frac{\partial \mathrm{Re} f}{\partial x} = \frac{\partial \mathrm{Im} f}{\partial y} \tag{A.38}$$

$$\frac{\partial \mathrm{Re} f}{\partial y} = -\frac{\partial \mathrm{Im} f}{\partial x} \tag{A.39}$$

が成立することで，この条件はコーシー–リーマン（Cauchy-Riemann）条件とも呼ばれる。ここで Re は実部を，Im は虚部を抽出する処理である。式 (A.38) を $x$ 微分し，式 (A.39) を代入して虚部を消去する，また式 (A.38) を $y$ 微分し，式 (A.39) により実部を消すとそれぞれ $\mathrm{Re} f$ と $\mathrm{Im} f$ の方程式は

$$\frac{\partial^2 \mathrm{Re} f}{\partial x^2} + \frac{\partial^2 \mathrm{Re} f}{\partial y^2} = 0 \tag{A.40}$$

$$\frac{\partial^2 \mathrm{Im} f}{\partial x^2} + \frac{\partial^2 \mathrm{Im} f}{\partial y^2} = 0 \tag{A.41}$$

という二つのポアソン方程式が導出され，両成分とも調和関数であることがわかる。

ローラン（Laurent）展開では任意の複素関数 $f(z)$ は $z = z_0$ において

$$f(z) = \sum_{n=-\infty}^{\infty} c_n (z - z_0)^n \tag{A.42}$$

$$c_n = \frac{1}{2\pi i} \oint_C dz' \frac{f(z')}{(z' - z_0)^{n+1}} \tag{A.43}$$

と書ける。また，無限遠点で正則の場合のローラン展開は

$$f(z) = \sum_{n=0}^{\infty} c_n z^{-n} \tag{A.44}$$

$$c_n = \frac{1}{2\pi i} \oint_C dz' z'^{n-1} f(z') \tag{A.45}$$

となる。目的とする関数をこれにより展開すれば係数 $c_n$ を求めることで最終的な表現が決定できることを意味している。

等角写像とは $w = f(z)$ が $z = z_0$ で正則かつ $f'(z) \neq 0$ ならば，$z$ 平面の点 $z_0$ 近傍は $w$ 平面の $w_0 = f(z_0)$ の近傍に 1 対 1 で連続的に写像され，$z_1, z_2 \to z_0$ の極限で三角形 $z_0 z_1 z_2$ と三角形 $w_0 w_1 w_2$ とは同じ向きに相似である。これは正則関数による写像では二つのベクトルのなす角が変化しないことを意味し，直交性を確保したベクトルであれば正則関数での写像空間においても直交性が成立する。

### A.1.4　偏微分方程式の分類

2 次元 2 階偏微分方程式の一般型を

$$A\frac{\partial^2 f(x,y)}{\partial x^2}+B\frac{\partial^2 f(x,y)}{\partial x\partial y}+C\frac{\partial^2 f(x,y)}{\partial y^2}+D\frac{\partial f(x,y)}{\partial x}+E\frac{\partial f(x,y)}{\partial y}+Ff(x,y)=0 \tag{A.46}$$

と書く。判別式 $B^2-4AC$ は任意の変数変換により符号を変えることがなく，偏微分方程式の性質の一端を示している。$B^2-4AC<0$ の方程式のタイプを楕円型（elliptic）偏微分方程式と呼び，その代表例としてはラプラス方程式

$$\frac{\partial^2 f(x,y)}{\partial x^2}+\frac{\partial^2 f(x,y)}{\partial y^2}=0 \tag{A.47}$$

や非圧縮性流体では圧力を解く際に現れるポアソン方程式

$$\frac{\partial^2 f(x,y)}{\partial x^2}+\frac{\partial^2 f(x,y)}{\partial y^2}=\rho(x,y) \tag{A.48}$$

がこの分類に当てはまる。$B^2-4AC=0$ は放物型（parabolic）偏微分方程式で変数 $y$ を時間変数 $t$ と表記するが，伝熱や物質拡散を表現する拡散方程式（拡散係数 $\kappa$）

$$\frac{\partial f(x,t)}{\partial t}-\kappa\frac{\partial^2 f(x,t)}{\partial x^2}=0 \tag{A.49}$$

はその代表例である。最後に $B^2-4AC>0$ のものは双曲型（hyperbolic）偏微分方程式で前述と同様変数 $y$ を時間変数 $t$ とすると，波の伝播を表現する波動方程式（伝播速度 $a$）

$$\frac{\partial^2 f(x,t)}{\partial t^2}-a^2\frac{\partial^2 f(x,t)}{\partial x^2}=0 \tag{A.50}$$

が該当する。このように対象の偏微分方程式の性質を定性的に調べることができる。

## A.2　曲線直交座標系におけるナビア–ストークス方程式

座標変換は物理学科の学生諸氏には基礎知識であるため親しみがあるが，工学の学生には身近なものではないようなので本書ではここで説明していく。デカルト直交座標系 $(x_1,x_2,x_3)$ から一般曲線直交座標系 $(\xi_1,\xi_2,\xi_3)$ への変換を解説する。特に以下の説明では対象を直交座標系間の変換に限るため，一般斜交座標系への変換で必要となる共変および反変テンソルや計量テンソルといったテンソル解析の深い知識は必要としない。両座標間は形式上つぎの関係式が成立している。

$$x_1=x_1(\xi_1,\xi_2,\xi_3),\quad x_2=x_2(\xi_1,\xi_2,\xi_3),\quad x_3=x_3(\xi_1,\xi_2,\xi_3) \tag{A.51}$$

$$\xi_1=\xi_1(x_1,x_2,x_3),\quad \xi_2=\xi_2(x_1,x_2,x_3),\quad \xi_3=\xi_3(x_1,x_2,x_3) \tag{A.52}$$

式 (A.51) に微分法の連鎖法則を適用すると

$$\begin{pmatrix} dx_1 \\ dx_2 \\ dx_3 \end{pmatrix} = \begin{pmatrix} \dfrac{\partial x_1}{\partial \xi_1} & \dfrac{\partial x_1}{\partial \xi_2} & \dfrac{\partial x_1}{\partial \xi_3} \\ \dfrac{\partial x_2}{\partial \xi_1} & \dfrac{\partial x_2}{\partial \xi_2} & \dfrac{\partial x_2}{\partial \xi_3} \\ \dfrac{\partial x_3}{\partial \xi_1} & \dfrac{\partial x_3}{\partial \xi_2} & \dfrac{\partial x_3}{\partial \xi_3} \end{pmatrix} \begin{pmatrix} d\xi_1 \\ d\xi_2 \\ d\xi_3 \end{pmatrix} \tag{A.53}$$

となる。式 (A.53) の行列はヤコビアン行列と呼ばれているものであり，以下では省略記号として $\boldsymbol{M}$ を採用する。式 (A.52) に対しても同様の処理を実行すると

$$\begin{pmatrix} d\xi_1 \\ d\xi_2 \\ d\xi_3 \end{pmatrix} = \begin{pmatrix} \dfrac{\partial \xi_1}{\partial x_1} & \dfrac{\partial \xi_1}{\partial x_2} & \dfrac{\partial \xi_1}{\partial x_3} \\ \dfrac{\partial \xi_2}{\partial x_1} & \dfrac{\partial \xi_2}{\partial x_2} & \dfrac{\partial \xi_2}{\partial x_3} \\ \dfrac{\partial \xi_3}{\partial x_1} & \dfrac{\partial \xi_3}{\partial x_2} & \dfrac{\partial \xi_3}{\partial x_3} \end{pmatrix} \begin{pmatrix} dx_1 \\ dx_2 \\ dx_3 \end{pmatrix} \tag{A.54}$$

となり，式 (A.54) の行列は $\boldsymbol{M}^*$ とする。変換における一意性から $\boldsymbol{M}$ と $\boldsymbol{M}^*$ の間には

$$\boldsymbol{M}\boldsymbol{M}^* = \boldsymbol{M}^*\boldsymbol{M} = \boldsymbol{I} \tag{A.55}$$

という逆行列の関係が成立している。ここで，$\boldsymbol{I}$ は単位行列である。

つぎに示す**図 A.2** のような位置ベクトル $\boldsymbol{X}(= x_1\boldsymbol{e}_{x_1} + x_2\boldsymbol{e}_{x_2} + x_3\boldsymbol{e}_{x_3})$ に関する $\xi_i$ 曲線に沿う接線ベクトルを $\boldsymbol{\Xi}_i$ $(i = 1, 2, 3)$ とする。この接線ベクトルはつぎのように表すことができる。

$$\boldsymbol{\Xi}_1 = \frac{\partial \boldsymbol{X}}{\partial \xi_1},\ \ \boldsymbol{\Xi}_2 = \frac{\partial \boldsymbol{X}}{\partial \xi_2},\ \ \boldsymbol{\Xi}_3 = \frac{\partial \boldsymbol{X}}{\partial \xi_3} \tag{A.56}$$

曲線座標系の点 P における計量テンソル $g_{ij}(P)$ は

$$g_{ij} = \boldsymbol{\Xi}_i \cdot \boldsymbol{\Xi}_j \tag{A.57}$$

と定義される。$\boldsymbol{\Xi}_i$ の直交性より，この計量テンソルは対角成分しか存在しない。接線ベクトル $\boldsymbol{\Xi}_i$ の大きさにより対角成分は

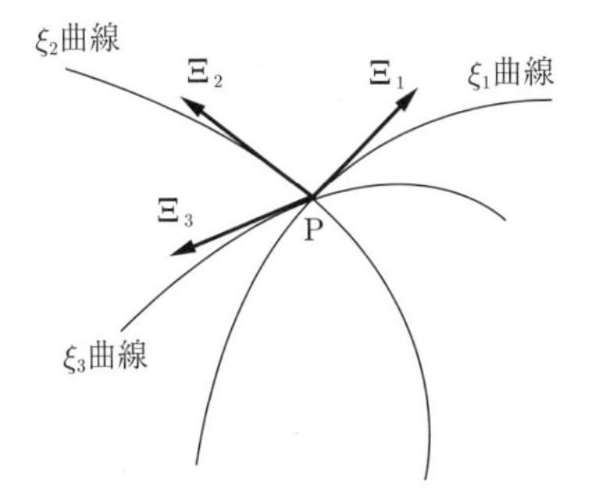


**図 A.2**　曲線群と接線ベクトル

$$g_{jj} = \boldsymbol{\Xi}_j \cdot \boldsymbol{\Xi}_j = \sum_{k=1}^{3} \left( \frac{\partial x_k}{\partial \xi_j} \right)^2 \equiv h_j^2 \tag{A.58}$$

となる。$h_j$ は変換による $j$ 方向への拡大率を意味している。逆行列 $\boldsymbol{M}^*$ を考慮すると

$$\sum_{k=1}^{3} \left( \frac{\partial \xi_k}{\partial x_j} \right)^2 = h_j^{-2} \tag{A.59}$$

が求まる。座標系変換では座標点の変換則 (A.51) と (A.52) 以外に基底ベクトル（座標軸）の変換則が重要になる。つまり位置と方向の変換を理解すれば変換則はすべて規定できたことになる。スケール変換率が式 (A.58) で決められるため，自然基底 $\boldsymbol{e}_{\xi_i}$ は

$$\boldsymbol{e}_{\xi_i} = \frac{1}{h_i} \boldsymbol{\Xi}_i \tag{A.60}$$

となる。基底の変換は式 (A.56) と (A.60) から

$$\boldsymbol{e}_{\xi_i} = \sum_{k=1}^{3} \frac{1}{h_i} \frac{\partial x_k}{\partial \xi_i} \boldsymbol{e}_{x_k} \tag{A.61}$$

となり，スケール変換行列 $\boldsymbol{S}$ は

$$\boldsymbol{S} \equiv \begin{pmatrix} h_1^{-1} & 0 & 0 \\ 0 & h_2^{-1} & 0 \\ 0 & 0 & h_3^{-1} \end{pmatrix}, \quad \boldsymbol{S}^* \equiv \begin{pmatrix} h_1 & 0 & 0 \\ 0 & h_2 & 0 \\ 0 & 0 & h_3 \end{pmatrix} \tag{A.62}$$

で定義される。逆変換は

$$\boldsymbol{e}_{x_k} = \sum_{m=1}^{3} h_m \frac{\partial \xi_m}{\partial x_k} \boldsymbol{e}_{\xi_m} \tag{A.63}$$

で決定される。曲線座標系の基底に対する微分表現が微分方程式を変換するのには必要になる。そこでまず基底の微分表現を導出する際に必要となる関係式を定式化しておこう。一つは基底ベクトルの積が定数（0 か 1）であることに着目して

$$\frac{\partial \left( \boldsymbol{e}_{\xi_i} \cdot \boldsymbol{e}_{\xi_j} \right)}{\partial \xi_k} = 0 \tag{A.64}$$

が成立し，この式を整理すると

$$\frac{\partial \boldsymbol{e}_{\xi_i}}{\partial \xi_k} \cdot \boldsymbol{e}_{\xi_j} = -\boldsymbol{e}_{\xi_i} \cdot \frac{\partial \boldsymbol{e}_{\xi_j}}{\partial \xi_k} \tag{A.65}$$

が得られる。さらに接線ベクトルに微分を実行すると

$$\frac{\partial \boldsymbol{\Xi}_i}{\partial \xi_j} = \frac{\partial}{\partial \xi_j} \frac{\partial \boldsymbol{X}}{\partial \xi_i} = \frac{\partial}{\partial \xi_i} \frac{\partial \boldsymbol{X}}{\partial \xi_j} = \frac{\partial \boldsymbol{\Xi}_j}{\partial \xi_i} \tag{A.66}$$

となり，テンソルの足が入替え可能であることがわかる。式 (A.61) を代入すると

$$\frac{\partial h_i}{\partial \xi_j}\delta_{ik} + h_i \frac{\partial \boldsymbol{e}_{\xi_i}}{\partial \xi_j} \cdot \boldsymbol{e}_{\xi_k} = \frac{\partial h_j}{\partial \xi_i}\delta_{jk} + h_j \frac{\partial \boldsymbol{e}_{\xi_j}}{\partial \xi_i} \cdot \boldsymbol{e}_{\xi_k} \tag{A.67}$$

となる。議論を簡単化するため，新たなテンソル $\alpha_{ijm}$ を使用して基底微分を

$$\frac{\partial \boldsymbol{e}_{\xi_i}}{\partial \xi_j} = \sum_{m=1}^{3} \alpha_{ijm} \boldsymbol{e}_{\xi_m} \tag{A.68}$$

とする。これを二つの関係式 (A.65) と (A.67) に導入すると

$$\alpha_{imj} = -\alpha_{jmi}, \quad \frac{\partial h_i}{\partial \xi_j}\delta_{ik} + h_i \alpha_{ijk} = \frac{\partial h_j}{\partial \xi_i}\delta_{jk} + h_j \alpha_{jik}$$

という関係式になる。この関係式を整理するとつぎのようになる。

$$\alpha_{iki} = 0, \quad \alpha_{ijk}(i \neq j \neq k \neq i) = 0, \quad \alpha_{jii} = \frac{1}{h_j}\frac{\partial h_i}{\partial \xi_j}, \quad \alpha_{iij} = -\frac{1}{h_j}\frac{\partial h_i}{\partial \xi_j}$$

これらの条件を満足するテンソル $\alpha_{ijk}$ は

$$\alpha_{ijk} = \delta_{jk}\frac{1}{h_i}\frac{\partial h_j}{\partial \xi_i} - \delta_{ij}\frac{1}{h_k}\frac{\partial h_i}{\partial \xi_k} \tag{A.69}$$

となる。これで基底の微分に関するすべての情報が導出できたので式 (A.68) に従って計算を実行すると，それぞれが次式で表現されることが判明した（一般曲線直交座標系での一般表現）。

$$\begin{aligned}
&\frac{\partial \boldsymbol{e}_{\xi_1}}{\partial \xi_1} = -\frac{1}{h_2}\frac{\partial h_1}{\partial \xi_2}\boldsymbol{e}_{\xi_2} - \frac{1}{h_3}\frac{\partial h_1}{\partial \xi_3}\boldsymbol{e}_{\xi_3}, &&\frac{\partial \boldsymbol{e}_{\xi_1}}{\partial \xi_2} = \frac{1}{h_1}\frac{\partial h_2}{\partial \xi_1}\boldsymbol{e}_{\xi_2},\\
&\frac{\partial \boldsymbol{e}_{\xi_1}}{\partial \xi_3} = \frac{1}{h_1}\frac{\partial h_3}{\partial \xi_1}\boldsymbol{e}_{\xi_3}, &&\frac{\partial \boldsymbol{e}_{\xi_2}}{\partial \xi_1} = \frac{1}{h_2}\frac{\partial h_1}{\partial \xi_2}\boldsymbol{e}_{\xi_1},\\
&\frac{\partial \boldsymbol{e}_{\xi_2}}{\partial \xi_2} = -\frac{1}{h_1}\frac{\partial h_2}{\partial \xi_1}\boldsymbol{e}_{\xi_1} - \frac{1}{h_3}\frac{\partial h_2}{\partial \xi_3}\boldsymbol{e}_{\xi_3}, &&\frac{\partial \boldsymbol{e}_{\xi_2}}{\partial \xi_3} = \frac{1}{h_2}\frac{\partial h_3}{\partial \xi_2}\boldsymbol{e}_{\xi_3},\\
&\frac{\partial \boldsymbol{e}_{\xi_3}}{\partial \xi_1} = \frac{1}{h_3}\frac{\partial h_1}{\partial \xi_3}\boldsymbol{e}_{\xi_1}, &&\frac{\partial \boldsymbol{e}_{\xi_3}}{\partial \xi_2} = \frac{1}{h_3}\frac{\partial h_2}{\partial \xi_3}\boldsymbol{e}_{\xi_2},\\
&\frac{\partial \boldsymbol{e}_{\xi_3}}{\partial \xi_3} = -\frac{1}{h_1}\frac{\partial h_3}{\partial \xi_1}\boldsymbol{e}_{\xi_1} - \frac{1}{h_2}\frac{\partial h_3}{\partial \xi_2}\boldsymbol{e}_{\xi_2}
\end{aligned} \tag{A.70}$$

以上導出してきた式を用いて一般曲線直交座標系の諸公式を提示する。まず，スカラー場の勾配 $\nabla\phi$ を示す。直交デカルト座標系では明らかに

$$\nabla\phi = \sum_{k=1}^{3} \frac{\partial \phi}{\partial x_k}\boldsymbol{e}_{x_k} \tag{A.71}$$

であり，微分連鎖則から

$$\nabla\phi=\sum_{k=1}^{3}\sum_{j=1}^{3}\frac{\partial\phi}{\partial\xi_j}\frac{\partial\xi_j}{\partial x_k}\boldsymbol{e}_{x_k} \tag{A.72}$$

となり，式 (A.63) を導入すると

$$\nabla\phi=\sum_{k=1}^{3}\sum_{j=1}^{3}\frac{\partial\phi}{\partial\xi_j}\frac{\partial\xi_j}{\partial x_k}\sum_{m=1}^{3}h_m\frac{\partial\xi_m}{\partial x_k}\boldsymbol{e}_{\xi_m} \tag{A.73}$$

と変形され，さらに両座標系の直交性を用いて

$$\nabla\phi=\sum_{k=1}^{3}\sum_{j=1}^{3}\frac{\partial\phi}{\partial\xi_j}\sum_{m=1}^{3}h_m\frac{\partial\xi_j}{\partial x_k}\frac{\partial\xi_m}{\partial x_k}\boldsymbol{e}_{\xi_m}=\sum_{j=1}^{3}\frac{\partial\phi}{\partial\xi_j}\sum_{m=1}^{3}\frac{h_m\delta_{jm}}{g_{mm}}\boldsymbol{e}_{\xi_m} \tag{A.74}$$

が導かれ，表式の統一感を出すため添字を $k$ に変更すると一般曲線直交座標系でのスカラー場の勾配は最終的には

$$\nabla\phi=\sum_{k=1}^{3}\frac{1}{h_k}\frac{\partial\phi}{\partial\xi_k}\boldsymbol{e}_{\xi_k} \tag{A.75}$$

で表される。つまり，ハミルトン演算子 $\nabla$ は

$$\nabla=\sum_{k=1}^{3}\frac{1}{h_k}\boldsymbol{e}_{\xi_k}\frac{\partial}{\partial\xi_k} \tag{A.76}$$

ということである。つぎにベクトル場の発散 $\nabla\cdot\boldsymbol{A}$ を導出しよう。曲線座標系での表現はつぎのようになる。

$$\nabla\cdot\boldsymbol{A}=\nabla\cdot\sum_{j=1}^{3}A_j\boldsymbol{e}_{\xi_j}=\sum_{j=1}^{3}(\nabla A_j)\cdot\boldsymbol{e}_{\xi_j}+\sum_{j=1}^{3}A_j\left(\nabla\cdot\boldsymbol{e}_{\xi_j}\right) \tag{A.77}$$

ここで注目すべき点は基底の微分を必要とする点である。前項には式 (A.75) を後項には式 (A.70) を代入すると

$$\nabla\cdot\boldsymbol{A}=\frac{1}{h_1h_2h_3}\left\{\frac{\partial\left(A_1h_2h_3\right)}{\partial\xi_1}+\frac{\partial\left(h_1A_2h_3\right)}{\partial\xi_2}+\frac{\partial\left(h_1h_2A_3\right)}{\partial\xi_3}\right\} \tag{A.78}$$

と求まる。またベクトル場の回転 $\nabla\times\boldsymbol{A}$ も同様に基底の微分に関して注意すると

$$\begin{aligned}\nabla\times\boldsymbol{A}=\frac{1}{h_1h_2h_3}&\left\{\left(\frac{\partial\left(h_3A_3\right)}{\partial\xi_2}-\frac{\partial\left(h_2A_2\right)}{\partial\xi_3}\right)h_1\boldsymbol{e}_{\xi_1}+\left(\frac{\partial\left(h_1A_1\right)}{\partial\xi_3}-\frac{\partial\left(h_3A_3\right)}{\partial\xi_1}\right)h_2\boldsymbol{e}_{\xi_2}\right.\\&\left.+\left(\frac{\partial\left(h_2A_2\right)}{\partial\xi_1}-\frac{\partial\left(h_1A_1\right)}{\partial\xi_2}\right)h_3\boldsymbol{e}_{\xi_3}\right\}\end{aligned} \tag{A.79}$$

が導出される。スカラー場のラプラシアン $\Delta\phi$ は式 (A.76) より

$$\Delta\phi=\frac{1}{h_1h_2h_3}\left\{\frac{\partial}{\partial\xi_1}\left(\frac{h_2h_3}{h_1}\frac{\partial\phi}{\partial\xi_1}\right)+\frac{\partial}{\partial\xi_2}\left(\frac{h_3h_1}{h_2}\frac{\partial\phi}{\partial\xi_2}\right)+\frac{\partial}{\partial\xi_3}\left(\frac{h_1h_2}{h_3}\frac{\partial\phi}{\partial\xi_3}\right)\right\} \tag{A.80}$$

となり，ベクトル場のラプラシアン $\Delta\boldsymbol{A}$ は電磁気学などで有名な公式

$$\Delta\boldsymbol{A} = \nabla(\nabla\cdot\boldsymbol{A}) - \nabla\times(\nabla\times\boldsymbol{A}) \tag{A.81}$$

を用いて計算でき，一般曲線座標系での結果は次式となる。

$$\begin{aligned}
\Delta\boldsymbol{A} = & \left[\frac{1}{h_1}\frac{\partial}{\partial\xi_1}\left\{\frac{1}{h_1h_2h_3}\left(\frac{\partial(A_1h_2h_3)}{\partial\xi_1}+\frac{\partial(h_1A_2h_3)}{\partial\xi_2}+\frac{\partial(h_1h_2A_3)}{\partial\xi_3}\right)\right\}\right. \\
& -\frac{1}{h_2h_3}\left\{\frac{\partial}{\partial\xi_2}\left(\frac{h_3}{h_1h_2}\left(\frac{\partial(h_2A_2)}{\partial\xi_1}-\frac{\partial(h_1A_1)}{\partial\xi_2}\right)\right)\right. \\
& \left.\left.-\frac{\partial}{\partial\xi_3}\left(\frac{h_2}{h_1h_3}\left(\frac{\partial(h_1A_1)}{\partial\xi_3}-\frac{\partial(h_3A_3)}{\partial\xi_1}\right)\right)\right\}\right]\boldsymbol{e}_{\xi_1} \\
& +\left[\frac{1}{h_2}\frac{\partial}{\partial\xi_2}\left\{\frac{1}{h_1h_2h_3}\left(\frac{\partial(A_1h_2h_3)}{\partial\xi_1}+\frac{\partial(h_1A_2h_3)}{\partial\xi_2}+\frac{\partial(h_1h_2A_3)}{\partial\xi_3}\right)\right\}\right. \\
& -\frac{1}{h_1h_3}\left\{\frac{\partial}{\partial\xi_3}\left(\frac{h_1}{h_2h_3}\left(\frac{\partial(h_3A_3)}{\partial\xi_2}-\frac{\partial(h_2A_2)}{\partial\xi_3}\right)\right)\right. \\
& \left.\left.-\frac{\partial}{\partial\xi_1}\left(\frac{h_3}{h_1h_2}\left(\frac{\partial(h_2A_2)}{\partial\xi_1}-\frac{\partial(h_1A_1)}{\partial\xi_2}\right)\right)\right\}\right]\boldsymbol{e}_{\xi_2} \\
& +\left[\frac{1}{h_3}\frac{\partial}{\partial\xi_3}\left\{\frac{1}{h_1h_2h_3}\left(\frac{\partial(A_1h_2h_3)}{\partial\xi_1}+\frac{\partial(h_1A_2h_3)}{\partial\xi_2}+\frac{\partial(h_1h_2A_3)}{\partial\xi_3}\right)\right\}\right. \\
& -\frac{1}{h_1h_2}\left\{\frac{\partial}{\partial\xi_1}\left(\frac{h_2}{h_1h_3}\left(\frac{\partial(h_1A_1)}{\partial\xi_3}-\frac{\partial(h_3A_3)}{\partial\xi_1}\right)\right)\right. \\
& \left.\left.-\frac{\partial}{\partial\xi_2}\left(\frac{h_1}{h_2h_3}\left(\frac{\partial(h_3A_3)}{\partial\xi_2}-\frac{\partial(h_2A_2)}{\partial\xi_3}\right)\right)\right\}\right]\boldsymbol{e}_{\xi_3}
\end{aligned} \tag{A.82}$$

### A.2.1　一般曲線直交座標系表現

前述の変換を利用して圧縮性実在流体に対する方程式系は以下のように導出される。まず，密度方程式は次式で与えられる。

$$\frac{\partial\rho}{\partial t}+\frac{1}{h_1h_2h_3}\left(\frac{\partial h_2h_3\rho v_1}{\partial\xi_1}+\frac{\partial h_3h_1\rho v_2}{\partial\xi_2}+\frac{\partial h_1h_2\rho v_3}{\partial\xi_3}\right)=0 \tag{A.83}$$

運動量方程式は

$$\begin{aligned}
&\frac{\partial\rho v_1}{\partial t}+\frac{1}{h_1h_2h_3}\left(\frac{\partial h_2h_3\rho v_1v_1}{\partial\xi_1}+\frac{\partial h_3h_1\rho v_1v_2}{\partial\xi_2}+\frac{\partial h_1h_2\rho v_3v_1}{\partial\xi_3}\right) \\
&-\frac{\rho v_3}{h_3h_1}\left(v_3\frac{\partial h_3}{\partial\xi_1}-v_1\frac{\partial h_1}{\partial\xi_3}\right)+\frac{\rho v_2}{h_1h_2}\left(v_1\frac{\partial h_1}{\partial\xi_2}-v_2\frac{\partial h_2}{\partial\xi_1}\right) \\
&=-\frac{1}{h_1}\frac{\partial p}{\partial\xi_1}+\frac{1}{h_1h_2h_3}\left(\frac{\partial h_2h_3\sigma_{11}}{\partial\xi_1}+\frac{\partial h_3h_1\sigma_{12}}{\partial\xi_2}+\frac{\partial h_1h_2\sigma_{31}}{\partial\xi_3}\right) \\
&\quad-\frac{1}{h_1h_3}\left(\sigma_{33}\frac{\partial h_3}{\partial\xi_1}-\sigma_{31}\frac{\partial h_1}{\partial\xi_3}\right)+\frac{1}{h_1h_2}\left(\sigma_{12}\frac{\partial h_1}{\partial\xi_2}-\sigma_{22}\frac{\partial h_2}{\partial\xi_1}\right)+f_1
\end{aligned} \tag{A.84}$$

$$\frac{\partial \rho v_2}{\partial t}+\frac{1}{h_1h_2h_3}\left(\frac{\partial h_2h_3\rho v_1v_2}{\partial \xi_1}+\frac{\partial h_3h_1\rho v_2v_2}{\partial \xi_2}+\frac{\partial h_1h_2\rho v_2v_3}{\partial \xi_3}\right)$$
$$-\frac{\rho v_1}{h_1h_2}\left(v_1\frac{\partial h_1}{\partial \xi_2}-v_2\frac{\partial h_2}{\partial \xi_1}\right)+\frac{\rho v_3}{h_2h_3}\left(v_2\frac{\partial h_2}{\partial \xi_3}-v_3\frac{\partial h_3}{\partial \xi_2}\right)$$
$$=-\frac{1}{h_2}\frac{\partial p}{\partial \xi_2}+\frac{1}{h_1h_2h_3}\left(\frac{\partial h_2h_3\sigma_{12}}{\partial \xi_1}+\frac{\partial h_3h_1\sigma_{22}}{\partial \xi_2}+\frac{\partial h_1h_2\sigma_{23}}{\partial \xi_3}\right)$$
$$-\frac{1}{h_1h_2}\left(\sigma_{11}\frac{\partial h_1}{\partial \xi_2}-\sigma_{12}\frac{\partial h_2}{\partial \xi_1}\right)+\frac{1}{h_2h_3}\left(\sigma_{23}\frac{\partial h_2}{\partial \xi_3}-\sigma_{33}\frac{\partial h_3}{\partial \xi_2}\right)+f_2 \tag{A.85}$$

$$\frac{\partial \rho v_3}{\partial t}+\frac{1}{h_1h_2h_3}\left(\frac{\partial h_2h_3\rho v_3v_1}{\partial \xi_1}+\frac{\partial h_3h_1\rho v_2v_3}{\partial \xi_2}+\frac{\partial h_1h_2\rho v_3v_3}{\partial \xi_3}\right)$$
$$-\frac{\rho v_2}{h_2h_3}\left(v_2\frac{\partial h_2}{\partial \xi_3}-v_3\frac{\partial h_3}{\partial \xi_2}\right)+\frac{\rho v_1}{h_3h_1}\left(v_3\frac{\partial h_3}{\partial \xi_1}-v_1\frac{\partial h_1}{\partial \xi_3}\right)$$
$$=-\frac{1}{h_3}\frac{\partial p}{\partial \xi_3}+\frac{1}{h_1h_2h_3}\left(\frac{\partial h_2h_3\sigma_{31}}{\partial \xi_1}+\frac{\partial h_3h_1\sigma_{23}}{\partial \xi_2}+\frac{\partial h_1h_2\sigma_{33}}{\partial \xi_3}\right)$$
$$-\frac{1}{h_2h_3}\left(\sigma_{22}\frac{\partial h_2}{\partial \xi_3}-\sigma_{23}\frac{\partial h_3}{\partial \xi_2}\right)+\frac{1}{h_3h_1}\left(\sigma_{31}\frac{\partial h_3}{\partial \xi_1}-\sigma_{11}\frac{\partial h_1}{\partial \xi_3}\right)+f_3 \tag{A.86}$$

となり，最後に運動エネルギーと内部エネルギーの和である全エネルギー $E_T$ の保存方程式は

$$\frac{\partial E_T}{\partial t}+\frac{1}{h_1h_2h_3}\left(\frac{\partial h_2h_3v_1E_T}{\partial \xi_1}+\frac{\partial h_3h_1v_2E_T}{\partial \xi_2}+\frac{\partial h_1h_2v_3E_T}{\partial \xi_3}\right)$$
$$=-\frac{1}{h_1h_2h_3}\left(\frac{\partial h_2h_3v_1p}{\partial \xi_1}+\frac{\partial h_3h_1v_2p}{\partial \xi_2}+\frac{\partial h_1h_2v_3p}{\partial \xi_3}\right)$$
$$+\frac{1}{h_1h_2h_3}\frac{\partial}{\partial \xi_1}\left\{h_2h_3\left(v_1\sigma_{11}+v_2\sigma_{12}+v_3\sigma_{31}\right)\right\}$$
$$+\frac{1}{h_1h_2h_3}\frac{\partial}{\partial \xi_2}\left\{h_3h_1\left(v_1\sigma_{12}+v_2\sigma_{22}+v_3\sigma_{23}\right)\right\}$$
$$+\frac{1}{h_1h_2h_3}\frac{\partial}{\partial \xi_3}\left\{h_1h_2\left(v_1\sigma_{31}+v_2\sigma_{23}+v_3\sigma_{33}\right)\right\}$$
$$-\frac{1}{h_1h_2h_3}\left(\frac{\partial h_2h_3q_1}{\partial \xi_1}+\frac{\partial h_3h_1q_2}{\partial \xi_2}+\frac{\partial h_1h_2q_3}{\partial \xi_3}\right)$$
$$+f_1v_1+f_2v_2+f_3v_3 \tag{A.87}$$

と求まる。これらの式に現れている粘性応力 $\sigma_{ij}$ と熱流束 $q_i$ は

$$\sigma_{11}=2\mu s_{11}+\lambda s_{ii},\quad \sigma_{22}=2\mu s_{22}+\lambda s_{ii},\quad \sigma_{33}=2\mu s_{33}+\lambda s_{ii},$$
$$\sigma_{12}=2\mu s_{12},\qquad \sigma_{23}=2\mu s_{23},\qquad \sigma_{31}=2\mu s_{31} \tag{A.88}$$

$$q_1=-\frac{\alpha}{h_1}\frac{\partial \theta}{\partial \xi_1},\qquad q_2=-\frac{\alpha}{h_2}\frac{\partial \theta}{\partial \xi_2},\qquad q_3=-\frac{\alpha}{h_3}\frac{\partial \theta}{\partial \xi_3} \tag{A.89}$$

であり，歪テンソル $s_{ij}$ の成分表示は

$$s_{11} = \frac{1}{h_1}\frac{\partial v_1}{\partial \xi_1} + \frac{v_2}{h_1 h_2}\frac{\partial h_1}{\partial \xi_2} + \frac{v_3}{h_3 h_1}\frac{\partial h_1}{\partial \xi_3} \tag{A.90}$$

$$s_{22} = \frac{1}{h_2}\frac{\partial v_2}{\partial \xi_2} + \frac{v_3}{h_2 h_3}\frac{\partial h_2}{\partial \xi_3} + \frac{v_1}{h_1 h_2}\frac{\partial h_2}{\partial \xi_1} \tag{A.91}$$

$$s_{33} = \frac{1}{h_3}\frac{\partial v_3}{\partial \xi_3} + \frac{v_1}{h_3 h_1}\frac{\partial h_3}{\partial \xi_1} + \frac{v_2}{h_2 h_3}\frac{\partial h_3}{\partial \xi_2} \tag{A.92}$$

$$s_{12} = s_{21} = \frac{1}{2}\left\{\frac{h_2}{h_1}\frac{\partial}{\partial \xi_1}\left(\frac{v_2}{h_2}\right) + \frac{h_1}{h_2}\frac{\partial}{\partial \xi_2}\left(\frac{v_1}{h_1}\right)\right\} \tag{A.93}$$

$$s_{23} = s_{32} = \frac{1}{2}\left\{\frac{h_3}{h_2}\frac{\partial}{\partial \xi_2}\left(\frac{v_3}{h_3}\right) + \frac{h_2}{h_3}\frac{\partial}{\partial \xi_3}\left(\frac{v_2}{h_2}\right)\right\} \tag{A.94}$$

$$s_{31} = s_{13} = \frac{1}{2}\left\{\frac{h_1}{h_3}\frac{\partial}{\partial \xi_3}\left(\frac{v_1}{h_1}\right) + \frac{h_3}{h_1}\frac{\partial}{\partial \xi_1}\left(\frac{v_3}{h_3}\right)\right\} \tag{A.95}$$

となる。また，渦度テンソル $w_{ij}$ および渦度ベクトル $\omega_i$ の成分表示は

$$w_{11} = w_{22} = w_{33} = 0 \tag{A.96}$$

$$w_{12} = -w_{21} = \frac{1}{2}\omega_3 = \frac{1}{2h_1 h_2}\left(\frac{\partial h_2 v_2}{\partial \xi_1} - \frac{\partial h_1 v_1}{\partial \xi_2}\right) \tag{A.97}$$

$$w_{23} = -w_{32} = \frac{1}{2}\omega_1 = \frac{1}{2h_2 h_3}\left(\frac{\partial h_3 v_3}{\partial \xi_2} - \frac{\partial h_2 v_2}{\partial \xi_3}\right) \tag{A.98}$$

$$w_{31} = -w_{13} = \frac{1}{2}\omega_2 = \frac{1}{2h_3 h_1}\left(\frac{\partial h_1 v_1}{\partial \xi_3} - \frac{\partial h_3 v_3}{\partial \xi_1}\right) \tag{A.99}$$

で与えられる。

密度一定の非圧縮条件が課せる場合でのこの一般曲線座標系におけるナビア–ストークス方程式はつぎのように表せる。

$$\frac{1}{h_1 h_2 h_3}\left(\frac{\partial h_2 h_3 v_1}{\partial \xi_1} + \frac{\partial h_3 h_1 v_2}{\partial \xi_2} + \frac{\partial h_1 h_2 v_3}{\partial \xi_3}\right) = 0 \tag{A.100}$$

$$\begin{aligned}
&\frac{\partial v_1}{\partial t} + \frac{1}{h_1 h_2 h_3}\left(\frac{\partial h_2 h_3 v_1 v_1}{\partial \xi_1} + \frac{\partial h_3 h_1 v_1 v_2}{\partial \xi_2} + \frac{\partial h_1 h_2 v_3 v_1}{\partial \xi_3}\right) \\
&\qquad - \frac{v_3 v_3}{h_3 h_1}\frac{\partial h_3}{\partial \xi_1} + \frac{v_3 v_1}{h_3 h_1}\frac{\partial h_1}{\partial \xi_3} + \frac{v_1 v_2}{h_1 h_2}\frac{\partial h_1}{\partial \xi_2} - \frac{v_2 v_2}{h_1 h_2}\frac{\partial h_2}{\partial \xi_1} \\
&= -\frac{1}{\rho h_1}\frac{\partial p}{\partial \xi_1} + \frac{2\nu}{h_1 h_2 h_3}\frac{\partial}{\partial \xi_1}\left\{h_2 h_3\left(\frac{1}{h_1}\frac{\partial v_1}{\partial \xi_1} + \frac{v_2}{h_1 h_2}\frac{\partial h_1}{\partial \xi_2} + \frac{v_3}{h_3 h_1}\frac{\partial h_1}{\partial \xi_3}\right)\right\}
\end{aligned}$$

$$
\begin{aligned}
&+\frac{\nu}{h_1h_2h_3}\frac{\partial}{\partial \xi_2}\left[h_3h_1\left\{\frac{h_2}{h_1}\frac{\partial}{\partial \xi_1}\left(\frac{v_2}{h_2}\right)+\frac{h_1}{h_2}\frac{\partial}{\partial \xi_2}\left(\frac{v_1}{h_1}\right)\right\}\right]\\
&+\frac{\nu}{h_1h_2h_3}\frac{\partial}{\partial \xi_3}\left[h_1h_2\left\{\frac{h_1}{h_3}\frac{\partial}{\partial \xi_3}\left(\frac{v_1}{h_1}\right)+\frac{h_3}{h_1}\frac{\partial}{\partial \xi_1}\left(\frac{v_3}{h_3}\right)\right\}\right]\\
&-\frac{2\nu}{h_3h_1}\left(\frac{1}{h_3}\frac{\partial v_3}{\partial \xi_3}+\frac{v_1}{h_3h_1}\frac{\partial h_3}{\partial \xi_1}+\frac{v_2}{h_2h_3}\frac{\partial h_3}{\partial \xi_2}\right)\frac{\partial h_3}{\partial \xi_1}\\
&-\frac{2\nu}{h_1h_2}\left(\frac{1}{h_2}\frac{\partial v_2}{\partial \xi_2}+\frac{v_3}{h_2h_3}\frac{\partial h_2}{\partial \xi_3}+\frac{v_1}{h_1h_2}\frac{\partial h_2}{\partial \xi_1}\right)\frac{\partial h_2}{\partial \xi_1}\\
&+\frac{\nu}{h_3h_1}\left\{\frac{h_1}{h_3}\frac{\partial}{\partial \xi_3}\left(\frac{v_1}{h_1}\right)+\frac{h_3}{h_1}\frac{\partial}{\partial \xi_1}\left(\frac{v_3}{h_3}\right)\right\}\frac{\partial h_1}{\partial \xi_3}\\
&+\frac{\nu}{h_1h_2}\left\{\frac{h_2}{h_1}\frac{\partial}{\partial \xi_1}\left(\frac{v_2}{h_2}\right)+\frac{h_1}{h_2}\frac{\partial}{\partial \xi_2}\left(\frac{v_1}{h_1}\right)\right\}\frac{\partial h_1}{\partial \xi_2}+\frac{f_1}{\rho}
\end{aligned}
\tag{A.101}
$$

$$
\begin{aligned}
&\frac{\partial v_2}{\partial t}+\frac{1}{h_1h_2h_3}\left(\frac{\partial h_2h_3v_1v_2}{\partial \xi_1}+\frac{\partial h_3h_1v_2v_2}{\partial \xi_2}+\frac{\partial h_1h_2v_2v_3}{\partial \xi_3}\right)\\
&\qquad-\frac{v_1v_1}{h_1h_2}\frac{\partial h_1}{\partial \xi_2}+\frac{v_1v_2}{h_1h_2}\frac{\partial h_2}{\partial \xi_1}+\frac{v_2v_3}{h_2h_3}\frac{\partial h_2}{\partial \xi_3}-\frac{v_3v_3}{h_2h_3}\frac{\partial h_3}{\partial \xi_2}\\
&=-\frac{1}{\rho h_2}\frac{\partial p}{\partial \xi_2}+\frac{\nu}{h_1h_2h_3}\frac{\partial}{\partial \xi_1}\left[h_2h_3\left\{\frac{h_2}{h_1}\frac{\partial}{\partial \xi_1}\left(\frac{v_2}{h_2}\right)+\frac{h_1}{h_2}\frac{\partial}{\partial \xi_2}\left(\frac{v_1}{h_1}\right)\right\}\right]\\
&\quad+\frac{2\nu}{h_1h_2h_3}\frac{\partial}{\partial \xi_2}\left\{h_3h_1\left(\frac{1}{h_2}\frac{\partial v_2}{\partial \xi_2}+\frac{v_3}{h_2h_3}\frac{\partial h_2}{\partial \xi_3}+\frac{v_1}{h_1h_2}\frac{\partial h_2}{\partial \xi_1}\right)\right\}\\
&\quad+\frac{\nu}{h_1h_2h_3}\frac{\partial}{\partial \xi_3}\left[h_1h_2\left\{\frac{h_3}{h_2}\frac{\partial}{\partial \xi_2}\left(\frac{v_3}{h_3}\right)+\frac{h_2}{h_3}\frac{\partial}{\partial \xi_3}\left(\frac{v_2}{h_2}\right)\right\}\right]\\
&\quad-\frac{2\nu}{h_1h_2}\left(\frac{1}{h_1}\frac{\partial v_1}{\partial \xi_1}+\frac{v_2}{h_1h_2}\frac{\partial h_1}{\partial \xi_2}+\frac{v_3}{h_3h_1}\frac{\partial h_1}{\partial \xi_3}\right)\frac{\partial h_1}{\partial \xi_2}\\
&\quad-\frac{2\nu}{h_2h_3}\left(\frac{1}{h_3}\frac{\partial v_3}{\partial \xi_3}+\frac{v_1}{h_3h_1}\frac{\partial h_3}{\partial \xi_1}+\frac{v_2}{h_2h_3}\frac{\partial h_3}{\partial \xi_2}\right)\frac{\partial h_3}{\partial \xi_2}\\
&\quad+\frac{\nu}{h_1h_2}\left\{\frac{h_2}{h_1}\frac{\partial}{\partial \xi_1}\left(\frac{v_2}{h_2}\right)+\frac{h_1}{h_2}\frac{\partial}{\partial \xi_2}\left(\frac{v_1}{h_1}\right)\right\}\frac{\partial h_2}{\partial \xi_1}\\
&\quad+\frac{\nu}{h_2h_3}\left\{\frac{h_3}{h_2}\frac{\partial}{\partial \xi_2}\left(\frac{v_3}{h_3}\right)+\frac{h_2}{h_3}\frac{\partial}{\partial \xi_3}\left(\frac{v_2}{h_2}\right)\right\}\frac{\partial h_2}{\partial \xi_3}+\frac{f_2}{\rho}
\end{aligned}
\tag{A.102}
$$

$$
\begin{aligned}
&\frac{\partial v_3}{\partial t}+\frac{1}{h_1h_2h_3}\left(\frac{\partial h_2h_3v_3v_1}{\partial \xi_1}+\frac{\partial h_3h_1v_2v_3}{\partial \xi_2}+\frac{\partial h_1h_2v_3v_3}{\partial \xi_3}\right)\\
&\qquad-\frac{v_2v_2}{h_2h_3}\frac{\partial h_2}{\partial \xi_3}+\frac{v_2v_3}{h_2h_3}\frac{\partial h_3}{\partial \xi_2}+\frac{v_3v_1}{h_3h_1}\frac{\partial h_3}{\partial \xi_1}-\frac{v_1v_1}{h_3h_1}\frac{\partial h_1}{\partial \xi_3}\\
&=-\frac{1}{\rho h_3}\frac{\partial p}{\partial \xi_3}+\frac{\nu}{h_1h_2h_3}\frac{\partial}{\partial \xi_1}\left[h_2h_3\left\{\frac{h_1}{h_3}\frac{\partial}{\partial \xi_3}\left(\frac{v_1}{h_1}\right)+\frac{h_3}{h_1}\frac{\partial}{\partial \xi_1}\left(\frac{v_3}{h_3}\right)\right\}\right]\\
&\quad+\frac{\nu}{h_1h_2h_3}\frac{\partial}{\partial \xi_2}\left[h_3h_1\left\{\frac{h_3}{h_2}\frac{\partial}{\partial \xi_2}\left(\frac{v_3}{h_3}\right)+\frac{h_2}{h_3}\frac{\partial}{\partial \xi_3}\left(\frac{v_2}{h_2}\right)\right\}\right]
\end{aligned}
$$

$$
\begin{aligned}
&+\frac{2\nu}{h_1h_2h_3}\frac{\partial}{\partial\xi_3}\left\{h_1h_2\left(\frac{1}{h_3}\frac{\partial v_3}{\partial\xi_3}+\frac{v_1}{h_3h_1}\frac{\partial h_3}{\partial\xi_1}+\frac{v_2}{h_2h_3}\frac{\partial h_3}{\partial\xi_2}\right)\right\}\\
&-\frac{2\nu}{h_2h_3}\left(\frac{1}{h_2}\frac{\partial v_2}{\partial\xi_2}+\frac{v_3}{h_2h_3}\frac{\partial h_2}{\partial\xi_3}+\frac{v_1}{h_1h_2}\frac{\partial h_2}{\partial\xi_1}\right)\frac{\partial h_2}{\partial\xi_3}\\
&-\frac{2\nu}{h_3h_1}\left(\frac{1}{h_1}\frac{\partial v_1}{\partial\xi_1}+\frac{v_2}{h_1h_2}\frac{\partial h_1}{\partial\xi_2}+\frac{v_3}{h_3h_1}\frac{\partial h_1}{\partial\xi_3}\right)\frac{\partial h_1}{\partial\xi_3}\\
&+\frac{\nu}{h_2h_3}\left\{\frac{h_3}{h_2}\frac{\partial}{\partial\xi_2}\left(\frac{v_3}{h_3}\right)+\frac{h_2}{h_3}\frac{\partial}{\partial\xi_3}\left(\frac{v_2}{h_2}\right)\right\}\frac{\partial h_3}{\partial\xi_2}\\
&+\frac{\nu}{h_3h_1}\left\{\frac{h_1}{h_3}\frac{\partial}{\partial\xi_3}\left(\frac{v_1}{h_1}\right)+\frac{h_3}{h_1}\frac{\partial}{\partial\xi_1}\left(\frac{v_3}{h_3}\right)\right\}\frac{\partial h_3}{\partial\xi_1}+\frac{f_3}{\rho}
\end{aligned}
\tag{A.103}
$$

曲線直交座標系にはさまざまなものが存在するが，次項以降に円筒座標系，3 次元極座標系を例にナビア–ストークス方程式を示していく。

### A.2.2　円筒座標系表現

パイプに代表されるように工学分野では円筒形状は頻繁に登場する幾何形状であり，非常に重要性の高いものである。この幾何形状に対応する円筒座標系 $(x, r, \theta)$ は図 **A.3** のように以下のような座標関係が成立する。

$$x_1 = x,\ \ x_2 = r\cos\theta,\ \ x_3 = r\sin\theta \tag{A.104}$$

$$\xi_1 = x,\ \ \xi_2 = r,\ \ \xi_3 = \theta \tag{A.105}$$

ここで，角 $\theta$ は $0 \sim 2\pi$ の値をとる。これらからスケール変換率 $h_i$ は

$$h_1 = 1,\ \ h_2 = 1,\ \ h_3 = r \tag{A.106}$$

となる。周方向成分に関してのみスケール変換率が半径 $r$ に依存する。

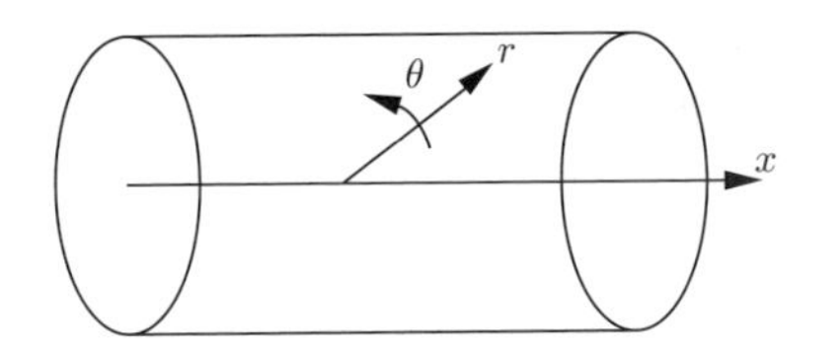


図 **A.3**　円筒座標系

この座標系では工学的重要性を考慮して，圧縮性ナビア–ストークス方程式系についてもつぎに示していく。

$$\frac{\partial\rho}{\partial t}+\frac{\partial\rho v_x}{\partial x}+\frac{1}{r}\frac{\partial r\rho v_r}{\partial r}+\frac{1}{r}\frac{\partial\rho v_\theta}{\partial\theta}=0 \tag{A.107}$$

$$\frac{\partial \rho v_x}{\partial t} + \frac{\partial \rho v_x v_x}{\partial x} + \frac{1}{r}\frac{\partial r \rho v_x v_r}{\partial r} + \frac{1}{r}\frac{\partial \rho v_\theta v_x}{\partial \theta}$$
$$= -\frac{\partial p}{\partial x} + \frac{\partial \sigma_{xx}}{\partial x} + \frac{1}{r}\frac{\partial r \sigma_{xr}}{\partial r} + \frac{1}{r}\frac{\partial \sigma_{\theta x}}{\partial \theta} + f_x \tag{A.108}$$

$$\frac{\partial \rho v_r}{\partial t} + \frac{\partial \rho v_x v_r}{\partial x} + \frac{1}{r}\frac{\partial r \rho v_r v_r}{\partial r} + \frac{1}{r}\frac{\partial \rho v_r v_\theta}{\partial \theta} - \frac{\rho v_\theta v_\theta}{r}$$
$$= -\frac{\partial p}{\partial r} + \frac{\partial \sigma_{xr}}{\partial x} + \frac{1}{r}\frac{\partial r \sigma_{rr}}{\partial r} + \frac{1}{r}\frac{\partial \sigma_{r\theta}}{\partial \theta} - \frac{\sigma_{\theta\theta}}{r} + f_r \tag{A.109}$$

$$\frac{\partial \rho v_\theta}{\partial t} + \frac{\partial \rho v_\theta v_x}{\partial x} + \frac{1}{r}\frac{\partial r \rho v_r v_\theta}{\partial r} + \frac{1}{r}\frac{\partial \rho v_\theta v_\theta}{\partial \theta} + \frac{\rho v_r v_\theta}{r}$$
$$= -\frac{1}{r}\frac{\partial p}{\partial \theta} + \frac{\partial \sigma_{\theta x}}{\partial x} + \frac{1}{r}\frac{\partial r \sigma_{r\theta}}{\partial r} + \frac{1}{r}\frac{\partial \sigma_{\theta\theta}}{\partial \theta} + \frac{\sigma_{r\theta}}{r} + f_\theta \tag{A.110}$$

$$\frac{\partial E_T}{\partial t} + \frac{\partial v_x E_T}{\partial x} + \frac{1}{r}\frac{\partial r v_r E_T}{\partial r} + \frac{1}{r}\frac{\partial v_\theta E_T}{\partial \theta} = -\frac{\partial p v_x}{\partial x} - \frac{1}{r}\frac{\partial r p v_r}{\partial r} - \frac{1}{r}\frac{\partial p v_\theta}{\partial \theta}$$
$$+\frac{\partial}{\partial x}\left(v_x \sigma_{xx} + v_r \sigma_{xr} + v_\theta \sigma_{\theta x}\right) + \frac{1}{r}\frac{\partial}{\partial r}\left\{r\left(v_x \sigma_{xr} + v_r \sigma_{rr} + v_\theta \sigma_{r\theta}\right)\right\}$$
$$+\frac{1}{r}\frac{\partial}{\partial \theta}\left(v_x \sigma_{\theta x} + v_r \sigma_{r\theta} + v_\theta \sigma_{\theta\theta}\right) - \frac{\partial q_x}{\partial x} - \frac{1}{r}\frac{\partial r q_r}{\partial r} - \frac{1}{r}\frac{\partial q_\theta}{\partial \theta}$$
$$+f_x v_x + f_r v_r + f_\theta v_\theta \tag{A.111}$$

ここで，粘性応力 $\sigma_{ij}$ と熱流束成分 $q_j$ は

$$\sigma_{xx} = 2\mu \frac{\partial v_x}{\partial x} + \lambda\left(\frac{\partial v_x}{\partial x} + \frac{1}{r}\frac{\partial r v_r}{\partial r} + \frac{1}{r}\frac{\partial v_\theta}{\partial \theta}\right),$$

$$\sigma_{rr} = 2\mu \frac{\partial v_r}{\partial r} + \lambda\left(\frac{\partial v_x}{\partial x} + \frac{1}{r}\frac{\partial r v_r}{\partial r} + \frac{1}{r}\frac{\partial v_\theta}{\partial \theta}\right),$$

$$\sigma_{\theta\theta} = 2\mu\left(\frac{1}{r}\frac{\partial v_\theta}{\partial \theta} + \frac{v_r}{r}\right) + \lambda\left(\frac{\partial v_x}{\partial x} + \frac{1}{r}\frac{\partial r v_r}{\partial r} + \frac{1}{r}\frac{\partial v_\theta}{\partial \theta}\right),$$

$$\sigma_{xr} = \mu\left(\frac{\partial v_r}{\partial x} + \frac{\partial v_x}{\partial r}\right),\quad \sigma_{r\theta} = \mu\left\{r\frac{\partial}{\partial r}\left(\frac{v_\theta}{r}\right) + \frac{1}{r}\frac{\partial v_r}{\partial \theta}\right\},$$

$$\sigma_{\theta x} = \mu\left(\frac{1}{r}\frac{\partial v_x}{\partial \theta} + \frac{\partial v_\theta}{\partial x}\right) \tag{A.112}$$

$$q_x = -\alpha\frac{\partial T}{\partial x},\quad q_r = -\alpha\frac{\partial T}{\partial r},\quad q_\theta = -\frac{\alpha}{r}\frac{\partial T}{\partial \theta} \tag{A.113}$$

で与えられる。また，円筒座標系における非圧縮性ナビア–ストークス方程式では

$$\frac{\partial v_x}{\partial x} + \frac{1}{r}\frac{\partial r v_r}{\partial r} + \frac{1}{r}\frac{\partial v_\theta}{\partial \theta} = 0 \tag{A.114}$$

$$\frac{\partial v_x}{\partial t}+\frac{\partial v_x v_x}{\partial x}+\frac{1}{r}\frac{\partial r v_x v_r}{\partial r}+\frac{1}{r}\frac{\partial v_\theta v_x}{\partial \theta}=-\frac{1}{\rho}\frac{\partial p}{\partial x}+\nu\Delta v_x+\frac{f_x}{\rho} \tag{A.115}$$

$$\begin{aligned}&\frac{\partial v_r}{\partial t}+\frac{\partial v_x v_r}{\partial x}+\frac{1}{r}\frac{\partial r v_r v_r}{\partial r}+\frac{1}{r}\frac{\partial v_r v_\theta}{\partial \theta}-\frac{v_\theta v_\theta}{r}\\&=-\frac{1}{\rho}\frac{\partial p}{\partial r}+\nu\Delta v_r-\frac{2\nu}{r^2}\frac{\partial v_\theta}{\partial \theta}-\frac{\nu v_r}{r^2}+\frac{f_r}{\rho}\end{aligned} \tag{A.116}$$

$$\begin{aligned}&\frac{\partial v_\theta}{\partial t}+\frac{\partial v_\theta v_x}{\partial x}+\frac{1}{r}\frac{\partial r v_r v_\theta}{\partial r}+\frac{1}{r}\frac{\partial v_\theta v_\theta}{\partial \theta}+\frac{v_r v_\theta}{r}\\&=-\frac{1}{\rho r}\frac{\partial p}{\partial \theta}+\nu\Delta v_\theta+\frac{2\nu}{r^2}\frac{\partial v_r}{\partial \theta}-\frac{\nu v_\theta}{r^2}+\frac{f_\theta}{\rho}\end{aligned} \tag{A.117}$$

となる。ここで使われている円筒座標系におけるラプラシアンは

$$\Delta=\frac{\partial^2}{\partial x^2}+\frac{1}{r}\frac{\partial}{\partial r}\left(r\frac{\partial}{\partial r}\right)+\frac{1}{r^2}\frac{\partial^2}{\partial \theta^2} \tag{A.118}$$

である。歪テンソルと渦度ベクトルの成分は次式で与えられる。

$$\begin{aligned}&s_{xx}=\frac{\partial v_x}{\partial x},\quad s_{rr}=\frac{\partial v_r}{\partial r},\quad s_{\theta\theta}=\frac{1}{r}\frac{\partial v_\theta}{\partial \theta}+\frac{v_r}{r},\quad s_{xr}=\frac{1}{2}\left(\frac{\partial v_r}{\partial x}+\frac{\partial v_x}{\partial r}\right)\\&s_{r\theta}=\frac{1}{2}\left\{r\frac{\partial}{\partial r}\left(\frac{v_\theta}{r}\right)+\frac{1}{r}\frac{\partial v_r}{\partial \theta}\right\},\quad s_{\theta x}=\frac{1}{2}\left(\frac{1}{r}\frac{\partial v_x}{\partial \theta}+\frac{\partial v_\theta}{\partial x}\right)\end{aligned} \tag{A.119}$$

$$\omega_x=\frac{1}{r}\frac{\partial r v_\theta}{\partial r}-\frac{1}{r}\frac{\partial v_r}{\partial \theta},\quad \omega_r=\frac{1}{r}\frac{\partial v_x}{\partial \theta}-\frac{\partial v_\theta}{\partial x},\quad \omega_\theta=\frac{\partial v_r}{\partial x}-\frac{\partial v_x}{\partial r} \tag{A.120}$$

また，この表現では $x$ 方向の速度 $v_x$ をゼロとし，$x$ 微分をゼロとすると 2 次元極座標系表現を得ることができる。

### A.2.3 3 次元極座標系表現

地球物理では球体解析が必須であるので，**図 A.4** に示した 3 次元極座標系 $(r,\theta,\varphi)$ では座標変換は

$$x_1=r\sin\theta\cos\varphi,\quad x_2=r\sin\theta\sin\varphi,\quad x_3=r\cos\theta \tag{A.121}$$

$$\xi_1=r,\qquad \xi_2=\theta,\qquad \xi_3=\varphi \tag{A.122}$$

であり，緯度に対応する方位角 $\theta$ は $0\sim\pi$，経度に対応する方位角 $\varphi$ は $0\sim 2\pi$ の値をとる。スケール変換率の値は

$$h_1=1,\qquad h_2=r,\qquad h_3=r\sin\theta \tag{A.123}$$

になる。

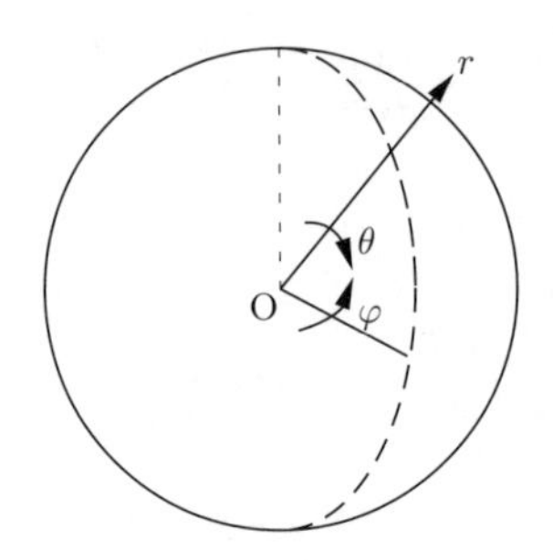


図 **A.4**　3 次元極座標系

ここでは非圧縮性ナビア–ストークス方程式系のみをつぎに示しておく。

$$\frac{1}{r^2}\frac{\partial r^2 v_r}{\partial r} + \frac{1}{r\sin\theta}\frac{\partial \sin\theta v_\theta}{\partial\theta} + \frac{1}{r\sin\theta}\frac{\partial v_\varphi}{\partial\varphi} = 0 \tag{A.124}$$

$$\begin{aligned}&\frac{\partial v_r}{\partial t} + \frac{1}{r^2}\frac{\partial r^2 v_r v_r}{\partial r} + \frac{1}{r\sin\theta}\frac{\partial \sin\theta v_r v_\theta}{\partial\theta} + \frac{1}{r\sin\theta}\frac{\partial v_\varphi v_r}{\partial\varphi} - \frac{v_\varphi^2 + v_\theta^2}{r}\\ &= -\frac{1}{\rho}\frac{\partial p}{\partial r} + \nu\Delta v_r + \frac{2\nu}{r^2}\frac{\partial r v_r}{\partial r} + \frac{f_r}{\rho}\end{aligned} \tag{A.125}$$

$$\begin{aligned}&\frac{\partial v_\theta}{\partial t} + \frac{1}{r^2}\frac{\partial r^2 v_r v_\theta}{\partial r} + \frac{1}{r\sin\theta}\frac{\partial \sin\theta v_\theta v_\theta}{\partial\theta} + \frac{1}{r\sin\theta}\frac{\partial v_\theta v_\varphi}{\partial\varphi} + \frac{v_r v_\theta}{r} - \frac{\cos\theta v_\varphi^2}{r\sin\theta}\\ &= -\frac{1}{\rho r}\frac{\partial p}{\partial\theta} + \nu\Delta v_\theta + \frac{2\nu}{r^2}\frac{\partial v_r}{\partial\theta} - \frac{\nu v_\theta}{r^2\sin^2\theta} - \frac{2\nu\cos\theta}{r^2\sin^2\theta}\frac{\partial v_\varphi}{\partial\varphi} + \frac{f_\theta}{\rho}\end{aligned} \tag{A.126}$$

$$\begin{aligned}&\frac{\partial v_\varphi}{\partial t} + \frac{1}{r^2}\frac{\partial r^2 v_\varphi v_r}{\partial r} + \frac{1}{r\sin\theta}\frac{\partial \sin\theta v_\theta v_\varphi}{\partial\theta} + \frac{1}{r\sin\theta}\frac{\partial v_\varphi v_\varphi}{\partial\varphi} + \frac{\cos\theta v_\theta v_\varphi}{r\sin\theta} + \frac{v_\varphi v_r}{r}\\ &= -\frac{1}{\rho r\sin\theta}\frac{\partial p}{\partial\varphi} + \nu\Delta v_\varphi + \frac{2\nu}{r^2\sin\theta}\frac{\partial v_r}{\partial\varphi} + \frac{2\nu\cos\theta}{r^2\sin^2\theta}\frac{\partial v_\theta}{\partial\varphi} - \frac{\nu v_\varphi}{r^2\sin^2\theta} + \frac{f_\varphi}{\rho}\end{aligned} \tag{A.127}$$

ここで利用しているラプラシアンは

$$\Delta = \frac{1}{r^2}\frac{\partial}{\partial r}\left(r^2\frac{\partial}{\partial r}\right) + \frac{1}{r^2\sin\theta}\frac{\partial}{\partial\theta}\left(\sin\theta\frac{\partial}{\partial\theta}\right) + \frac{1}{r^2\sin^2\theta}\frac{\partial^2}{\partial\varphi^2} \tag{A.128}$$

である。歪テンソルと渦度ベクトルの成分はつぎのように与えられる。

$$\begin{aligned}&s_{rr} = \frac{\partial v_r}{\partial r}, \quad s_{\theta\theta} = \frac{1}{r}\frac{\partial v_\theta}{\partial\theta} + \frac{v_r}{r}, \quad s_{\varphi\varphi} = \frac{1}{r\sin\theta}\frac{\partial v_\varphi}{\partial\varphi} + \frac{v_r}{r} + \frac{\cos\theta v_\theta}{r\sin\theta},\\ &s_{r\theta} = \frac{1}{2}\left\{r\frac{\partial}{\partial r}\left(\frac{v_\theta}{r}\right) + \frac{1}{r}\frac{\partial v_r}{\partial\theta}\right\}, \quad s_{\theta\varphi} = \frac{1}{2}\left\{\frac{\sin\theta}{r}\frac{\partial}{\partial\theta}\left(\frac{v_\varphi}{\sin\theta}\right) + \frac{1}{r\sin\theta}\frac{\partial v_\theta}{\partial\varphi}\right\},\\ &s_{\varphi r} = \frac{1}{2}\left\{\frac{1}{r\sin\theta}\frac{\partial v_r}{\partial\varphi} + r\frac{\partial}{\partial r}\left(\frac{v_\varphi}{r}\right)\right\},\end{aligned} \tag{A.129}$$

$$\omega_r = \frac{1}{r\sin\theta}\left(\frac{\partial \sin\theta v_\varphi}{\partial\theta} - \frac{\partial v_\theta}{\partial\varphi}\right),\ \omega_\theta = \frac{1}{r\sin\theta}\left(\frac{\partial v_r}{\partial\varphi} - \sin\theta\frac{\partial r v_\varphi}{\partial r}\right),$$
$$\omega_\varphi = \frac{1}{r}\left(\frac{\partial r v_\theta}{\partial r} - \frac{\partial v_r}{\partial\theta}\right) \tag{A.130}$$

## A.3　流体力学で必要となる熱力学

圧縮性流体力学においては，流体が局所的には平衡状態が成立しているとし，熱力学の法則が適用される。そのため，圧縮性流れを理解するには熱力学の知識も必要不可欠であり，熱力学での基礎についても紹介しておく。熱力学第一法則は「熱力学的な系はすべてそれに固有な状態量であるエネルギー $I$ を持つ。エネルギーは系が熱量 $dQ$ を得ればそれだけ増え，系が外に仕事 $dW$ をすればそれだけ減る。」というものであり，数式的には

$$dI = dQ - dW \tag{A.131}$$

と書ける。意味としては，内部エネルギーが存在するとしたうえでのエネルギー保存則である。熱力学第二法則は「すべての熱力学的系はエントロピー $S$ と呼ばれる状態量を持つ。エントロピーを求めるには系が任意の初期状態から変化したものと考え，その各段階で得た熱量 $Q$ から絶対温度 $\theta$ を除したものの総和である。実際における過程では孤立系のエントロピーは増大する。」であり

$$dQ = \theta dS \tag{A.132}$$

と書ける。

気体の状態方程式は熱力学では，圧力 $p$，体積 $V$，モル数 $n$，絶対温度 $\theta$，気体定数 $R$ を用いて

$$pV = nR\theta \tag{A.133}$$

と表記される。しかし，流体力学では体積を陽に取り扱うことは困難である。そこで，体積 $V$ での質量 $M$ を用いて密度 $\rho = M/V$ を導入して，流体力学の分野では気体の状態方程式は

$$p = \frac{R}{m}\rho\theta \tag{A.134}$$

と書く。ここで，$m$ はモル質量である。完全流体を取り扱う際には，モル質量を気体定数に組み込んで表記するので，式 (A.134) から $m$ は省略する。ルジャンドル変換により，絶対温度の代わりにエントロピーを導入した気体の状態方程式は比熱比 $\gamma$ を用いて

$$p = \rho^\gamma \exp\left(\frac{S - S_0}{C_V}\right) \tag{A.135}$$

と書き換えられる。ここで，$C_V$ は定積比熱，$S_0$ は基準エントロピーである。この表現は断熱性のときに便利な表現である。

## A.4　参考プログラム

本書では web 上に数値流体力学の体験ができるようにとフォートランによる数値計算プログラムを公開している（まえがきの脚注にある URL を参照）。それらはつぎのような計算が実行できる。

**Joukowski.f**　ジューコフスキー変換による翼形作成プログラム。

**Karman-Trefftz.f**　カルマン–トレフツ変換による翼形作成プログラム。

**JKpotential.f**　ジューコフスキー変換による翼の周りのポテンシャル流の解析プログラム。

**KTpotential.f**　カルマン–トレフツ変換による翼の周りのポテンシャル流の解析プログラム。

**LaminarBoundaryLayer.f**　層流境界層計算プログラム。

**timedevelop.f**　一様せん断乱流での時間発展法検証プログラム。

**cavity2D.f**　SIMPLE 解法の FVM による 2 次元キャビティー流れの数値計算プログラム。

**cavity3D.f**　SIMPLE 解法の FVM による 3 次元キャビティー流れの数値計算プログラム。

**timedevelopcavity2D.f**　HSMAC 解法の FDM による 2 次元キャビティー流れの数値計算プログラム。

**timedevelopchannel2D.f**　HSMAC 解法の FDM による 2 次元チャネル流れの数値計算プログラム。

**channel-HRANS.f**　高レイノルズ数型 2 方程式モデルによるチャネル乱流の数値予測プログラム。

**channel-LRANS.f**　低レイノルズ数型 $K-\varepsilon$ モデルによるチャネル乱流の数値予測プログラム。

**timedevelopRANS.f**　$K-\varepsilon$ モデルと応力方程式モデルによる一様せん断乱流の数値予測プログラム。

ぜひとも活用してより深い理解につなげてみてほしい。また，市販のフォートランソフトを利用できない方は，フォートランのコンパイラーにはフリーのものとして gfortran などもあるのでそれを利用してみてほしい。また，グラフの作成では読者の所有するソフトにあわせて出力部を変える必要がある場合がある。

# 引用・参考文献

本書の執筆に当たって以下の教科書や文献は，著者にとって非常に大きな助けとなり，素晴らしい著書であることから，ここに挙げさせていただく。


1）エリ・ランダウ，イェ・リフシッツ，（竹内　均 訳）：ランダウ=リフシッツ理論物理学教程 流体力学，東京図書 (1970)

2）今井　功：物理学選書 14　流体力学（前編），裳華房 (1973)

3）巽　友正：新物理学シリーズ 21　流体力学，培風館 (1982)

4）吉澤　徴：流体力学，東京大学出版会 (2001)

5）木田重雄，柳瀬眞一郎：乱流力学，朝倉書店 (1999)

6）数値流体力学編集員会 編：数値流体力学シリーズ 乱流解析，東京大学出版会 (1995)

7）スハス V. パタンカー，（水谷幸夫，香月正司 訳），コンピュータによる熱移動と流れの数値解析，森北出版 (1985)

8）Ferziger, J.H. and Peric, M.：Computational Methods for Fluid Dynamics, Springer-Verlag (2002)

9）Canuto, C., et al.：Spectral Methods in Fluid Dynamics, Springer-Verlag (1988)

10）日本数値流体力学会有限要素法研究委員会 編：有限要素法による流れのシミュレーション，Springer-Verlag (1998)


また，本書は専門レベルの内容も含んでいるため，以下に参考論文を列挙しておく。


11）Abe, K., et. al.：Numerical prediction of separating and reattaching flows with a modified low-Reynolds-number model, J. Wind Eng., **46**, pp.85-94 (1993)

12）Amsden, A.A. and Harlow, F.H.：A Simplified MAC Technique for Incompressible Fluid Flow Calculations, J. Comput. Phys., **6**, pp.322-325 (1970)

13）Baldwin, B. S. and Lomax, H.：Thin Layer Approximation and Algebraic Model for Separated Turbulent Flows, AIAA Paper, **78**, pp.257-264 (1978)

14）Bardina, J.：Improved turbulence models based on large eddy simulation of homogeneous, incompressible turbulent flows, Ph.D. dissertation, Stanford University, Stanford, California (1983)

15）Chorin, A.J.：On the convergence of discrete approximations to the Navier-Stokes equations, Math. Comp., **23**, pp.341-353 (1969)

16) Cotton, M.A. and Kirwin, P.J.：A variant of the low-Reynolds-number two-equation turbulence model applied to variable property mixed convection flows, Int. J. Heat and Fluid Flow, **16**, pp.486-492 (1995)
17) Daly, B.J. and Harlow, F.H.：Transport Equations in Turbulence, Phys. Fluids, **11**, pp.2634-2649 (1970)
18) Domanus, H.M., et. al.：New implicit numerical solution scheme in the COMMIX-1A computer program, Technical Report of Argonne National Lab., ANL-83-64 (1983)
19) Germano, M., et. al.：A dynamic subgrid-scale model, Phys. Fluids, **A3**, pp.1760-1765 (1993)
20) Hallow, F.H. and Welch, J.E.：Numerical calculation of time-dependent viscous incompressible flow of fluid with free surface, Phys. Fluids, **8**, pp.2182-2189 (1965)
21) Hanjalic, K. and Launder, B.E.：A Reynolds stress model of turbulence and its application to thin shear flows, J. Fluid Mech., **52**, pp.609-638 (1972)
22) Hirt, C.W. and Cook, J.L.：Calculating three-dimensional flows around structures and over rough terrain, J. Comput. Phys., **10**, pp.324-340 (1972)
23) Kawamura, T. and Kuwahara, K.：Computation of High Reynolds Number Flow around a Circular Cylinder with Surface Roughness, AIAA paper, 84-0340 (1984)
24) Kobayashi, H.：The subgrid-scale models based on coherent structures for rotating homogeneous turbulence and turbulent channel flow, Phys. Fluids, **17**, 045104 (2005)
25) Kolmogorov, A.N.：The local structure of turbulence in incompressible viscous fluid for very large Reynolds numbers, C.R. Acad. Sci. URSS **30**, pp.301-314 (1941)
26) Kolmogorov, A.N.：Dissipation of energy in locally isotropic turbulence, C.R. Acad. Sci. URSS **32**, pp.16-18 (1941)
27) Kolmogorov, A.N.：Equations of turbulent motion in an incompressible fluid, Izv. Akad. Nauk. SSSR ser. Fiz. **6**, pp.56-58 (1942)
28) Kolmogorov, A.N.：A refinement of previous hypotheses concerning the local structure of turbulence in a viscous incompressible fluid at high Reynolds number, J. Fluid Mech. **13**, pp.82-85 (1962)
29) Kraichnan, R.H.：Decay of isotropic turbulence in the direct-interaction approximation, Phys. Fluids, **7**, pp.1030-1048 (1964)
30) Launder, B.E., et. al.：Progress in the development of a Reynolds-stress turbulence closure, J. Fluid Mech., **68**, pp.537-566 (1975)

31) Launder, B.E. and Sharma, B.I.：APPLICATION OF THE ENERGY-DISSIPATION MODEL OF TURBULENCE TO THE CALCULATION OF FLOW NEAR A SPINNING DISC, Letters In Heat and Mass Transfer, **1**, pp.131-138 (1974)

32) Launder, B.E. and Spalding, D.B.：The numerical computation of turbulent flows, Comput. Methods in Appl. Mech. Eng., **3**, pp.269-289 (1974)

33) Lele, S.K.：Compact Finite Difference Schemes with Spectral-like Resolution, J. Comp. Phys., **103**, pp.16-42 (1992)

34) Leonard, B.P.：A stable and accurate convective modelling procedure based on quadratic upstream interpolation, Computer Methods in Applied Mechanics and Engineering, **19**, pp.59-98 (1979)

35) Leonard, B.P., et. al.：Positivity-Preserving Numerical Schemes for Multidimensional Advection, NASA Technical Memorandum, 106055, ICOMP-93-05, (1983)

36) Lilly, D.K.：A proposed modification of the Germano subgrid-scale closure method, Phys. Fluids, **A4**, pp.633-635 (1992)

37) Majumdar, S.：Development of a Finite-Volume Procedure for Prediction of Fluid Flow Problems with Complex Irregular Boundaries, Rep. SFB210/T/29, University of Karlsrule, Germany (1986)

38) Mellor, G.L. and Herring, H.J.：A survey of the mean turbulent field closure models, AIAA J., **11**, pp.590-599 (1973)

39) Menter, F.R.：Two-Equation Eddy-Viscosity Turbulence Models for Engineering Applications, AIAA J., **32**, pp.1598-1605 (1994)

40) 森西洋平：非圧縮性流体解析における差分スキームの保存特性 第1報 ～ 第3報，機論，**B62**-604, pp.4090-4112 (1996)

41) Nagano, Y. and Hishida, M.：Improvement form of the $k$-$\varepsilon$ model for wall turbulent shear flows, J. Fluids Eng., **109**, pp.156-160 (1987)

42) Okamoto, M.：Theoretical Investigation of an Eddy-Viscosity-Type Representation of the Reynolds Stress, J. Phys. Soc. Jpn., **63**, pp.2102-2122 (1994)

43) Patankar, S.V.：A Calculation Procedure for Two-Dimensional Elliptic Situations, Numer. Heat Transfer, **4**, pp.409-425 (1981)

44) Patankar, S.V. and Spalding, D.B.：A calculation procedure for heat, mass and momentum transfer in three-dimensional parabolic flows, Int. J. Heat Mass Transfer, **15**, pp.1787-1806 (1972)

45) Peric, M.：A Finite Volume Method for the Prediction of Three-Dimensional Fluid Flow in Complex Ducts, Ph.D. thesis, University of London, London, UK

(1985)

46) Prandtl, L.：Uber ein neues Formelsystem fur die ausgebildete Turbulenz, Nachr. Akad. Wiss. Gottingen, Math. Phys. Klasse, pp.6-19 (1945)

47) Rodi, W.：A new algebraic relation for calculating the Reynolds stresses, ZAMM, **56**, pp.T219-T221 (1976)

48) Smagorinsky, J.：General circulation experiments with the primitive equations. I. The basic experiment, Mon. Weather Rev., **91**, pp.99-164 (1963)

49) Spalart, P.R. and Allmaras, S.R.：A One-Equation Turbulence Model for Aerodynamic Flows, Recherche Aerospatiale, **1**, pp.5-21 (1994)

50) Speziale, C.G., et. al.：Modelling the pressure-strain correlation of turbulence: an invariant dynamical systems approach, J. Fluid Mech., **27**, pp.245-272 (1991)

51) Sutherland, W.：The viscosity of gases and molecular force, Philosophical Magazine, **S.5**, pp.507-531 (1893)

52) Tanaka, N.：Development of a highly accurate interpolation method for mesh-free flows simulations I. integration of grid less, particle and CIP methods, Int. J. Numer. Methods Fluids, **30**, pp.957-976 (1999)

53) Van Doormaal, J.P. and Raithby, G.D.：Enhancements of the SIMPLE method for predicting incompressible fluid flows, Numer. Heat Transfer, **7**, pp.147-163 (1984)

54) Van Driest, E.R.：On turbulent flow near a wall, J. Aerospace. Sci., **23**, pp.1007-1011 (1956)

55) Wilcox, D.C.：Reassessment of the Scale Determining Equation for Advanced Turbulence Models, AIAA J., **26**, pp.1299-1310 (1988)

56) Yoshizawa, A.：Statistical analysis of the deviation of the Reynolds stress from its eddy-viscosity representation, Phys. Fluids, **27**, pp.1377-1387 (1984)

# 索　　引

—— 著 者 略 歴 ——


1992年　東京大学理学部物理学科卒業
1994年　東京大学大学院理学系研究科修士課程修了（物理学専攻）
1997年　東京大学大学院理学系研究科博士課程修了（物理学専攻）
　　　　博士（理学）
1997年　静岡大学助手
2004年　静岡大学助教授
2007年　静岡大学准教授
　　　　現在に至る



**数値計算による流体力学**

**——ポテンシャル流，層流，そして乱流へ——**

Computational Fluid Mechanics

——Potential Flow, Laminar Flow, and Turbulent Flow——





2017 年 1 月 6 日　初版第 1 刷発行　★
2023 年 2 月 20 日　初版第 2 刷発行

検印省略

著　者　岡本（おかもと）　正芳（まさよし）
発行者　株式会社　コロナ社
　　　　代表者　牛来真也
印刷所　三美印刷株式会社
製本所　有限会社　愛千製本所

112–0011　東京都文京区千石 4–46–10
**発行所　株式会社　コロナ社**
CORONA PUBLISHING CO., LTD.
Tokyo Japan
振替 00140–8–14844・電話(03)3941–3131(代)
ホームページ https://www.coronasha.co.jp

ISBN 978–4–339–04651–9　C3053　Printed in Japan　（齋藤）

# シミュレーション辞典

日本シミュレーション学会 編
A5判／452頁／本体9,000円／上製・箱入り

◆**編集委員長** 大石進一（早稲田大学）
◆**分 野 主 査** 山崎　憲(日本大学),寒川　光(芝浦工業大学),萩原一郎(東京工業大学),
矢部邦明(東京電力株式会社),小野　治(明治大学),古田一雄(東京大学),
小山田耕二(京都大学),佐藤拓朗(早稲田大学)
◆**分 野 幹 事** 奥田洋司(東京大学),宮本良之(産業技術総合研究所),
小俣　透(東京工業大学),勝野　徹(富士電機株式会社),
岡田英史(慶應義塾大学),和泉　潔(東京大学),岡本孝司(東京大学)

（編集委員会発足当時）

シミュレーションの内容を共通基礎，電気・電子，機械，環境・エネルギー，生命・医療・福祉，人間・社会，可視化，通信ネットワークの８つに区分し，シミュレーションの学理と技術に関する広範囲の内容について，1ページを1項目として約380項目をまとめた。

Ⅰ **共通基礎**（数学基礎／数値解析／物理基礎／計測・制御／計算機システム）
Ⅱ **電気・電子**（音　響／材　料／ナノテクノロジー／電磁界解析／VLSI 設計）
Ⅲ **機　械**（材料力学・機械材料・材料加工／流体力学・熱工学／機械力学・計測制御・生産システム／機素潤滑・ロボティクス・メカトロニクス／計算力学・設計工学・感性工学・最適化／宇宙工学・交通物流）
Ⅳ **環境・エネルギー**（地域・地球環境／防　災／エネルギー／都市計画）
Ⅴ **生命・医療・福祉**（生命システム／生命情報／生体材料／医　療／福祉機械）
Ⅵ **人間・社会**（認知・行動／社会システム／経済・金融／経営・生産／リスク・信頼性／学習・教育／共　通）
Ⅶ **可視化**（情報可視化／ビジュアルデータマイニング／ボリューム可視化／バーチャルリアリティ／シミュレーションベース可視化／シミュレーション検証のための可視化）
Ⅷ **通信ネットワーク**（ネットワーク／無線ネットワーク／通信方式）

**本書の特徴**

1. シミュレータのブラックボックス化に対処できるように，何をどのような原理でシミュレートしているかがわかることを目指している。そのために，数学と物理の基礎にまで立ち返って解説している。

2. 各中項目は，その項目の基礎的事項をまとめており，１ページという簡潔さでその項目の標準的な内容を提供している。

3. 各分野の導入解説として「分野・部門の手引き」を供し，ハンドブックとしての使用にも耐えうること、すなわち，その導入解説に記される項目をピックアップして読むことで，その分野の体系的な知識が身につくように配慮している。

4. 広範なシミュレーション分野を総合的に俯瞰することに注力している。広範な分野を総合的に俯瞰することによって，予想もしなかった分野へ読者を招待することも意図している。